仪表工上岗必读

黄文鑫 编著

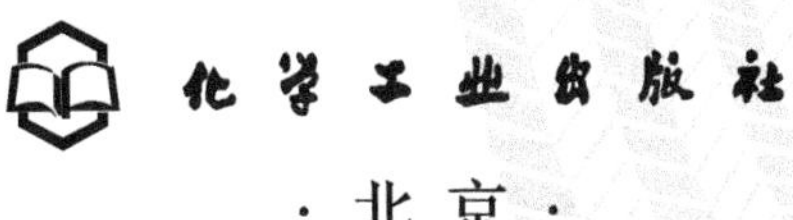

·北京·

图书在版编目（CIP）数据

仪表工上岗必读/黄文鑫编著．—北京：化学工业出版社，2014.11(2021.6 重印)
ISBN 978-7-122-21650-2

Ⅰ.①仪… Ⅱ.①黄… Ⅲ.①仪表-基本知识 Ⅳ.①TH7

中国版本图书馆 CIP 数据核字（2014）第 193308 号

责任编辑：宋 辉　　装帧设计：王晓宇
责任校对：宋 玮

出版发行：化学工业出版社（北京市东城区青年湖南街 13 号　邮政编码 100011）
印　　装：北京虎彩文化传播有限公司
710mm×1000mm　1/16　印张 18¼　字数 346 千字　2021 年 6 月北京第 1 版第 4 次印刷

购书咨询：010-64518888　　售后服务：010-64518899
网　　址：http://www.cip.com.cn
凡购买本书，如有缺损质量问题，本社销售中心负责调换。

定　　价：58.00 元

前言

FOREWORD

现在企业的仪表工与从前相比，有了很大的变化，从学徒工中培养仪表工的做法很少了，仪表工的来源大多是学校的毕业生，包括大学、职业院校、技校的学生，他们在学校都比较系统地学习过仪表和自动控制的课程，但是缺乏实践经验，动手还有困难。如何适应企业环境、如何学习和掌握仪表操作、维修技能，刚进入企业上岗的仪表工都会思考这些问题。他们很需要一本入门书，教一些仪表维修的技能和方法，使之与所学知识结合起来，尽快提高自己的工作技能。

本书就是按以上思路来写的，全书由入职篇、入门篇、提高篇、感悟篇组成。入职篇：主要使读者深入了解仪表工这一职业，及认识生产安全的重要性。入门篇：从介绍仪表工必须掌握的基本技能入手，对工作现场，标准仪器、通用仪表，仪表调校及维修，钳工技能等进行了介绍，以达到新上岗仪表工能独立工作为目的。提高篇：是以仪表工已掌握一定技能为基础，详细介绍了 DCS 知识及 PID 参数整定方法，仪表电路图、机械图的识读，仪表修理技能，还介绍了如何获取仪表及自控信息、如何进行科技写作，以使仪表工的技能进一步提升。感悟篇：是以懂得做人比懂得技术更重要为前提来写的，目的是让仪表工懂得技术与职业道德、修养是相辅相成的，二者缺一不可；以往技术书籍只谈技术问题，而本书则把爱岗敬业、职业道德、修养内容融入到技术章节中，这是一种新的写作尝试，

希望读者能从中受益。

由于中小企业的仪表工工作内容量大面广，但都存在从师条件差、受训机会少等问题，因此，本书介绍的标准仪器以国产仪器为主，有的技能介绍也是基于以上思路来考虑的。

写作本书的过程中，使我想起了 20 世纪 60 年代在驻昆解放军化肥厂学习的日子，在一年半的培训时间里，仪表车间的师傅们为我们付出了大量的心血，使我从门外汉步入了仪表工这一职业。谨以本书表达对驻昆解放军化肥厂仪表车间师傅们的恩恋，并献给我的同事们。

本书非常适合作为仪表工的培训教材使用，也适合新仪表工自学，亦可供仪表技术人员、自控及仪表专业的师生使用。

要指出的是，本书不可能概括仪表工上岗所面临的所有技术内容，但如果本书能对读者有一小点帮助，编著者就很高兴了。

由于编著者水平有限，书中难免有不妥之处，请读者在阅读中发现时及时批评指正，编著者不胜感激！

编著者

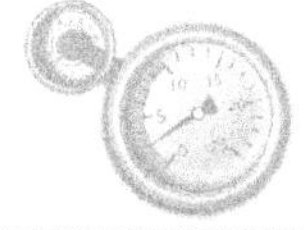

CONTENTS 

目录

三、提高篇

四、感悟篇

欢迎你！ 新来的仪表工

你选择了仪表工这一职业，我为你感到高兴！欢迎你加入到我们仪表工队伍中来，让我们今后在各自的工作岗位上为生产做好服务吧。

如果你是从学校来的，你在学校中已经系统地学习过仪表和自动控制方面的理论知识，已经有了很好的基础，也曾在实验室里对一些仪表进行过调试及校准，也曾在实习中接触过一些仪表和控制系统，你是很有基础的人了，只是暂时还欠缺在企业工作的实际经验。你选择了仪表工这一职业，说明你很喜欢你所学的专业，由于你喜欢仪表和自动控制，相信你在今后的工作中肯定会干得很好，现在你面临的是如何尽快进入仪表工角色的问题。

如果你是自己要求当仪表工的，那你是充满信心的，你肯定有一股学好仪表的劲头，这就是有利条件。但学习方法要得当，由于你的基础与有的人比可能有差距，但要看到差距也是动力，因此，你要认真地向师傅和同事们学习，要系统地学上几本仪表的理论基础书籍，打基础同时注意结合实际进行学习，这样收获就会很大。你可以充分利用原来的工作经验，及原来掌握的知识和技术，先从一些简单的仪表工作入手，来尽快进入角色。

你可能是稀里糊涂地当了仪表工，之前你从未接触和了解过仪表这个岗位，更不清楚是干什么的，也不知是什么原因就把你分来当仪表工了，你不用太着急，先在班组干着，通过工作你可以对仪表进行了解，对你的去留可能会有参考作用。如果你有兴趣，那就安下心来，通过你的努力和学习，你一定会成为一个优秀的仪表工。

如果你是位女士，欢迎加入仪表工队伍！你可能认为自己不适合当仪表工，而实际情况正相反，在仪表车间里，女同志还是占了半边天的。女生的优点是手巧心细，而仪表这活也是细小得多，这正适合你们的特点，实践证明有的女仪表工的技术比男仪表工还强，因此，你也是可以成为一名优秀仪表工的。

一、入职篇

1. 伴你职业生涯的自动化仪表

你选择了仪表工这一职业，你的职业生涯将会由自动化仪表伴你度过。你虽然在学校已学过有关知识，但我们仍再作个简单的梳理，看看将来陪伴你的是个什么样的伙伴。

自动化仪表是一种人们从事生产劳动时使用的技术工具，其用途主要是实现生产过程自动化。仪表与控制装置可以组合成不同的自动化系统，用在各种生产场合，就有了按生产行业来称呼仪表的，如化工行业称其为化工仪表；炼油行业称其为炼油仪表；钢铁、金属冶炼行业称其为冶金仪表；电力、机械行业称其为热工仪表。尽管各行各业对仪表的称谓不同，且也有一些特定的仪表，但都隶属于工业自动化仪表。在我国称其为“工业自动化仪表与系统”。按照国际电工委员会（IEC）的命名，应该称其为“过程检测控制仪表”。

工业自动化仪表按其在生产过程中的功能，可分为以下 5 类。

（1）检测仪表

检测仪表主要用于检测工业生产过程的参数，如温度、压力、流量、物位、机械量等，有时也带有记录和调节功能。检测仪表是利用物理和化学的各种效应，来实现对工业生产过程中各种参数的测量。工业生产过程需要检测的参数很多，如热工量、电工量、机械量、物性与成分、状态量等，很多还是非电量的。由于生产检测参数的多样化，检测仪表的结构也是五花八门，因此、检测仪表既有纯机械结构的，也有需要外供能源的，如气源、电源等。有的检测仪表其本身还具有显示功能。

（2）显示仪表

显示仪表是将检测仪表的输出信号显示出来供观察的仪表，与检测仪表、变送器和传感器配套使用，按显示方式不同，可分为模拟式显示仪表、数字式显示仪表、字符图像显示仪等。现在万能输入数字显示仪表、数字模拟混合式记录仪表、无纸记录仪表、DCS 的彩色屏幕显示、大屏幕显示等已得到广泛应用。与传统的显示方式相比，现代显示仪表赋予了显示仪表许多新的功能和意义。

（3）控制仪表

控制仪表早期称为调节器，它的作用是将生产过程中的被测参数与给定参数进行比较，然后按一定控制规律发出控制信号给执行机构，执行机构操纵调节阀门的开度，使生产过程中的某个被控变量符合工艺生产规定的数值。控制仪表按控制方式分，有断续控制器、连续控制器；按结构形式分，有基地式、单元组合式、组装式；按工作能源分，有自力式、电动式、气动式、液动式。有的控制仪表还兼有检测、显示功能。

基地式调节器、气动调节器、电动调节器都是模拟控制仪表。而微处理器的应用，使控制仪表有了很大的变化，与模拟控制仪表有了很大的差别。数字控制仪表采用数字技术，以微处理器和软件为核心，实现了仪表与计算机一体化，具有丰富的运算、控制、通信功能以及使用方便、通用性强、可靠性高、维护方便等一系列优点。

（4）执行器

执行器是安装在生产现场的终端控制元件，它通常由执行机构和调节阀门两部分组成。执行器接受控制仪表的输出信号，把控制信号转换为位移信号，来驱动调节阀门。常用的执行机构有气动和电动两种，调节阀则有多种形式的产品。数字式智能执行器现在已在应用，而且是今后的发展方向。

（5）计算机控制系统

随着计算机和信息技术的发展，微处理器在自动化仪表中得到广泛应用，过程控制已进入到以计算机控制为主的时代。计算机控制系统与传统的模拟控制系统相比，优越性明显，如控制系统的结构简单、维护方便、控制功能强大、易于修改控制策略、人机界面友好等。

计算机控制系统大致经历了计算机集中控制系统、集散型控制系统、现场总线控制系统三个阶段。同时，可编程序控制器（PLC）在逻辑控制和顺序控制中得到了广泛应用。近三十年来国内很多企业引进和采用新技术，在高水平应用的推动下，过程控制技术有了很大的发展。而控制技术的发展与控制理论、自动化仪表、计算机技术是紧密相关的。

随着科学技术的发展，集多种功能为一体的仪表越来越多，仪表的分类越来越不明显了。如智能仪表在微处理器及软件技术的支持下，算法越来越先进，功能越来越多；它将许多功能集中在一台仪表中，就很难界定仪表的分类属于什么了。

2. 深入了解仪表工这一职业

2.1 仪表职业的分类

2002年颁布的《中华人民共和国职业和工种统一编码表》中，工业自动化仪器仪表与装置修理工包括了热工仪表修理工、热工仪表检修工、热工自动装置检修工、控制系统与装置修理工等。

从职业分类可看出，仪表工不管是在什么企业，从宏观来看工作性质是一样的，从微观来看还是略有差别，但都是属于仪表这个职业，其职业定位、工作性质是相通的。我们在上节说到有的仪表很难界定它的分类属于什么，对于仪表职业的分类也存在难界定的问题，现在，很多企业都是大学生在生产第一线当仪表工，他们仍评定技术职称。

2.2 仪表工的前途如何

工业生产的发展和技术进步，对产品的产量、质量、成本、环保提出了更高的要求，行之有效的方式就是推行自动化。自动控制的广泛应用，自控设备的大量增加，对仪表工的需求也会增加。实践证明自控系统运行越正常，工艺的安全运作和生产活动对自控系统的依赖性越强，为了保证自控系统的正常运行，对仪表工的依赖性就越强，成了离开仪表工就不行。这样对仪表工的需求只会增加，而不是减少，可见当仪表工是有前途的。

但仪表工的前途关键还在个人，当仪表工就要爱岗敬业，热爱本职工作，对本职工作热爱，才可能有工作和学习的动力，这是被实践证明了的。热爱仪表工作，就要结合企业的实际扎扎实实地学习，争取多动手，在工作实践中注意积累知识，总结经验及教训，并制定一定的目标和计划，争取在技术上有较大的提高。能解决一些仪表及控制系统的问题，你就能得到领导及同事们的认可和信任，遇到仪表或系统有问题时，操作工也愿意找你解决问题，这不就是前途吗？

但如果只是安于现状，不求进取，不继续学习，没有什么大的能耐，只是一个你会做的，别人也会做，而别人会做的，你做不了的仪表工，要别人信任及重用你就难了。

2.3 仪表工主要做些什么工作

仪表工的主要工作是负责生产过程中运行的仪表、过程控制系统及附属装置的维护修理；对标准仪器、仪表的维护保养；定期调校仪表，确保仪表及控制系统的正常运行；还要负责仪表及过程控制系统的更新、安装、调试、投运等工作。

仪表工进行以上工作的依据是国家、行业、部门、企业制定的相关技术规程及制度。以上工作只是一些大的框架，并不具体。

仪表工主要做些什么工作，没有一个固定的模式。因为企业的性质不同，每个企业所使用的仪表型号、数量都不相同，仪表管理部门的设置、分工、职责也不同，使仪表工的具体工作也不相同。有的企业，DCS 的维修是一个部门，而现场仪表的维修又是另一个部门。有的企业是按仪表的种类来划分工作职责，有的则按生产的流程或车间、工段来划分工作职责。大、中型企业有自控处、仪表车间等部门，管理正规，所以仪表工的工作职责范围是很明确的。而小型企业就不同了，不一定有仪表车间，有的仪表工种只是隶属于动力、电气等部门。这样的企业招聘仪表工时定位也不明确，大多是以招维修工来考虑的，可能维修仪表以外的工作还叫你干，如电工、钳工、机修工的事情都有可能叫你干，这样的企业总是想一个人当几个人用。在这样的企业仪表工的工作职责及范围是很模糊的，所接触的仪表也是有限的。但由于专业分工不明确，只要企业使用的仪表你都有机会接触和维修，只要你好学、肯吃苦，对你意志的磨练和技术的提高是会有很大帮助的。

2.4 仪表工是个极具挑战性的职业

过程控制技术的发展，控制理论的不断完善，使生产过程控制技术发生了极大的变化，有少数老仪表工就有幸经历了从气动仪表到电动仪表，再到 DCS，甚至到现场总线仪表的发展历程。仪表及控制系统的不断更新，对仪表工的要求越来越高，仪表工如要适应技术发展，就要不断地学习新型仪表及控制系统的知识，掌握新的技术；在学习新技术的同时，仪表工原已掌握的基础理论及传统的维修技术也是不能抛弃的。

虽然仪表工在生产中属于服务性工种，但由于它的特殊性，所以对仪表工的技术有较高的要求。

(1) 要熟悉基本知识

尽管仪表型号众多、品种繁杂，技术更新很快，但仍然要求仪表工必须掌握企业所用仪表的工作原理、调试校准方法、现场应用、仪表防护方法等基本知识，同时还要求仪表工对工艺有所了解，这对仪表和控制系统在生产中发挥作用大有帮助。

(2) 技术要全面

各种仪表的结构及工作原理都是不相同的，仪表测量的准确性及控制系统运行的好坏，稍有不慎都会对生产造成重大影响。例如，一台仪表不符合技术要求，有可能造成很大的测量误差，可能会影响到产品质量；又如，在高压设备上工作，不按操作规程行事，可能会引发安全事故；再如，控制系统调试不当就可能达不到设计或生产的预期目的。这就要求仪表工必须技术全面，仪表或控制系统出故障时都能应对。

(3) 掌握一定的相关工种技能

这一特点是仪表工独有的。由于仪表结构和使用的原因，仪表结构除有电子、电气线路外，还有机械、光学、化学部件，在应用中还涉及工艺的各种介质，如高温、高压、强腐蚀等。在仪表的安装、维护、修理中可能还涉及钳工、管工、电工等工种的技能，有时还需要制作铁构件、刷油漆等工作，因此，要求仪表工在掌握自身技能的同时，还要掌握一定的相关工种技能。

(4) 要密切联系工艺

由于仪表工是为生产服务的，在生产中工艺是主体，仪表只能从属于工艺，而当工艺参数出现异常时，工艺如果怀疑仪表有问题，仪表工就必须检查仪表及控制系统是否正常；经检查仪表正常时，仪表工应按实事求是的原则，给出合理的解释来证明仪表是正常的。如果是工艺的问题则也要与工艺人员沟通，互相配合达到看法一致。

(5) 尽量缩短处理故障的时间

虽然仪表工是辅助工种，但责任却是重大的，当仪表和控制系统出现故障时，就要尽快找到原因及时处理，以保证生产，尤其是关键部位出了问题，直接影响到生产时，就显得更加迫切。这时操作工、调度、领导都等在那儿看你处理问题，而要做到不慌不乱、镇定自如，不是一天两天就能练就出来的。这就促使仪表工要不断地学习，对现场各检测点了如指掌，对各控制回路很清楚，才可能思路清晰地查找问题所在，而不是无目的去猜问题。

(6) 要注重安全技术

生产现场的仪表有安装在设备上、容器上、管道上，有高空的、有地下的，可说是遍布在生产的每一个角落。仪表既要用电，还要用压缩空气，仪表还与高温、高压、有毒、有害、有腐蚀的工艺介质接触。因此，在生产中仪表工的安全防护是很重要的，一点不能马虎，稍有闪失就会出现安全事故。所以在仪表维修工作中要严格执行操作规程，认真学习安全技术知识，加强仪表工自身的安全保护意识。

以上要求是仪表工工作的基础，离开了基础就谈不上提高。从对仪表工的要求可看出，仪表工是个极具挑战性质的工种。

3. 上岗第一课：生产安全的重要性

3.1 认真学习和遵守安全生产规程

对于进入企业实习和工作的新人员，企业都会开展厂级、车间、班组三级安全教育，并进行相应的安全培训和考核，合格者才能上岗。这是学习安全生产知识及安全规程的好机会，虽然学习内容单调而枯燥，但这些内容都是用血的经验换来的，因此不能掉以轻心。

企业在对仪表工进行安全知识、安全技能、安全意识教育的同时，还会对仪表工的观念、道德、伦理、修养等人文因素进行教育，因为人的素质影响着人的观念、思维和行为，从而形成客观的结果。仪表工在工作中一定要有“安全第一”的思想，并以此来思考问题和付诸行动。

人是国家和企业的宝贵财富。因此安全管理的主体是对人，对安全生产起主要因素的是人。国家和企业都制定了相应的安全生产规程来保护劳动者的人身安全。安全生产是一项利国、利企业、利个人的好事情，国家和企业是受益者，但最大的受益者应该是你本人。因此，为了你和家人的幸福，在工作中要时刻注重安全，一定要遵守安全操作规程。

3.2 学习和熟悉仪表工安全操作要点

刚参加工作的仪表工，很有必要学习和熟悉以下仪表工安全操作要点。

① 对标准仪器、工具的操作、使用、保管，一定要严格遵守相应的操作规程和技术规程。对仪表进行调校、维修时必须按技术规程或说明书进行。

② 在自动控制系统工作时，禁止任意启、停工艺操作按钮或扳动手、自动切换开关。

③ 经过校准合格的仪表才能安装使用。使用中的仪表要定期进行校准或检定。弹簧管压力表检定合格后，必须加铅封，无关人员严禁私自启封。

④ 仪表进行调校或检定前，要检查并确保接线正确；所用标准仪器及电气设备的旋钮及开关应放置在规定的位置。

⑤ 断开或接通总电源时，必须由负责该电源开关的值班人员来完成。在检修期间，仪表工应看管好电源开关，无人看管时，必须挂上“有人工作，禁止合闸”的标牌。

⑥ 电气设备及仪表所用的熔断器，必须根据其容量来选择或更换。不准用规格不明的熔丝或电线代替。

⑦ 检查、修理仪表电路时，应断电操作。工作中须带电作业时，必须采取确保安全的有效措施才可进行作业。要穿戴好劳动保护用品，防止触电事故的发生；操作者要精神集中，并要在专人监护下进行操作。不能用手接触带电或可能带电的部位，没电要当有电来对待。

⑧ 检修仪表及电气设备的线路时，不可任意改变接线头或线号，以免接错线造成事故。需要更换电器或电子元器件时，要按原规格型号更换。

⑨ 需使用临时电源时，应断开电源进行接线，并要注意线路容量，断开、接通较大负载电源时应事先断开负载。

⑩ 定期检查工作灯、电烙铁、手电钻、冲击电钻及其他电气设备的绝缘是否良好。发现绝缘不良时应立即停用，检查或修理正常后才可使用。

⑪ 使用电焊机、手电钻、冲击电钻、电砂轮等手持电动工具时，要有良好的接地装置方可使用。使用电炉、恒温箱、干燥箱及电子仪器仪表时，其金属外壳必须接地线。

⑫ 现场仪表检修用临时照明不能高于24V。仪表及电气设备工作场合必须保持干燥、整洁、牢固，不许用湿布抹擦电气线路。

⑬ 在现场工作时，应有两人以上在一起工作。在高温、低温、有毒、有害气氛环境场合工作时，必须事先和工艺人员联系，并选择好工作地点，穿戴好劳动保护用品，要在工艺人员的配合下进行操作。登高作业时要系安全带。

⑭ 进行电、气焊作业前，应到安全管理部门办理动火许可证，并持证作业。

仪表工养成良好工作习惯的重要性

养成良好的工作习惯可以使你受益一辈子。人都有自己的习惯思维方式、习惯行为方式，自觉或不自觉地按照自己的习惯在工作、生活、与人交往、思考问题。实践证明，人的习惯是需要干预和正确引导的，首先是管理层的领导作用，其次是安全管理部门的干预和引导作用，二者缺一不可。经过干预和引导，并利用制度进行强化，对正确的进行鼓励，对错误的进行批评教育，经过长期的努力，就会取得

成效。如果工具用完后能放回原位，拆、接电线前能用试电笔验电，万用表每次测量前再看一眼挡位，这些事如果你想都不用想，在不经意间就做了，说明你已养成了一些好习惯。如果仪表工按章办事、三思而后行、安全问题优先考虑等成为习惯，对仪表工的工作和安全是极有利的。

二、入门篇

4. 怎样尽快适应工作环境

进企业的第一关就是培训，因此要利用好岗前培训机会，尽快地适应企业环境。分配到相关的工作部门后，首先要注意的就是第一印象，即首先注意个人仪容仪表，个人着装要得体，上班时一定要穿工作服；新上岗的仪表工大多是从做粗活、脏活及劳动强度较大的工作开始的。在日常工作中需要勤快一点，给师傅及周围的同事留下勤快、主动的好印象。此外还要注意小节，不要因小失大。才参加工作上岗，要努力倾听和理解师傅及同事讲的话及他们的观点，建议你多问少讲，尤其在学历较低的同事面前不要高谈理论知识，以免产生一些不必要的误会。对有些问题的看法即使你是正确的，也要学会控制好自己的情绪，理性地谈自己的观点，还要注意说话的方式方法，否则把人得罪了你还不知道。在工作环境中不要玩手机，不要在工作场所接待亲友和同学。

适应工作环境的过程，就是一个学习的过程，要调整好学习态度，以适应新的工作环境。到了企业后，在工作安排上不可能每个人都专业对口，特别是一些中小企业，专业分工不太明确，其需要的是一专多能的人。为了适应工作的需要，仪表工需要不断地学习，以补充知识的不足。以下事项是要引起注意的。

有的新仪表工一上岗对自己很有自信心，认为自己可以做好岗位工作。但一进入生产现场环境，就发现与自己原来的想象大不相同，结果对工作无从下手，即使是有过一些工作经验的人，面对新的工作环境也要向老仪表工学习和询问，才可能较快地适应环境。

无论学历有多高，资历有多深，我们都离不开自我学习，和向他人学习这两个环节。这是所有仪表工需要掌握的一项技能。尤其进入企业初期，学习技能显得尤为重要，这直接决定了你能否达到岗位要求，能否适应企业的工作环境。因为在学习中，我们必然会跟别人交流，这也是向他人推荐自己，让他人接受自己的一种好方式。

仪表工上岗首先是要学习企业文化的内涵，企业及仪表岗位所要求的知识。所以，在工作学习中不但要思考工作，还要与其他同事建立良好的人际关系。如果每天只是到点上班、下班，不与同事交流和聊天，就很难融入班组、车间集体，更难融入一个企业，就谈不上在较短的时间内适应企业的环境了。

5. 怎样熟悉生产现场

5.1 先跟师傅学习现场巡回检查

先跟师傅学习现场巡回检查是很重要的工作之一。为什么要跟师傅呢？道理很简单，因为在企业制定的现场巡回检查制度中，对巡检仪表工应具备的素质是有规定的，如有的企业规定：熟悉现场仪表的使用说明书或相关技术资料；了解工艺流程及所用仪表的作用；掌握现场仪表常见故障的判断方法、掌握现场仪表的维修技能；掌握电工技术基础、电子技术基础、与仪表有关的机械基础。因此，才上岗的仪表工是要有师傅带的，这是个极好的学习机会，一定要认真对待。因为在巡回检查中，你可以对本班组管辖专区的仪表进行较具体的了解，这时一定要多向师傅提问，帮助自己了解现场仪表的情况，如很多智能显示仪表外形是一样的，但其用途不可能一样，总之不懂就问。随着现场巡回检查时间的推移，你只要肯学好问，再结合你在学校里学的仪表理论基础，你对管辖专区的仪表就会有一个深入的了解。

小知识

什么是现场巡回检查

在生产过程中，各种自动化仪表及控制装置均处于运行状态，随时都可能会出现故障。现场巡回检查工作可及早发现问题，及时消除故障隐患，以确保仪表及控制装置的正常运行。因此各企业都制定有现场巡回检查制度，以保证现场巡回检查的实施。现场巡回检查每天至少进行两次。第一次在早上8时以后进行，第二次在下午下班前一个半小时内进行。巡检路线通常是按主工艺流程的前后顺序进行，也可根据实际情况制定合理路线。

虽然各企业的情况不尽相同，但现场巡回检查的原则及内容基本是相似的，通常应检查的内容有以下7个方面。

① 仪表供电电源、UPS工作是否正常，其相关指标是否在规定范围内。

② 控制室仪表、DCS控制站及相关板卡工作是否正常；针对同一检测点，现场仪表、控制室显示仪表、DCS操作站三者的显示值是否一致；控制器输出信号，DCS或PLC的输出信号与现场执行器接收的信号是否一致。

③ 现场及控制室仪表是否符合仪表完好率要求，必要时进行处理。

④ 有条件时应检查信号报警、联锁动作是否正常。对重点设备应检查其运行状态、相关的工艺、电气联锁投运、切除状况等。

⑤ 现场仪表的导压管、接头、阀门的密封点有无泄漏发生，必要时应及时紧固或更换垫片。还应听取操作工的反映来判断仪表导压管、接头、阀门有无堵塞现象发生，并及时处理。对于测量腐蚀性介质的仪表，应检查现场仪表本体及连接件有无受腐蚀等情况。

⑥ 仪表供气，保温伴热是否正常。冬季特别要检查仪表保温防冻情况，对于较大功率的仪表装置及易发热的仪表还应观察其温升情况。

⑦ 仪表电缆电线保护管、金属软管、过线盒、端子盒等进线口有无破损、露线等问题，及时消除不安全因素。

在每次巡回检查时，要带好必需的工具、仪表等。巡检过程中发现问题时，应及时处理，遇到重大问题或解决不了的问题时，及时向师傅或主管汇报；必要时应向工艺操作人员通报相关情况。每次巡回检查都要认真做好原始记录，记录要实事求是、字迹工整、详细完整，巡检人员还要签字以备查。在每天的巡检中还应对设备清扫一次；每周还要对所辖专区的仪表设备进行彻底清扫及擦拭一次。

现场巡回检查时，建议你带上一个小本子和一支笔，在现场看到什么就记上一笔，画上几图；向师傅提问时先认真听师傅的讲解，过后再把师傅的解答根据回忆记下来。抽空对记录进行一些整理，你认为有用的就保留，无用的暂时放一边保存。随着时间的推移，你可能会发现，最初你认为有用的一些记录并没有多少价值，相反你认为无用的东西可能更有价值，这是很正常的，因为你对仪表技术的认识和理解提高了，说明你进步了。上班时还可带上一本仪表书籍，有空时结合现场见到的仪表看一看书，对照着实物进行学习效果就明显了。

5.2 学习和熟悉工艺流程

在巡回检查中，你是否观察过生产现场运行的机器、设备？你跟工艺操作人员聊过天没有？如果你说没有，那就太遗憾了。因为你已对现场仪表有了大概的了解，在此基础上你应该对生产工艺要有所了解。观察机器、设备的目的是让你对其有所熟悉，并作为契机来学习工艺流程。跟工艺操作人员熟悉后，就可以请他们讲解该工段的工艺流程了，学习工艺流程先从主流程开始，在此基础上再逐步来熟悉辅助流程，特别是安装有仪表的部分一定要进行了解和学习。学习和熟悉工艺流程可充分利用控制点流程图，把工艺控制点流程图和工艺设备、管道等实物对照进行学习可一举两得，且收效会很大。仪表工熟悉工艺流程，是为了更好地学习工艺知识；而学习工艺知识的目的，除为了方便仪表维修外，更重要的是通过工艺知识来深入了解工艺对象的特性。由于仪表工对工艺特点及被控对象的了解是有限的，所以仪表工学习好工艺知识是需要时间的，只能是逐步地进行学习，久而久之才能对工艺特点及被控对象有深入的了解，自控人员只有在工艺人员的紧密配合下，通过双方的共同努力，才能使控制系统达到最理想的运行状态。

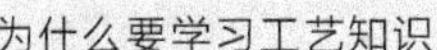

为什么要学习工艺知识

仪表工是为生产服务的，与生产工艺紧密相连的控制系统，并不是一个孤立的系统，其与生产工艺的有机配合是很重要的。如有的控制系统不能投入自动，除设计、选型有问题外，其中一个重要的原因就是对被控对象的特性了解不够。有时搞自控的说是工艺问题，而搞工艺的则说是自控问题，致使有的控制系统不能投运而成为摆设。究其原因，是工艺、控制各人站在各自的立场上看问题，由于互相都不懂对方的技术造成的。被控设备、工艺、检测、控制就应该是一个系统、一个有机整体，但由于各种原因，在许多企业还是各干各的，由于对对方所从事的工作只了解表面的东西，而不懂实质，眼光及技术只局限于自己所熟悉的范围，所以谁也说服不了谁，这样也就谈不上很好的配合了。由于仪表工对被控对象、对工艺特点的了解只是肤浅的，所以仪表工学习工艺知识是很有必要的，只有对被控对象及工艺特点有了深入的了解，才可能使控制系统更好地发挥作用。

5.3 熟悉现场控制点及使用的仪表

5.3.1 过程测量与控制图形符号知识

在过程控制的设计、施工、维修中，为了便于交流，都是采用“共同语言”图形和文字符号，来表示仪表、设备、功能等要求。有关部门作了统一的规定，并颁发了标准。因此，仪表工应尽快掌握一些相关知识。在本书中仅介绍一些最常用的过程测量与控制图形符号知识。如果在今后工作中需要了解更详细的内容时，可以参考有关的标准及书籍。

（1）仪表功能标志及仪表位号

仪表的功能标志由一个首位字母及一个或两至三个后继字母组成。如：功能标志 PIC，其中 P 为首位字母，表示被测变量；IC 为后继字母，表示既有读出功能，还有输出功能。

功能标志只表示仪表的功能，不表示仪表的结构。功能标志的首位字母与被测变量或引发变量是对应的。有时为了需要，在功能标志的首位加上一个修饰字母，或在标志的后继字母后面加有一至两个修饰字母。

仪表位号由仪表功能标志与仪表回路编号两部分组成。如：仪表位号 FIC-

112，其中 FIC 为功能标志；112 是回路编号。仪表位号按不同的被测变量分类，同一工序同一被测变量的仪表位号中的顺序号应该是连续的，但不能与不同被测变量的仪表位号来连续编号。

（2）仪表功能标志的字母代号见表 5-1。

表 5-1 仪表功能标志的字母代号

字母	首位字母		后继字母		
	被测变量或引发变量	修饰词	读出功能	输出功能	修饰词
A	分析		报警		
B	烧嘴、火焰		供选用	供选用	供选用
C	电导率			控制	
D	密度	差			
E	电压(电动势)		检测元件		
F	流量	比率(比值)			
G	毒性气体或可燃气体		视镜、观察		
H	手动				高
I	电流		指示		
J	功率	扫描			
K	时间、时间程序	变化速率		操作器	
L	物位		灯		低
M	水分或湿度	瞬动			中、中间
N	供选用		供选用	供选用	供选用
O	供选用		节流孔		
P	压力、真空		连接或测试点		
Q	数量	积算、累计			
R	核辐射		记录、打印、DCS 趋势记录		
S	速度、频率	安全		开关联锁	
T	温度			传送(变送)	
U	多变量		多功能	多功能	多功能
V	振动、机械监视			阀、风门、百叶窗	
W	重量、力		套管		
X	未分类	X 轴	未分类	未分类	未分类
Y	事件、状态	Y 轴		继动器(继电器)、计算器、转换器	
Z	位置	Z 轴		驱动器、执行元件	

从表 5-1 中可以看出，仪表功能标志的字母代号应用还是很灵活的，因此，在识读字母代号时，要具体情况做具体分析，可前后对照识别，以下是一些例子。

① 同一字母在不同的位置有不同的含义或作用，如“F”处于首位时表示被测变量为流量，处于次位时可用作首位的修饰，如比率或比值。

② 后继字母的确切含义要根据实际情况来确定。如“R”可能是“记录”或“打印”；如“T”既可用作“变送”又可用作“传送”。

③ 后继字母“L”既可表示单独设置的指示灯，但又可表示正常的工作状态，如“LL”表示显示液位高度的指示灯，如“FK”表示流量控制回路的自动/手动操作器。

④ 当“A”为首位字母时，是作为分析变量使用，且通常会在图形符号外标注有分析参数的具体内容，如圆圈内的字母为 AR，圆圈外字母为 H_2 时，表示对氢气含量进行分析和记录。当“A”为后继字母时，则表示报警功能。

（3）过程测量与控制常用图形符号

仪表的图形符号有很多，如监控仪表、测量点与连接线、执行器、流量测量仪表、仪表辅助设备等各种图形符号。现介绍部分过程测量与控制常用图形符号。

① 常用检测元件、检测仪表的图形符号如表 5-2 所示。

表 5-2 常用检测元件、检测仪表的图形符号

名称	符号	名称	符号
检测元件（如热电偶、热电阻）	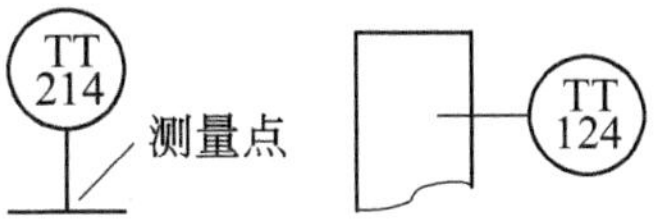 TT 214 测量点　TT 124	差压式指示流量计法兰或角接取压孔板	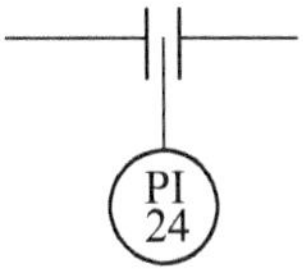 PI 24
嵌在管道中的检测元件	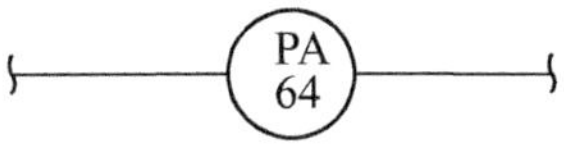 PA 64	流量检测元件的通用符号	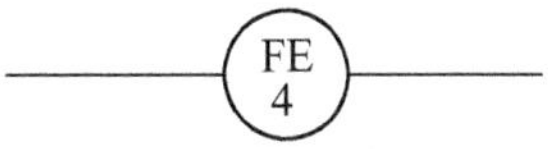 FE 4
超声流量计	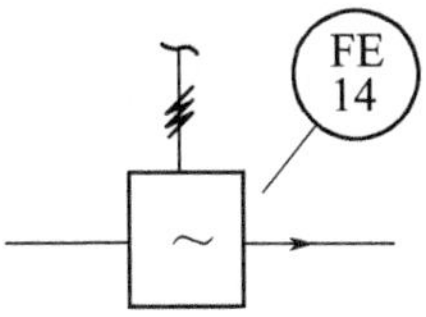 FE 14　~	电磁流量计	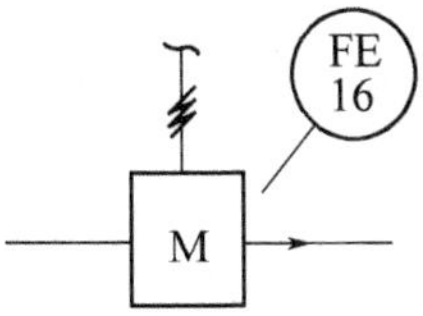 FE 16　M
孔板	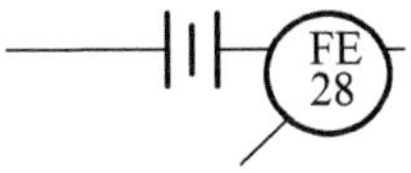 FE 28	转子流量计	 FI 25

② 仪表连接线常用图形符号如表 5-3 所示。

表 5-3 仪表连接线常用图形符号

名称	符号	名称	符号
电信号线	 ------------------ —///—///—///—	气压信号线	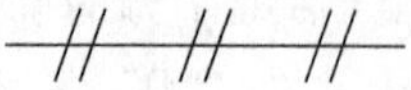 —//—//—//—
导压毛细管	 —×—×—×—	二进制电信号	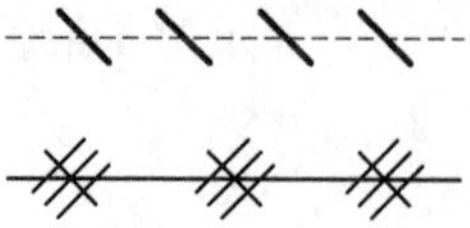 ---\---\---\---\--- —⋇—⋇—⋇—

③ 仪表安装位置的图形符号如表 5-4 所示。

表 5-4 仪表安装位置的图形符号

仪表	现场安装	控制室安装	现场盘装
单台常规仪表	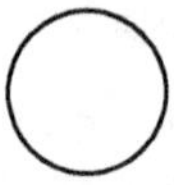	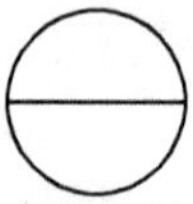	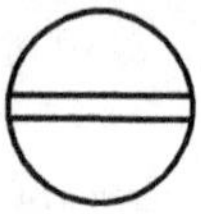
DCS	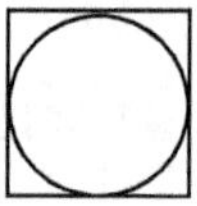	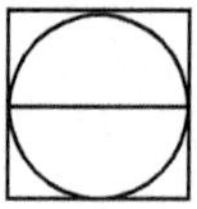	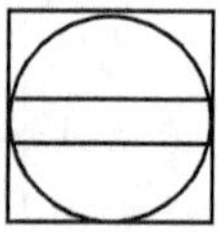
可编程逻辑控制		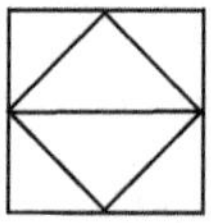	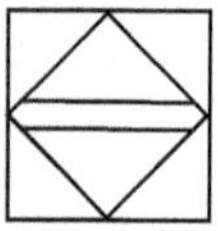

④ 执行机构的图形符号如表 5-5 所示。

表 5-5 执行机构的图形符号

名称	符号	名称	符号
带弹簧的薄膜执行机构		数字执行机构	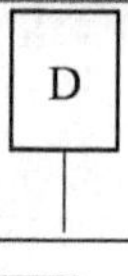 D
电动执行机构	 M	带人工复位装置的电磁执行机构	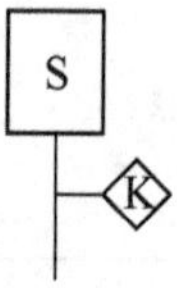 S K

续表

名称	符号	名称	符号
不带弹簧的薄膜执行机构		带手轮的气动薄膜执行机构	
电磁执行机构	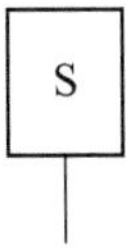 S	带电气阀门定位器的气动薄膜执行机构	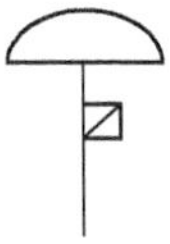

⑤ 常用控制阀体的图形符号如表 5-6 所示。

表 5-6 常用控制阀体的图形符号

名称	符号	名称	符号
截止阀		角阀	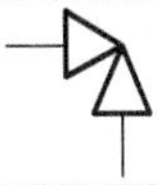
球阀		三通阀	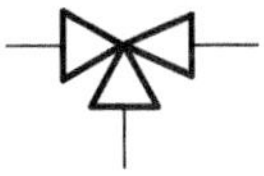
碟阀		隔膜阀	

⑥ 仪表辅助设施的图形符号如表 5-7 所示。

表 5-7 仪表辅助设施的图形符号

名称	符号	名称	符号
指示灯	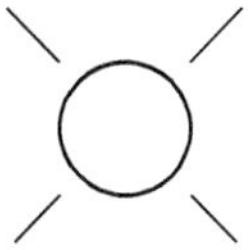	隔膜隔离	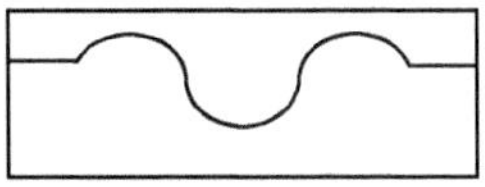
复位装置	 R	仪表吹气或冲洗装置	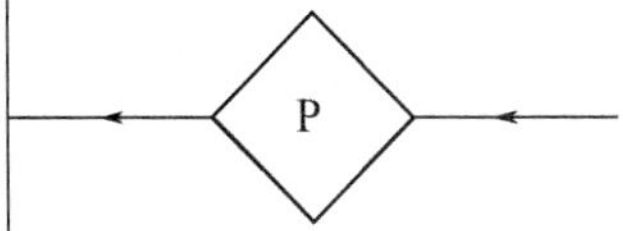 P

⑦ 执行联锁功能的图形符号如表 5-8 所示。

表 5-8 执行联锁功能的图形符号

名称	继电器执行联锁	PLC 执行联锁	DCS 执行联锁
符号	I 或 I XXX	I 或 I XXX	I 或 I XXX

5.3.2 怎样识读工艺控制流程图

(1) 什么是工艺控制流程图

图 5-1 是一个蒸汽加热器的温度控制系统图，其流程是蒸汽进入加热器，通过热交换对冷水进行加热，并通过调节蒸汽阀门的开度，把冷水加热至所要求的温度，然后供给下一工序使用。用图形符号来表示该温度控制系统，如图 5-2 所示。从图就可以很直观和明了地了解这个系统：该加热系统通过测量温度后，再使用调节器等仪表，通过开启和关闭蒸汽阀门，来使热水温度稳定在所要求的指标。把这些规定的符号与工艺设备相联系的画在一起，就称为工艺控制流程图；即它是用图形符号表示特定的自控设备，用文字表示参数及功能，使其正确、明显地在控制流程图上反映实际情况。由于工艺控制流程图把控制点、检测点位号、名称等同时列表填写在同一张图纸上，因此它属于技术总结图纸之一。

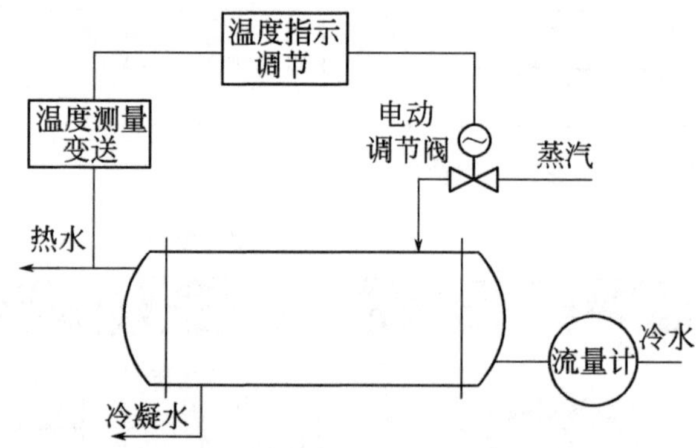

图 5-1 蒸汽加热器的流程示意图

(2) 怎样看工艺控制流程图

以图 5-2 所示蒸汽加热器温度控制流程图介绍看图的方法，图中“T”代表温度，“I”代表指示，“C”代表控制，“V”代表阀门，“206”是仪表的位号，2 代表工序号，06 是本套仪表的顺序号。图中：(TT 206)表示现场仪表，由温度传感元件和温度变送器组成；(TIC 206)表示控制室仪表，是一台指示调节仪表；TZ206 圆圈表示电动执行机构；TV 206 表示调节阀门；FIT 212 表示流量仪表，是由孔板和流量变送器组成。圆圈中没有横线，则表示是安装在现场的仪表。

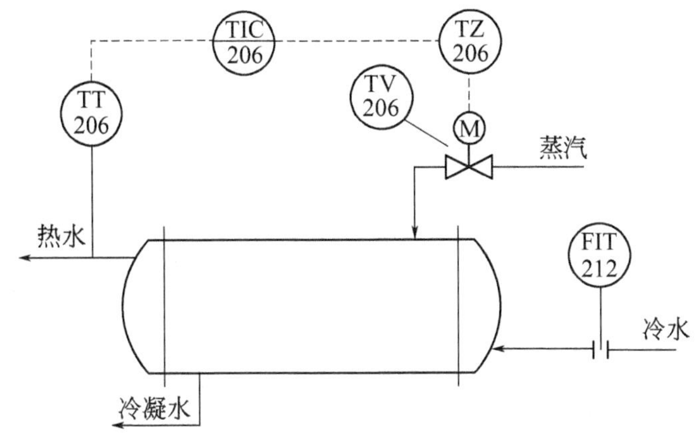

图 5-2　蒸汽加热器温度控制流程图

不论多么复杂的工艺控制流程图，都是由类似的单个检测或控制回路组成的。在读图、识图时，要先把大致的工艺流程搞清楚，在此基础上把仪表及控制的一个回路、一个系统理清楚，再结合仪表位号圆圈中的文字就可以看懂其作用。特别是要搞清楚相互间的联系，如工艺与仪表及控制的联系、仪表间信号的传送联系、与之相关的报警联锁电路的联系。在识读控制点流程图时，对图中仪表及控制设备的具体型号及规格，可通过阅读与之配套的仪表及自控设备一览表。

过程测量与控制图形符号在控制点流程图中是如何应用的呢？现举一些示例供学习。

① 图形符号在测量系统中的应用示例，如表 5-9 所示。

表 5-9　图形符号在测量系统中的应用示例

详细示例	简化示例	说明
TE 104 ---- TRA 104	TRA 104 H	被测变量为温度，现场仪表为热电偶，控制室使用常规仪表，仪表具有记录功能，并且还有温度高限报警功能。仪表位号为 TRA-104，其工序号为 1，顺序号为 04
TR 224 — TA 224 H；TT 224	TRA 224 H	被测变量为温度，现场仪表为一体化温度变送器，信号输入至控制室的 DCS，有趋势记录功能及温度高限报警功能。仪表位号为 TRA-224，其工序号为 2，顺序号为 24

续表

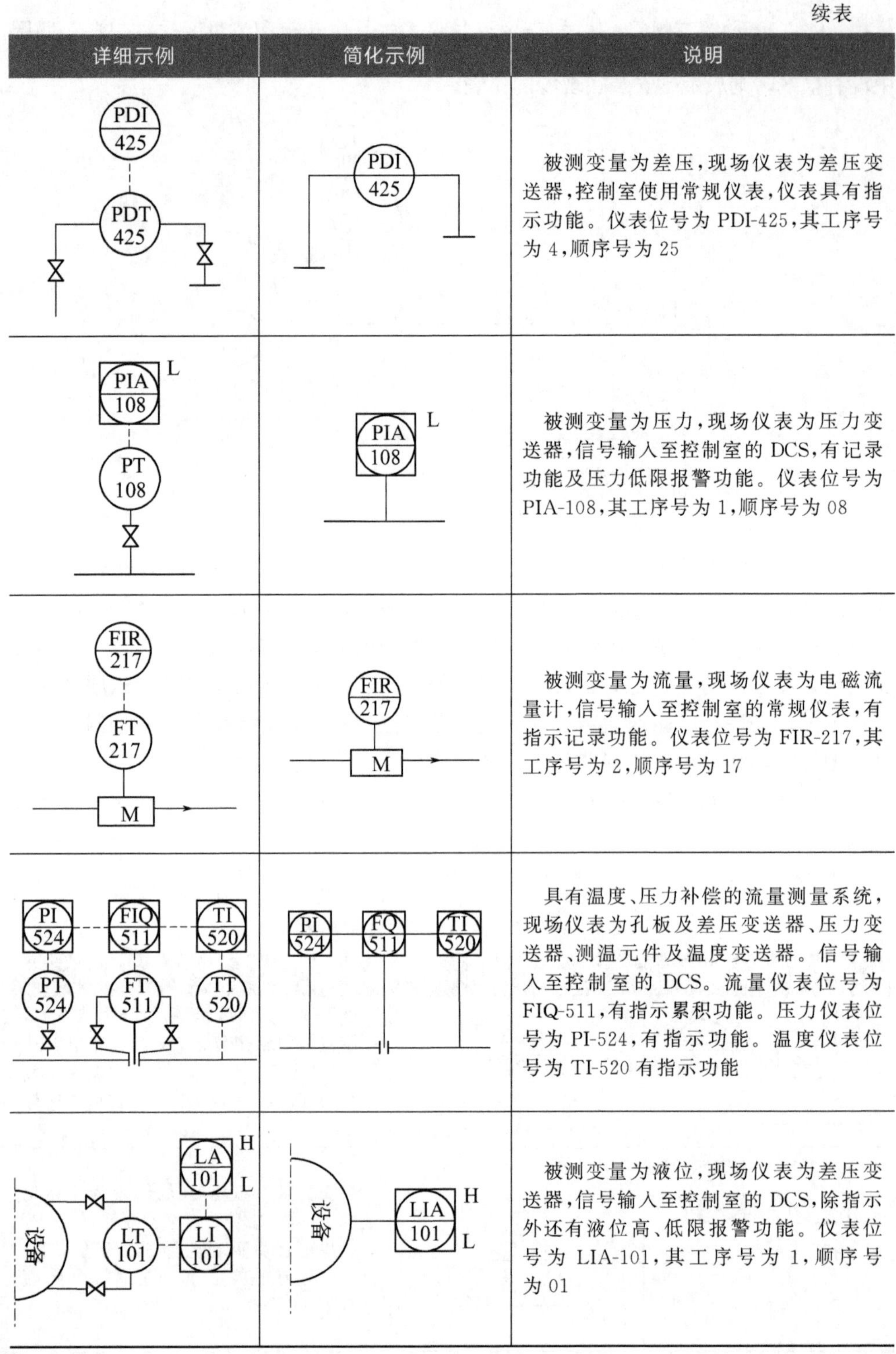

详细示例	简化示例	说明
PDI 425 PDT 425	PDI 425	被测变量为差压，现场仪表为差压变送器，控制室使用常规仪表，仪表具有指示功能。仪表位号为 PDI-425，其工序号为 4，顺序号为 25
PIA 108 L PT 108	PIA 108 L	被测变量为压力，现场仪表为压力变送器，信号输入至控制室的 DCS，有记录功能及压力低限报警功能。仪表位号为 PIA-108，其工序号为 1，顺序号为 08
FIR 217 FT 217 M	FIR 217 M	被测变量为流量，现场仪表为电磁流量计，信号输入至控制室的常规仪表，有指示记录功能。仪表位号为 FIR-217，其工序号为 2，顺序号为 17
PI 524　FIQ 511　TI 520 PT 524　FT 511　TT 520	PI 524　FQ 511　TI 520	具有温度、压力补偿的流量测量系统，现场仪表为孔板及差压变送器、压力变送器、测温元件及温度变送器。信号输入至控制室的 DCS。流量仪表位号为 FIQ-511，有指示累积功能。压力仪表位号为 PI-524，有指示功能。温度仪表位号为 TI-520 有指示功能
设备 LA 101 H L LT 101　LI 101	设备 LIA 101 H L	被测变量为液位，现场仪表为差压变送器，信号输入至控制室的 DCS，除指示外还有液位高、低限报警功能。仪表位号为 LIA-101，其工序号为 1，顺序号为 01

② 图形符号在控制系统中的应用示例，如表 5-10 所示。

表 5-10　图形符号在控制系统中的应用示例

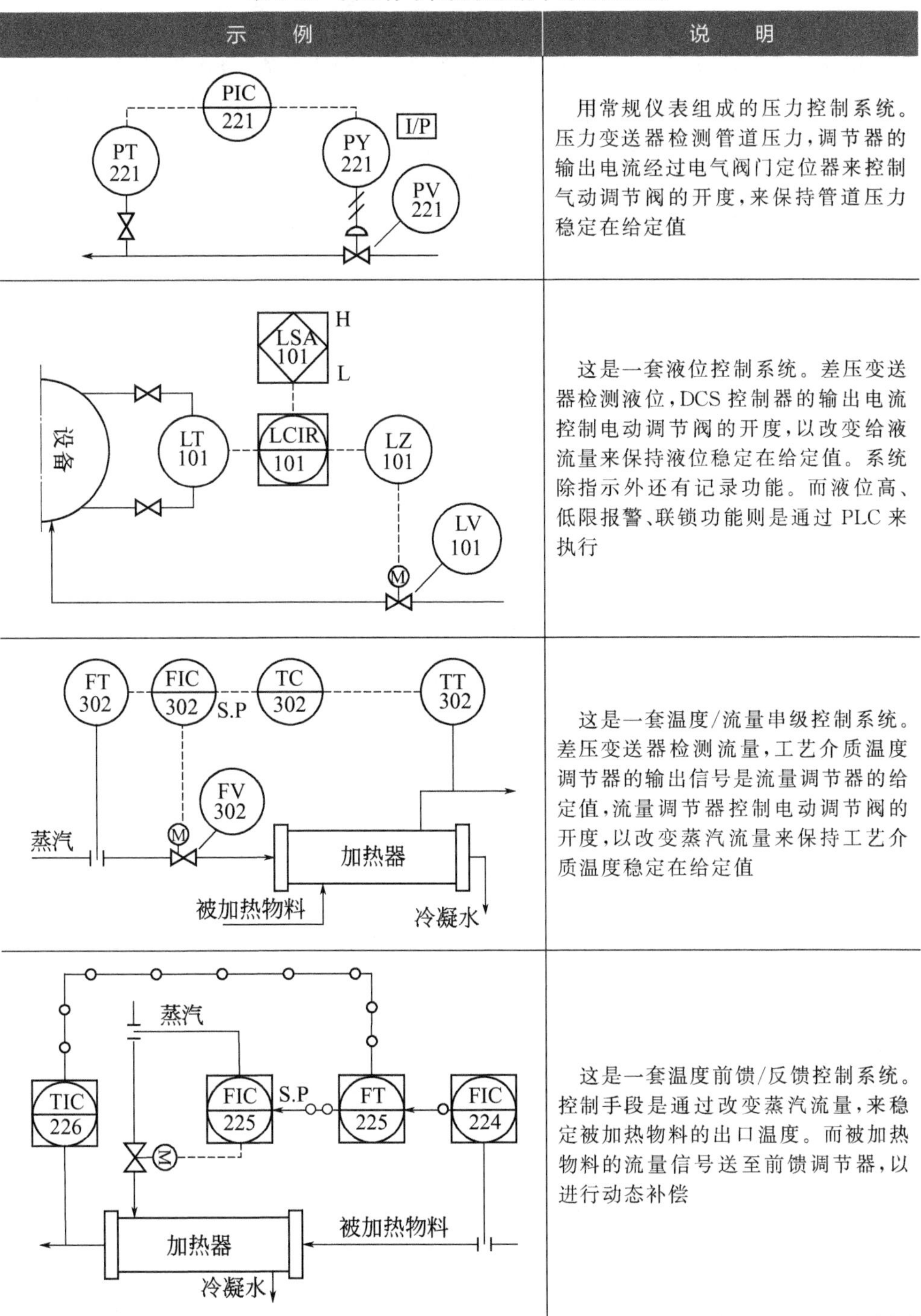

示　　例	说　　明
	用常规仪表组成的压力控制系统。压力变送器检测管道压力，调节器的输出电流经过电气阀门定位器来控制气动调节阀的开度，来保持管道压力稳定在给定值
	这是一套液位控制系统。差压变送器检测液位，DCS 控制器的输出电流控制电动调节阀的开度，以改变给液流量来保持液位稳定在给定值。系统除指示外还有记录功能。而液位高、低限报警、联锁功能则是通过 PLC 来执行
	这是一套温度/流量串级控制系统。差压变送器检测流量，工艺介质温度调节器的输出信号是流量调节器的给定值，流量调节器控制电动调节阀的开度，以改变蒸汽流量来保持工艺介质温度稳定在给定值
	这是一套温度前馈/反馈控制系统。控制手段是通过改变蒸汽流量，来稳定被加热物料的出口温度。而被加热物料的流量信号送至前馈调节器，以进行动态补偿

5.3.3 熟悉现场仪表

在跟师傅学习现场巡回检查中，你也看到和了解一些现场的仪表。这时，可结合自控安装图对现场仪表作进一步的了解和学习。图 5-3 是一套蒸汽流量仪表的管路连接图。图中直接标注了管件名称是为了看图的方便，而在真正的图纸中是用数字序号来表示的，并将具体的材料名称、规格、数量列在图纸的材料表中。结合该图例，可以把图纸与实物对照着从节流装置开始走到变送器，一样一样地对照着学习。对于其他的仪表也可采取这个方法来学习，用不了多久就可以对现场仪表及自控安装图的图形符号熟悉了。

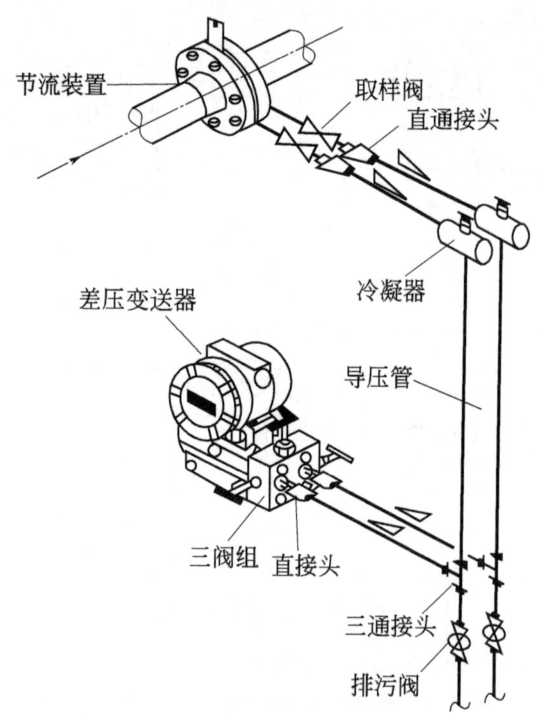

图 5-3　测量蒸汽流量管路连接图

5.4 熟悉仪表系统的实际接线

5.4.1 电气图形符号知识

为了使新仪表工能早日看懂仪表系统的实际接线图，在表 5-11 中列出了在仪表电气接线图常用的电气图形符号，以方便看图时使用，省略了一些很通用的符号，如电阻、电容、电感、线圈、二极管等图形符号。

表 5-11　仪表电气接线图常用电气图形符号

名称		图形符号	名称		图形符号
电铃			电喇叭		
接地			接机壳		或
开关		或	熔断器		
闪光型信号灯			继电器线圈		
信号灯	HD 红色 YE 黄色 GN 绿色 WH 白色 BU 蓝色		继电器触点	动合触点（常开触点）	
				动断触点（常闭触点）	

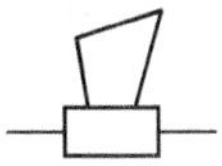

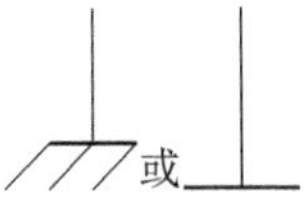

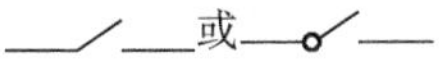

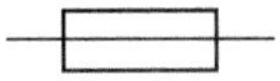

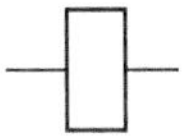

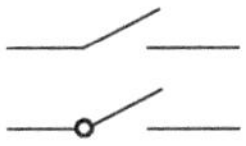

5.4.2　怎样识读仪表电气接线图

（1）仪表电气接线图知识

仪表电气接线图是用来表达一个测量或控制系统中所有仪表、控制装置及部件连接关系的图纸。它把安装、投运、维护等所需的全部信息方便地表达在一幅或多幅图纸上，使测量或控制系统信息具有完整性和准确性，便于仪表工和各类人员之间的交流和理解。

仪表电气接线图都是采用规定的图形符号和文字符号组合而成，并且与仪表盘、柜正面布置图，仪表自控设备一览表，工艺控制流程图等配套使用。

仪表电气接线大多是指仪表盘、箱内部仪表与仪表，仪表与接线端子的连接，有时也把仪表气源管路包括在内。仪表电气接线通常有以下三类方法。

① 相对呼应编号法。该方法应用最普遍，是把导线的一头标上该线另一头所到仪表或设备的位号，然后在位号后再标注接线端的编号。相对呼应编号法绘出的图纸清晰，整齐而不混乱，便于施工和读图。

② 直接连接法。该方法只是用在仪表数量很少的箱柜上，可以很直观地反映端子与端子、仪表与端子间的相互连接关系；但不适用于仪表及端子数量多的场合。

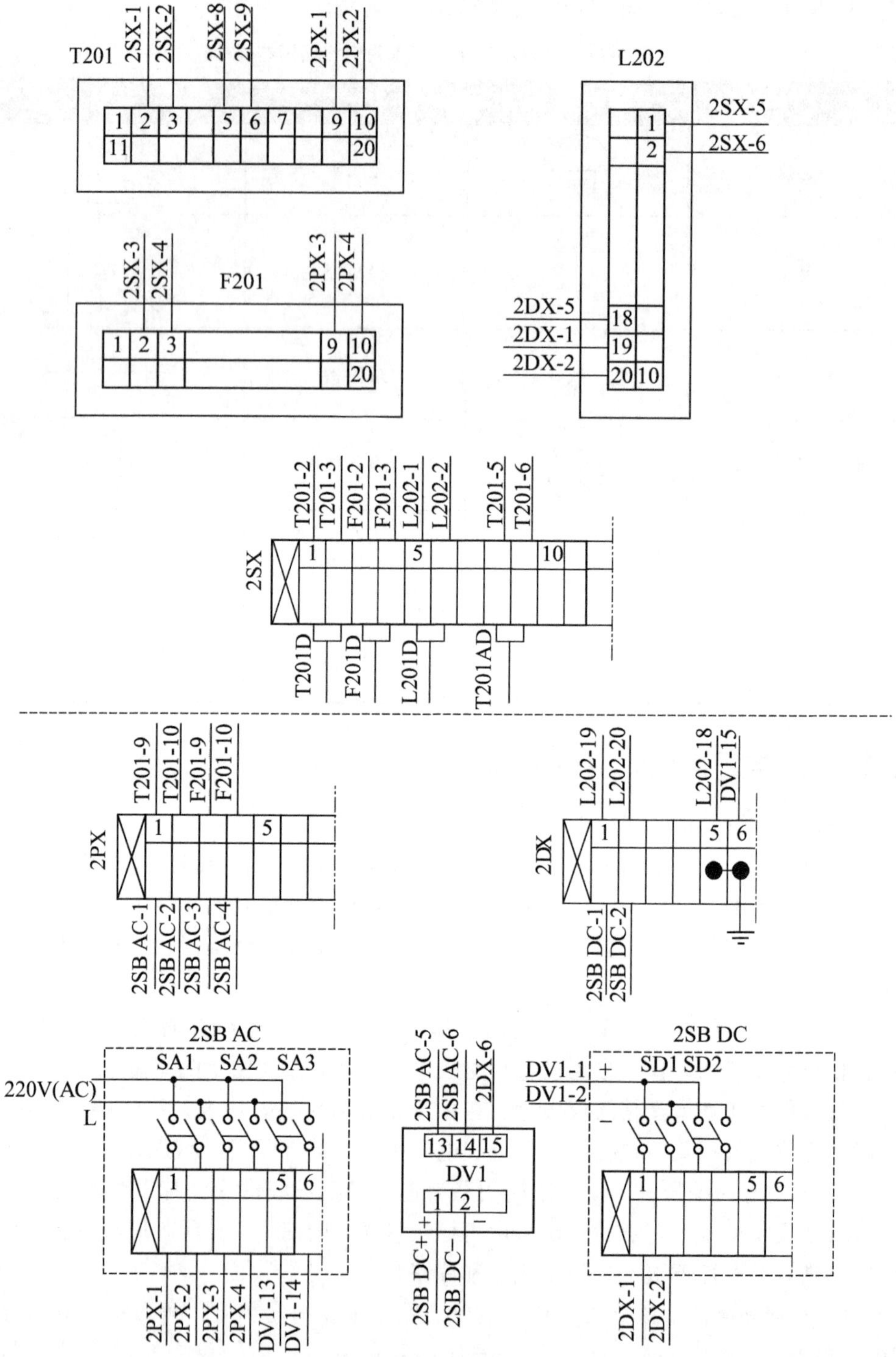

图 5-4 呼号法接线示意图

③ 单元接线法。该方法是把线路上有联系而在仪表盘背面或框架上安装又相邻近的仪表划归为一个单元，用虚线将它们框起来，视为一个整体，编上该单元代号，每个单元的内部连线不必画出。该法对仪表工的要求较高，因此有一定的局限性。

（2）仪表电气接线图识读方法

仪表电气接线图普遍采用相对呼应编号法，其编号规律是：先是去向号，后是接线点号的顺序，在去向号与接线点号之间用一横短线隔开；现结合图 5-4 进行识读。

图中：T201、F201、L202 是显示仪表，2SBAC、2SBDC 是供电开关箱，DV1 是 24V 电源箱，2SX、2PX、2DX 是接线端子。现以 T201 仪表的接线为例进行说明。220V 的电源经过 2SBAC 供电开关箱的 SA1 开关，从电源箱的 1、2 端子接至 2PX 的 1、2 端子下端，然后再从端子上端接至 T201 仪表的 9、10 号端子，完成供电任务。从现场来的热电偶信号通过补偿导线 T201D，接至 2SX 的 1、2 端子下端，再从端子上端接至 T201 仪表的 2、3 号端子，完成温度测量任务。其他接线你试着走走看，你会发现相对呼应编号法接线原来就是这么直观。当然，前提是你需要了解和熟悉相关仪表的测量原理及接线端子的作用，你也不用太着急，有空时多看看仪表说明书，慢慢地就会了解和熟悉了。

6. 通用测量仪表使用技能

6.1 万用表使用技能

万用表可用来测量直流电压、直流电流、交流电压、电阻等，有的万用表还可以测量交流电流、分贝、功率、电感、电容、晶体管参数等。万用表有指针式和数字式两种。指针式万用表结构简单、价格低。数字式万用表是在指针万用表的基础上发展起来的，其使用简单。

6.1.1 指针式万用表的使用方法

（1）使用准备

表应平放在工作位置，使用前应先检查指针是否指在最左端零处，否则可用小旋具（小螺丝刀）旋动表盘中心调节螺钉，使指针指零。测量前先检查测试表笔插的位置，红表笔应接红色“＋”插口，黑表笔应接黑色“－”插口。

将量程转换开关旋至对应量程。有两个旋钮开关的表，先旋动项目选择开关于所测项目挡，再旋动量程选择开关于合适量程。

测量电阻时，将量程转换开关旋至欲测的欧姆挡，短接两表笔，指针应偏至右端Ω刻度线的零位，如不在零位，可调节零位旋钮使指针指零。

（2）使用注意事项

① 使用万用表要养成一个好习惯，就是每次测量前再看一眼挡位放置是否正确。养成了这样的习惯，烧表的机率将大大降低。

② 选用量程应尽量使指针指示在满刻度的三分之二附近，读数比较准确。如果不知道被测电压、电流的大小，应选择大量程挡，然后根据读数大小，重新调整量程，使读数准确。

③ 测量电阻时，改变量程挡后都要重新调零，读数才能准确。如果调不到零位时，说明表内电池电压已不足，应更换电池了。

④ 在线测量电阻时，应切断电源进行操作，还要注意有无其他元件与被测电阻形成并联电路，必要时可将电阻从电路中焊开一端，再测量。对有电解电容器的电路，要将电容器放完电后再测量。

⑤ 使用万用表时要养成手不要触碰表笔金属部分的习惯，以防电击事故。同时，在测量电阻时如手触碰表笔金属部分会影响读数。

⑥ 测量直流电压时红笔接“+”，黑笔接“−”，以防止极性反接使表针逆向偏转而损坏表针。在不知正负极性的情况下，可先拨至大量程挡，用表笔快速触碰被测点，观察指针摆动方向来判定正确极性。特别不能误用 mA 挡或电阻挡测量电压，否则会烧坏仪表。

⑦ 测量电流时，绝对不可将两表笔跨接在电源上，以免烧坏表头。一般万用表只能测量直流电流，不能测量交流电流。

⑧ 表用完后，应将量程开关置于电压最高挡，对于有短接或断开挡的万用表，则应放至相应挡位，以防他人拿用时不注意而损坏仪表。

万用表型号多，结构各异，使用方法也有差异，但只要了解使用基本常识后，再结合相关万用表的说明书，就可以使用各型万用表了。

6.1.2 数字式万用表的使用方法

（1）使用准备

使用数字万用表之前，要熟悉电源开关、量程开关、插孔、特殊插孔（如 h_{FE} 插口，Cx 插孔等）、旋钮的作用，更换电池和熔丝管的方法。了解仪表过载显示符号、极性显示符号等。由于数字万用表的输入阻抗较高，在两表笔开路时，受外部干扰信号的影响，可能会显示有变化规律的数字，属正常现象。

数字万用表虽然有过压、过流保护，但还是要防止误操作而损坏仪表。每次测量之前，应对量程开关的位置进行检查，无误后才能进行测量。对于自动选择量程的数字万用表，也要注意项目开关及输入插孔不能放错了。

（2）使用注意事项

① 无法预知被测电压或电流的大小时，应先拨至最高量程挡测量一次，再视情况逐渐把量程减小到合适位置。测量完毕，要将量程开关旋到最高电压挡，并关闭电源。

② 数字万用表由于有自动转换极性的功能，测直流电压时可不考虑正、负极。但如果误用交流电压挡去测量直流电压、误用直流电压挡去测量交流电压，将显示溢出符号“000”。

③ 测交流电压时，应当用黑表笔接模拟地 COM，并应接被测电压的低电位端，如信号源的公共端或机壳，以减少测量误差。

④ 严禁在测高压或大电流时旋动量程开关，以防止产生电弧、烧毁开关触点。测量较高电压时应单手操作，即先把黑表笔固定在被测电路的公共端，然后手持红表笔去接触测试点，以保证安全。

⑤ 大多数字万用表最低电压挡的量程为 200mV 或 400mV，电压分辨力为 0.1mV。当被测电压小于 2mV 时，测量误差会增大，尤其在测量热电偶的热电势时要引起注意。

⑥ 数字万用表直流电压挡的输入电阻较高，一般为 10MΩ，测量较高内阻信

号电压时，其测量误差很小，可忽略不计。但是，如果测量输入电阻大于10MΩ的信号时（如场效应管输入端），就要考虑输入电阻的影响了。输入电阻的旁路作用，改变了原来电路的工作状态，会引起较大的测量误差。

⑦ 测量电流时，如果电源内阻和负载电阻都很小，应尽量选择较大的电流量程来降低分流电阻值，减小分流电阻上的压降，提高测量准确度。

⑧ 在电阻挡、二极管挡、测试通断性时，红表笔是带正电，黑表笔是带负电，这与指针式万用表正好相反。指针式万用表的电阻挡，红表笔接表内电池的负极，所以带负电；黑表笔接电池正极，因此带正电。测量晶体管、电解电容器等有极性的元器件时，必须注意两表笔的极性。

⑨ 由于各电阻挡的最大测试电流不相等，量程越低，电流越大。使用不同的电阻挡测量同一个非线性元件时，测出的电阻值会有差异，这是正常现象。电阻挡所能提供的测试电流很小，所以不能用数字万用表的电阻挡测试晶体管。

⑩ 测量电路板上的在线元件时，要考虑与其并联的其他元件的影响。必要时可焊下被测元件的一端进行测量，对晶体三极管需焊开两个电极才能进行检测。测量电阻时，两手应持表笔的绝缘杆，以免人体等效电阻并联引入的测量误差。

6.2 兆欧表使用技能

电器及仪表的绝缘电阻是个重要指标。当过热和受潮后，电器及仪表的绝缘材料会老化，绝缘电阻便降低。可能会造成电器及仪表漏电或短路事故的发生。经常测量各种电器及仪表的绝缘电阻，判断其绝缘是否满足使用要求，可避免事故的发生。

绝缘电阻一般为兆欧级，因此绝缘电阻的测量都要在高电压下测量。最常用的是兆欧表，俗称摇表，又叫绝缘电阻表。在测量绝缘电阻时兆欧表本身就有高电压电源，兆欧表测量绝缘电阻既方便又可靠；但如果使用不当，也会出现测量误差。仪表工必须掌握用兆欧表测量绝缘电阻的技能，使用时一要保证测量数据的正确，二要要注意安全。因为兆欧表在工作时自身产生高电压，而被测量对象又是电器及仪表设备，所以必须正确使用，否则就会造成人身或设备事故。

为什么不能用万用表测量绝缘电阻

如果用万用表测量电气设备的绝缘电阻，测得的是低电压下的绝缘电阻值，不能真正反映在高压条件下电气设备工作时的绝缘性能。而兆欧表和万用表不同之处，就在于兆欧表带有250～5000V的高电压。因此，用兆欧表测量绝缘电阻，能得到符合电气设备实际工作条件时的绝缘电阻值，这对判断电气设备的绝缘状况才起到作用，也才能保证电气设备的安全运行。

6.2.1 手摇式兆欧表的使用

① 使用兆欧表时要注意有效量程。因为，要测量的电阻值在有效量程内，准确度较高。一般测量可选额定电压250～500V的兆欧表，500V的兆欧表已可满足仪表维修、安装使用。但对于变频器及有的板卡只能选择100V的兆欧表。

② 测量前应对兆欧表进行开路和短路试验，以确定兆欧表是否正常。将“L”和“E”两端子的连接线处于开路状态，摇动手柄，指针应指在“∞”处，再把“L”和“E”两端子连接线短接一下，指针应指“0”。

③ 测量前必须将被测设备电源切断，并对地短路放电，只能在设备不带电，且没有感应电压的情况下测量，在测量有大电容的电路前应对电容进行放电。

④ 连接好测量线，并确认被测部件不带电后，按顺时针方向转动摇把，摇动的速度应由慢到快，当转速达到120转/min时，保持匀速转动，一边摇一边读指示值不能停下来读数。

⑤ 一般测量绝缘电阻用“L”和“E”端即可，但测量高阻值的绝缘电阻时，为防止被测物表面漏泄电流的影响，必须将被测物的屏蔽环或不需测量的部分与“G”端相连接。这时漏电流就由屏蔽端“G”直接流回发电机的负端，而不流过兆欧表的测量机构，从根本上消除了表面漏电流的影响。

⑥ 测量电缆线的绝缘电阻时，一定要接好屏蔽端钮“G”，因为当空气湿度大或电缆绝缘表面不干净时，其表面的漏电流将很大，为防止被测电缆因漏电对测量造成影响，在电缆外表加一个金属屏蔽环，与兆欧表的“G”端相连。

⑦ 测电器及仪表的绝缘电阻时，正确的接线法是：线路端“L”应接被测设备的导体，接地端“E”应接接地的设备外壳，屏蔽端“G”应接被测设备的绝缘部分。一定注意不能把“L”和“E”端接反了。

为什么“L”和“E”端不能接反

如果将“L”和“E”接反了，流过绝缘体内及表面的漏电流经外壳汇集到地，由地经“L”流进测量线圈，使“G”失去屏蔽作用而给测量带来很大误差。另外，因为“E”端的内部引线同外壳的绝缘程度比“L”端与外壳的绝缘程度要低，当兆欧表放在地上使用时，采用正确接线方式时，“E”端对仪表外壳和外壳对地的绝缘电阻，相当于短路，不会造成误差，而当“L”和“E”接反时，“E”对地的绝缘电阻同被测绝缘电阻并联，而使测量结果偏小，给测量带来较大误差。

⑧ 兆欧表三个接线柱用的引线，一定要用三根单独的电线，测量时不允许绞合在一起使用，以避免测量误差。

⑨ 要想准确测量出电器及仪表等的绝缘电阻，必须正确使用兆欧表，否则将

失去测量的准确性。还应注意不同型号的兆欧表，其负载特性不相同，因此用不同型号的兆欧表测量同类设备时，测量结果会有明显的差异。在实际测量中，为便于比较，建议同类设备尽量采用同一型号的兆欧表进行测量。

6.2.2 数字式兆欧表的使用

VC60B$^+$型数字兆欧表的面板排列如图 6-1 所示，其操作使用步骤如下。

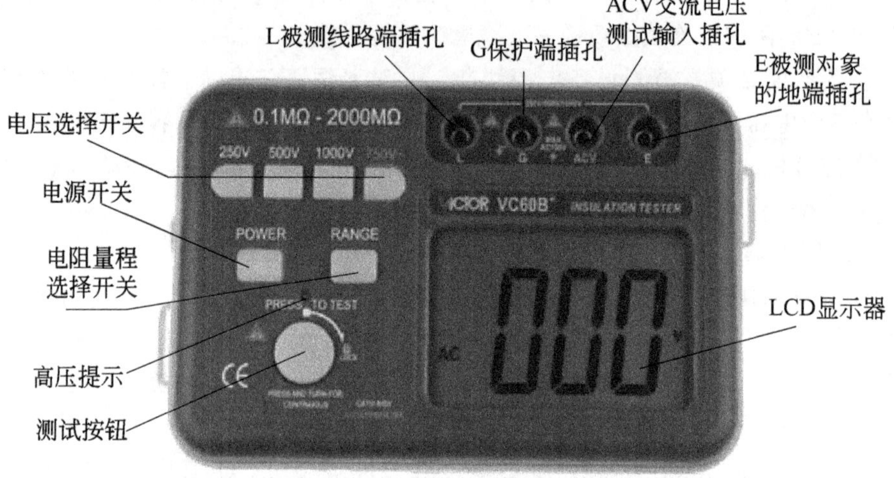

图 6-1 VC60B$^+$ 数字兆欧表面板图

① 测量前必须将被测设备电源切断，并对地短路放电，只能在设备不带电，且没有感应电压的情况下测量，在测量有大电容的电路前应对电容器进行放电。

② 一般测量绝缘电阻用“L”和“E”端即可，但测量高阻值的绝缘电阻时，为防止被测物表面漏泄电流的影响，必须将被测物的屏蔽环或不须测量的部分与“G”端相连接。

③ 把电源开关“POWER”按下，该开关系自锁式开关。

④ 根据测试项目选择测试电压及电阻量程。

⑤ 按下测试按钮进行测试，向右侧旋转可锁定按键；当 LCD 屏的显示稳定后，即可读数。如果最高位显示“1”，则表示超量程，需要使用更高一挡的量程来读数。当量程按键处于“▃”时则表示绝缘电阻超过 2000MΩ。

⑥ 在进行绝缘电阻测试时，如果显示读数不稳定，可能是环境干扰或绝缘材料不稳定造成的，此时可将“G”端接到被测物体的屏蔽端，以使读数稳定。但空载时，如有数字显示，属正常现象，不会影响测试结果。

在使用数字式兆欧表时应注意以下事项。

① 测试电压选择键不按下时，仪表的输出电压插孔上有可能会输出高压。

② 测试前先检查测试电压选择及 LCD 上测试电压的提示与所需的电压是否

一致。

③ 测试时不允许手触摸测试端，且不能随意更换测试线，以保证读数准确及人身安全。

④ 当显示电池容量不足时，应更换电池。长期存放时应取出电池，以避免电池漏液损坏仪表。当外接适配器供电时，仪表会断开内部电池供电，这时是不能对电池进行充电的。

6.2.3 兆欧表使用的安全事项

使用前要对兆欧表进行检查，观察接线柱应完好，手柄要正常，摇动手柄应能感到有手沉感，检查表指针有无扭曲、卡住等现象。由于仪表中没有产生反作用力矩的游丝，在使用之前，指针可以停留在刻度盘的任意位置。

兆欧表的输出电压高达几百至上千伏，因此，仪表工必须站在绝缘物上操作。在测试过程中，绝对不允许接触引线的电极。

禁止在雷电时或高压设备附近测绝缘电阻，测试过程中，被测设备上不能有人工作。

兆欧表未停止转动之前或被测设备未放电之前，严禁用手触及。测量结束时，对含有电容的设备要进行放电。

兆欧表要定期进行检定，确保其准确度，应保管在避光、干燥的环境中，不能放在潮湿、有腐蚀气氛的环境中。

如果较长时间不使用电动式兆欧表时，应把电池取出来，以防电池漏液腐蚀仪表。冬天气候干燥时表壳上会产生静电，当触摸仪表表面，指针出现偏转，或LCD显示器乱跳字，或零位调整螺钉无法调整时，请勿进行测量。如果产生的静电影响了仪表的读数，可使用含有防静电剂或去污剂的湿布擦拭仪表外壳。

对电容式变送器及变频器，不能用输出电压大于100V的兆欧表来测试它们的绝缘电阻。

7. 标准仪器使用技能

7.1 直流电位差计的使用技能

7.1.1 直流电位差计的使用

直流电位差计是仪表维修必备的测量仪器之一，主要用来测量热电偶的热电势，以便快速、准确的检测温度值，也可对各种直流毫伏信号仪表及电子电位差计进行校准。配合标准电阻、过渡电阻，还能对直流电阻、电池进行测量。

（1）使用操作

以 UJ36a 型直流电位差计为例，介绍直流电位差计的使用。面板排列如图 7-1 所示，操作使用步骤如下：

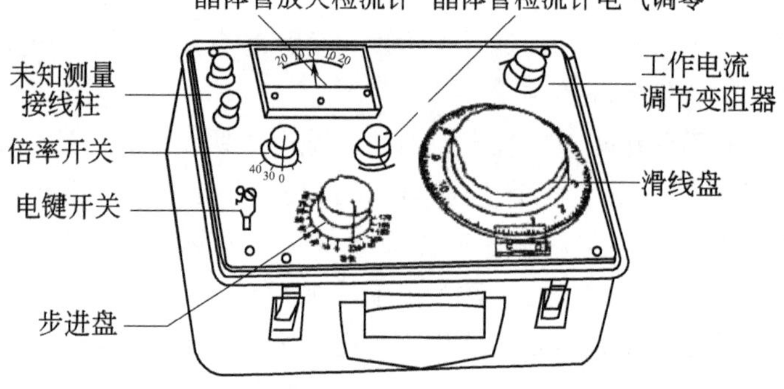

图 7-1 UJ36a 型直流电位差计面板排列图

① 把被测的电压或电动势按极性接在“未知测量接线柱”两端。

② 把“倍率开关”旋至所需位置，同时也接通了仪器的工作电源和检流计放大器电源，预热 3min 后，即可调节检流计使之指零。

③ 把“电键开关”扳向“标准”，调节“晶体管检流计电气调零”电阻，使检流计指零。

④ 再把“电键开关”扳向“未知”调节“步进盘”和“滑线盘”使检流计再次指零，则未知电动势或电压 E_x =（步进盘读数＋滑线盘读数）×倍率。

⑤ 把“电键开关”扳向“标准”，调节“晶体管检流计电气调零”电阻，使检流计指零。“倍率开关”旋向“G1”时，电位差计处于×1 位置，检流计短路。“倍

率开关”旋向“G0.2”时，电位差计处于×0.2位置，检流计短路。在“未知测量接线柱”可输出标准直流电动势。

⑥ 连续测量时，要经常校对仪器的工作电流，以防工作电流变化而造成测量误差。

⑦ 使用中如果调节多圈变阻器不能使检流计指零时，则应更换1.5V干电池，如果晶体管检流计灵敏度低，则更换9V干电池。

（2）维护保养

电位差计使用完毕，将“倍率开关”旋至断的位置，避免浪费电源，“电键开关”应放在中间位置，如长期搁置不用，要把干电池取出。长期不用，在开关、旋钮接触处会产生氧化而造成接触不良，使用前应对开关和滑线盘多旋转几次，使其接触良好，如果接触仍不理想，建议用汽油清洗后，再涂上一层无酸性凡士林保护。电位差计应保持清洁，避免直接的阳光曝晒和剧烈振动。电位差计要有专人保管，并应定期送上级计量部门检定。

7.1.2 数字电位差计的使用

（1）使用操作

UJ33D-2型数字电位差计的面板排列如图7-2所示，使用操作步骤如下。

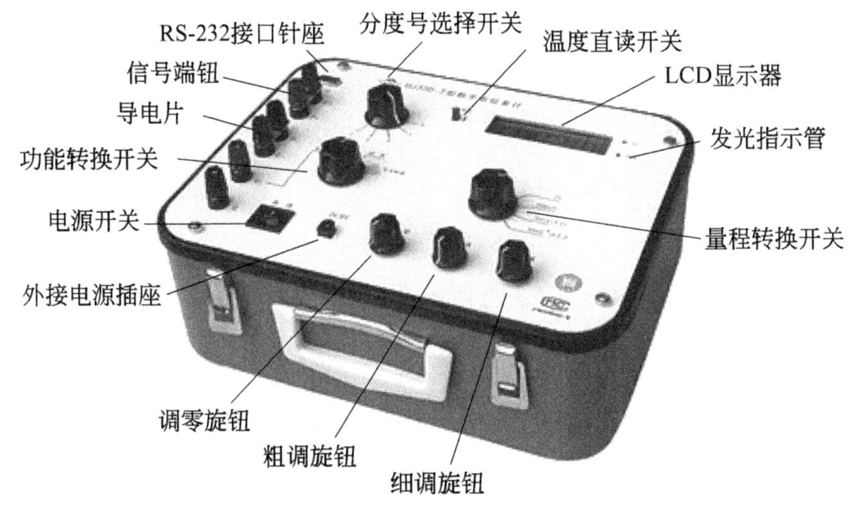

图7-2 UJ33D-2型数字电位差计面板排列图

① 测量电压或电势 按图7-3接线，功能选择开关旋至“调零”，量程转换开关根据需要选择20mV或50mV挡，调节调零旋钮使数字显示为零。功能转换开关置“测量”，选择合适的量程，LCD显示的数值即为所测量的电压或电势值。

② 输出电压 按图7-4(a)进行接线，按下电源开关至“1”，或插上外接9V

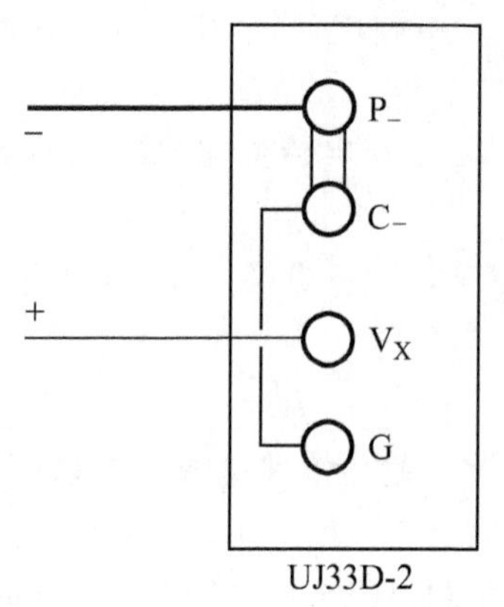

图 7-3 测量电压或电动势接线图

直流电源，显示屏立即显示读数，注意信号端钮与短路导电片必须旋紧，功能转换开关旋至“输出”，量程转换开关旋至合适量程，调节粗、细调旋钮以获得所需要的输出电压。在 200mV、2V 挡位使用时不需预热，开机即可获得符合精度要求的电压输出。但 20mV、50mV 挡位使用要预热 5～10min，并在使用前需要调零。

在校准低阻抗仪表时应采用四端钮输出方式，以消除测量导线压降带来的读数误差，此时应去掉信号端钮上的导电片，接线方法如图 7-4(b) 所示，LCD 显示的读数就是输入给被校表的实际电压值。

③ 保护端方式　在使用数字电位差计时如果有共模干扰，会引起 LCD 的显示跳字不稳定，这时应将输入、输出低端 C 同仪器保护端 G 相连接，如图 7-3 所示。

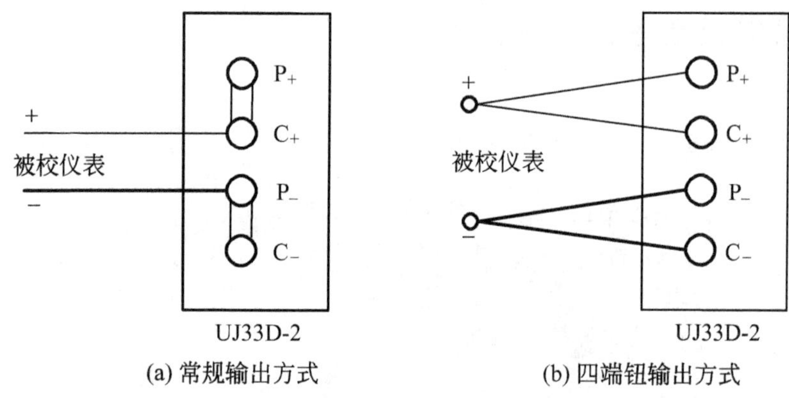

图 7-4 输出接线示意图

④ 温度直读　功能转换开关根据需要旋至“测量”或“输出”，接线方法同测量或输出方式，“分度号选择”开关置所需热电偶分度号位置，量程选择置 20mV (S、T) 或 75mV (K、E、J)，“温度直读”开关拨至向上位置，即显示当前测量值或发生毫伏电势时应所选择分度号的温度读数。量程选择如错置于 200mV 或 2V 挡时，仪器将以全“2”闪烁方式显示，提示量程选择有错。

⑤ 关机　按下电源开关至“0”，或拔去外接电源插头，数字电位差计即停止工作，仪器如果长时间不使用时，应将底部电池盒内的电池取出。

(2) 维护保养

仪器使用一段时间后，应检查电池的容量，即把功能选择开关旋至“电池检查”，量程旋至 2V 挡，当 LCD 显示读数低于 1.3 时应更换电池。

如果开机无显示时，应检查电池是否未装好，如果显示严重跳字，有可能是电池接触不良或电池将要用完，或者是信号端钮与短路导电片未旋紧所致。使用中如果LCD闪烁显示，排除干扰外，应先检查信号端钮与短路导电片是否旋紧。

数字电位差计要固定专人保管，为保证仪器的准确性，应定期送上一级计量部门检定。

7.2 直流电阻电桥的使用技能

7.2.1 直流电阻电桥的使用

直流电阻电桥是仪表维修必备的测量仪器之一，主要用来测量电阻及各型热电阻的电阻值，以便快速、准确的得到检测温度值，也可对各种热电阻显示仪表及电子电桥计进行校准。

（1）使用操作

QJ23a型直流电阻电桥的面板排列如图7-5所示，使用操作步骤如下。

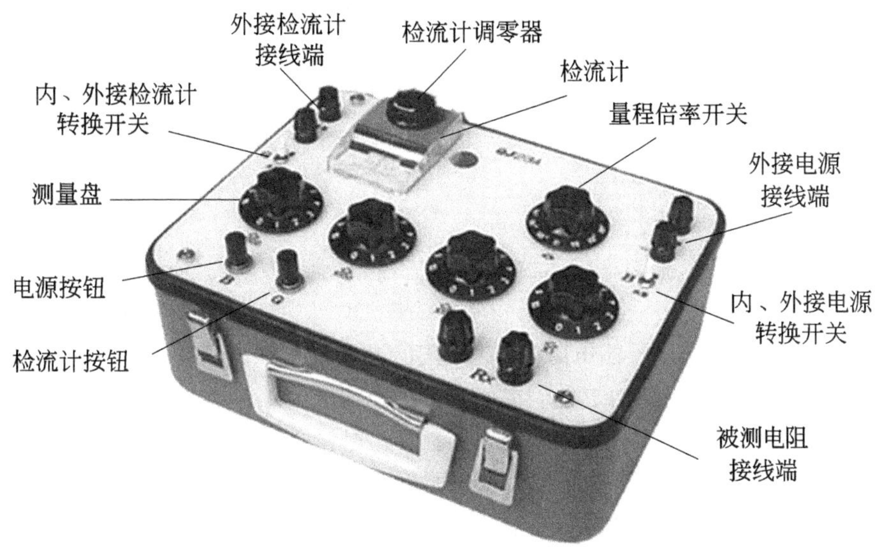

图7-5 QJ23a型直流电阻电桥面板排列图

① 大多数情况下，当被测电阻小于10kΩ时，都可使用仪器的内附检流计及内接电源进行测量。通常，内、外接检流计转换开关应扳向“内接”，则内附检流计接入电桥线路。内、外接电源转换开关扳向“内接”，则电桥内附电源接入电桥线路。

② 先调整检流计零位。如使用的是电子式检流计，则采用的是电位器调零，先安装检流计的工作电源，电池极性不能接反。单独按下“B”钮，不能同时按“G”钮，然后调整表头上方的调零旋钮，使指针指示在零位。松开“B”钮时，指针有时会不在“零”位，略有偏差但不会影响测量结果。

③ 将被测电阻连接到被测电阻接线端R_X上，根据被测量电阻的估计值，来选择量程，把量程倍率开关旋转至相应挡位，同时按下“B”和“G”按钮，观察检流计指针偏转方向，如指针向“+”方向偏转，表示被测电阻大于估计值，需增加测量盘示值，使检流计指零；如果检流计仍偏向“+”，则可增加量程倍率，再调节测量盘使检流计指零。如指针向“−”方向偏转，表示被测电阻小于估计值，需减少测量盘示值使检流计指向零位；测量盘示值减少到1000Ω时，检流计仍然是偏向“−”边时，则应减少量程倍率，再调节测量盘使检流计指向零位。当检流计指零时，电桥平衡，则：被测电阻值=量程倍率×测量盘示值。测量结束同时松开“B”和“G”按钮。

④ 当内附检流计灵敏度不够时，可外接高灵敏度的检流计，应把内、外接检流计转换开关扳向“外接”，则内附检流计被短路，电桥通过外接检流计接线端钮接入外接检流计。

⑤ 当采用提高电源电压方法增加电桥灵敏度时，可外接电源电压使用。则应把内、外接电源转换开关扳向“外接”，则由外接电源接线端接入外接电源来供电。

⑥ 使用完毕应将内、外接检流计转换开关扳向“外接”，使内附检流计被短路。内、外接电源转换开关扳向“外接”，以切断内部电源。同时松开“B”和“G”按钮。

(2) 维护保养及注意事项

① 在测量感抗负载的电阻，如电机、变压器时，必须先按电源按钮“B”，然后再按检流计按钮“G”；断开时，先放开按钮“G”，再放开电源按钮“B”。

② 在测量时，连接被测电阻的导线电阻要小于0.002Ω。当测量小于10Ω的电阻时，要扣除导线电阻所引起的误差。

③ 在进行任何阻值测量时，调节倍率盘，尽量使“×1000Ω”测量盘的示值不为0，使测量盘有足够读数位数，以确保测量精度。

④ 测量过程中“B”、“G”按钮尽量间断使用，以延长电池寿命。如果电桥工作正常但灵敏度明显下降，则应更换电池。

⑤ 电桥只能对不带电的电阻器进行测量；严禁带电测量以防损坏电桥。

⑥ 电桥应放存放在没有腐蚀性气体的室内，并要避免阳光暴晒及防止剧烈振动。仪器长期不用时，应将内附电池取出。

⑦ 电桥初次使用或停用时间较长，使用前应将各旋钮开关旋动数次，以保证接触良好。

7.2.2 数字直流电桥的使用

（1）使用操作

电桥测量电阻时接线方式有四线制、三线制和两线制 3 种：四线制用来测量标准电阻器、精密电阻器等；三线制用来测量热电阻；两线制用来测量一般的电阻元件，如线绕电阻、炭膜、金属膜电阻等。

电桥采用四线制测量方法，要用四个测量接线柱，其中 C_1、C_2 为电流端，P_1、P_2 为电位端。电桥由电流端输出测试电流，被测电阻压降由电位端引入电桥。连接方法如图 7-6 所示。图中（a）为四线式电阻器测量连接方法，由理论分析可知，尽管四测量导线有导线电阻，而且各连接点存在接触电阻，但只要按图正确连接，电桥能有效地消除以上两种电阻对测量精度的影响，电桥测得的是 A、B 两点之间电阻值 R_{AB}。图中（b）为两线式电阻器测量时的连接方法，也采用四线式测量方法。对于 kΩ 以上电阻器，可以采用两线式测量法，接线柱 C_1 与 P_1、C_2 与 P_2 用导线分别短接，再引出二根测量导线进行测量。由于受测试电流的限制，对于三线制的热电阻元件不宜用本电桥进行测量。

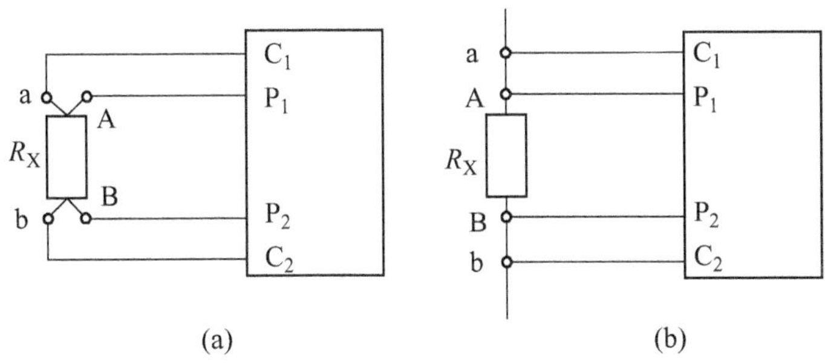

图 7-6 电桥测量电阻器时的接线示意图

接好测量导线，就可以进行测量了，步骤如下。

① 按下“POWER”电源开关，预热 5min。进行量程选择，根据被测电阻值大小选择合适的量程，显示器同时显示小数点和单位量。如果无法估计被测电阻的阻值时，则应从最高量程起依次旋向低量程，直到测量值最高位落在显示器的万位或千位上，使读数值有足够位数，以确保测量精度。

② 按下“METER”测量键，则显示器显示的稳定示值即为被测电阻的阻值。测量完毕，应将“METER”测量键及时复位。按下显示器右边的“H”保持键，指示灯亮，测试数据将保持不变。要取消保持功能，可按“H”键进行复位。

③ 当被测电阻值大于满度值时，显示值为 1××××，其中×为该位不显示。当被测电阻值远大于满度值，或者测量端开路时，显示器左边会出现“ALM”提示符，同时示值为 0。

④ 当显示器上方出现“LOW BATT”提示符时，表示干电池电压过低，应更换干电池。

（2）维护保养及注意事项

① 测量低值电阻，如2Ω挡量程，由于测试电流较大，测量时间应尽量短，以延长干电池使用寿命；待显示器读数值稳定，即可利用保持功能，并将“METER”测量键复位。电桥测量端是允许开路的，但不能长时间短接。

② 测量电感线圈的电阻值时，如变压器、电动机等，必须严格遵守：先连接测量导线，选择合适量程，再按下“METER”测量键的操作步骤。显示器从溢出状态到数字由大逐渐变小，其读数稳定时的数值即为电感线圈的电阻值。测量完毕要拆卸导线，或在测量过程中改变量程，都必须先将“METER”测量键复位，等电感放电完毕，才可进行上述的操作。以防电感反电动势损坏电桥。当测量导线较长时，四根测量导线应绞合在一起，以防止干扰。

③ 当被测对象的温度系数较大时，为了避免被测对象温升对测量结果的影响，当显示器示值稳定时，应使用保持功能，且“METER”测量键应及时复位。

④ 高阻测量时应防止泄漏电阻和干扰的产生。即测量导线表面要保持清洁干燥，以防表面泄漏，并应避免电磁及静电的干扰。

⑤ 电桥如果长时间不用时，应取出所有干电池。

⑥ 电桥要有专人保管，存放环境不应有腐蚀性气体或有害物质。

干电池性能的简易测试

电动势和内阻是干电池的主要技术指标。电动势可直接用万用表测量，要求干电池的电动势不能过低且比较接近。干电池内阻可用瞬间短路电流法进行判断，使用万用表直流大电流挡，如10A或20A挡，测试时黑表笔固定接好电池负端，用红表笔碰触电池正端，在碰触的瞬间（1～2s）来测量短路电流，短路电流越大内阻就越小，电池输出电流的能力就越强。可用新旧电池作对比实验得出经验。

直流电阻箱的使用技能

（1）直流电阻箱的结构

直流电阻箱是电阻值可变的电阻量具，其电阻值可在已知范围内按一定的阶梯值改变。常用的是开关式直流电阻箱，它的线绕电阻元件是接在各触点之间，通过电刷旋转改变触点位置来选择相应的电阻值，即电阻箱里被利用的电阻，是介于起始触点和在使用时电刷所触及的触点之间的电阻。直流电阻箱的型号很多，但其结构、原理基本是一样的，区别只是电阻箱的调节范围、精度等级、功率不同而已。

(2) 直流电阻箱的使用、保养及注意事项

使用电阻箱时，应先旋转一下各组旋钮开关，以保证接触良好。电阻箱应定期采用药棉沾少量的润滑油涂在开关的接触片和电刷上，但不能够涂得过多，一小点就行了，多了没用，油脂多相反会引起接触不良。

电阻箱使用时，不能超过标称功率。测量时连接导线应接触牢固。

电阻箱应贮存在温度、相对湿度符合要求的环境中，空气中不应含有腐蚀气体，要避免太阳光直射到电阻箱上。

7.4 活塞式压力计的使用技能

7.4.1 活塞式压力计的工作原理及使用

(1) 活塞式压力计的工作原理及结构

活塞式压力计是应用静压平衡原理工作的，即活塞本身和加在活塞上的专用砝码重量 G 作用在活塞面积 F 上所产生的压力 P 与液压容器内所产生的压力相平衡，来测定被校准仪表的压力大小，即 $P=\frac{G}{F}$。

活塞式压力计由压力发生系统和压力测量系统两部分组成，YU 系列活塞压力计结构如图 7-7 所示。

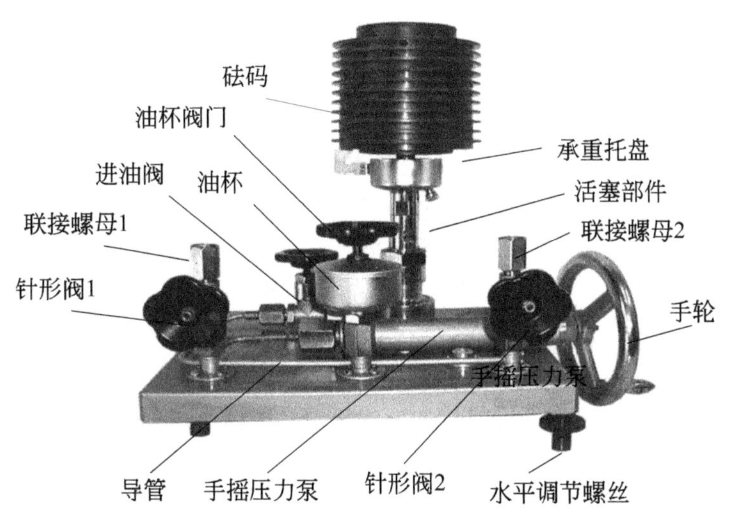

图 7-7 YU 系列活塞式压力计结构图

压力发生系统包括手摇压力泵、油杯、进油阀及两个针形阀，在针形阀上装有

联接螺母，用以连接被校准的压力表。压力测量系统由活塞、活塞缸及与活塞直接相连的承重托盘、托盘上面的砝码组成。压力泵和活塞部分安装在同一底座上，通过导管相连接，中间装有针形阀。整个压力计由四个水平调节螺钉支撑，并可通过观察水平泡来校准仪器的水平位置。

（2）使用操作

① 活塞式压力计应放在便于操作坚固无振动的工作台上。利用水平调节螺钉来调整水平，使水平泡的气泡位于中心位置。

② 旋转手摇泵的手轮，检查油路是否通畅，正常后即可装上压力表，进行校准。

③ 打开油杯阀门，左旋手轮，使手摇压力泵的油缸充满油液。

④ 关闭油杯阀门，打开针形阀，右旋手轮产生初压，使承重托盘升起，直到与定位指示筒的墨线刻度相齐为止。

⑤ 增加砝码重量，使之产生所需的校准压力。增加砝码时，须相应地转动压力泵手轮，以免承重托盘下降。操作时，必须使托盘按顺时针方向旋转，角速度保持在 30～120 转/分之间，借以克服摩擦阻力的影响。

⑥ 校准完毕，左旋手轮，逐步卸去砝码，最后打开油杯阀门，卸去全部砝码。关闭压力计的阀门时，以无泄漏现象为准，不要用力过大。

7.4.2 新型活塞式压力计使用方法

（1）简介

新型活塞式压力计是指按 JJG 59—2007《活塞式压力计检定规程》要求生产的产品。其采用新材料、新技术、新工艺，各项技术指标有了很大提高。新型活塞式压力计的关键部件使用了高硬度和低温度线膨胀系数的碳化钨材料，从而提高了活塞的耐磨性，性能极其稳定，有的砝码采用无磁不锈钢制造。而且砝码通过挂篮直接加在活塞上，故负荷重心低，活塞运转平稳。活塞上下行程为±1.5mm，其工作位置采用位移传感器监测，并用仪表显示，活塞位移显示醒目、准确。新型活塞式压力计有宽量程及两用式的产品。一台 XY1000 宽量程活塞压力计，可抵目前测量上限 6MPa、60MPa、100MPa 的三台压力计使用。

JYB 型两用活塞式压力计结构如图 7-8 所示。压力发生系统包括加压油缸、油杯、进油阀及两个截止阀，在截止阀上装有联接螺帽，用以连接被校准的压力表。当把进油阀关闭后，活塞压力计可以作一般的压力校验仪使用。

（2）使用操作

① 活塞式压力计应放在便于操作坚固无振动的工作台上。压力计上的水平气泡应位于中心位置。

② 传压介质 25MPa 以下的压力计，应使用煤油和变压器油的混合油，20℃时

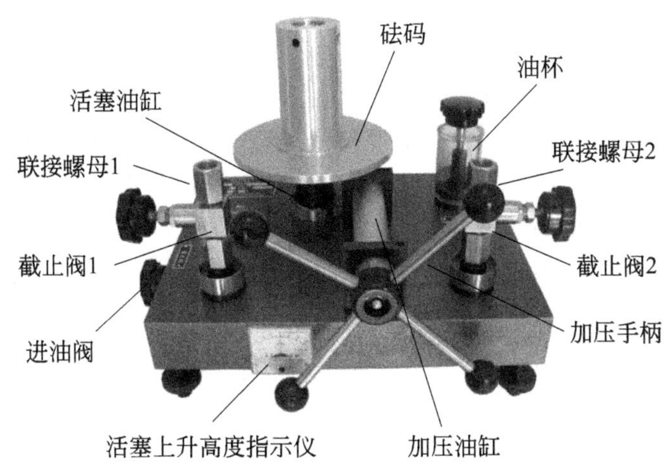

图 7-8 JYB 型两用活塞式压力计结构图

其黏度为 9～12mm²/s。

③ 砝码加减时要小心操作，不能碰撞砝码挂篮，以防止活塞折断事故的发生。

④ 接通电源检查活塞工作位置，当活塞位置指示仪表显示在零位左右时，表示压力计活塞已经落到底，这时表示没有压力或压力很小，当仪表指示在 3mm 以下时，表示压力计已正常工作，此时的压力值是准确的。如果超过 3mm 表示压力过大。

⑤ 旋转加压手柄，排除空气并检查油路是否通畅，正常后即可装上压力表，进行校准。

⑥ 增加砝码重量，使之产生所需的校准压力。操作时，先用双手转动砝码使其转动，转速保持在 30～60r/min 之间。并相应地转动加压手柄，使活塞上升。当活塞位置指示仪表达到 1～3mm 时就可进行读数了。

⑦ 第一点读数后，应先用降压，使活塞下降到最低位置，然后再加上与第二点校准值相应的砝码，再转动加压手柄加压并读数，直至正行程校准完成。

⑧ 反行程校准时，也要先降压，操作中要避免突然和急骤降压，特别在高压力校准时，更需要注意，否则有可能震断活塞而造成压力计损坏。

⑨ 压力计的测量基准线，即活塞下端面应与被测量仪表在同一水平面上，如相差较大时应进行示值修正。

⑩ 校准完毕，左旋手柄，逐步卸下砝码。关闭阀门时，以无泄漏为准，不要用力过大。

7.4.3 活塞式压力计的维护保养

① 使用中，在手摇压力泵和测量系统的内腔应注满传压介质，并要将其中的

空气排除。传压介质必须经过过滤，不许混有杂质和污物；使用一段时间后，如果发现传压介质颜色发黄或浑浊时应立即更换，否则会影响测量精度。

② 压力计的活塞杆、活塞缸、托盘、砝码等，必须根据压力计的同一出厂编号配套使用，不能互换。砝码、托盘及活塞的质量如果是按标准重力加速度计算的，则应按使用地点的重力加速度进行修正。但现在厂商基本都不提供现货，而是按合同生产供货，因此都是按用户当地的环境条件来生产的，故不存在修正问题。

③ 应经常让压力计保持干净，不要放在湿度过大的环境中，以免锈蚀。砝码应严格注意保管，表面漆层不能铲除或增加，同时必须注意保持清洁和干燥，以免锈蚀和沾染污物而影响砝码质量，引起测量误差。

④ 联接螺母中的垫片和活塞缸的密封件较易损坏，若发现其泄漏需要及时更换。

⑤ 压力计暂不使用时，活塞缸和活塞杆应涂上无酸的凡士林油，且压力计应盖上布罩，以免灰尘进入压力计内。再次使用时应首先用汽油清洗压力计各个部分。

⑥ 压力计每使用二年，必须送计量部门进行检定。

7.5 过程校验仪的使用技能

现场过程校验仪是一种便携式仪器。其品种较多，但基本功能是相同的。它的测量功能有：直流电压、直流电流、欧姆、频率、热电偶、热电阻、开关量测量、测量值的显示保持及平均值处理。它的输出功能有：直流电压、直流电流、欧姆、模拟变送器、热电偶、热电阻、频率、脉冲、开关量、压力。它的测量和输出是两个相互独立的通道，可同时实时的测量和输出过程信号；进行多重数据显示，可同时显示输入测量值和输出设定值等。过程校验仪还提供24VDC的回路电源。可进行二线制、三线制的热电阻测量。有的校验仪还具有快速响应的开关测试功能，可进行开关动作时的过程参数测量。

现以VICTOR25多功能过程校验仪为例，对其操作使用进行介绍。

(1) 用校验仪测量温度和对测温仪表进行校准

① 测量热电偶温度

校验仪内存有八种常用热电偶的分度表，还具有冷端温度补偿功能，因此测量温度是很方便的。测量热电偶温度时，把热电偶接至校验仪的输入端，接线如图7-9所示。连接热电偶转接头到输入端子，把热电偶的正、负极分别连接到转接头的+、-端。使用测量键“FUNG”选择热电偶测量功能，用“RANGE”键选择相应的热电偶分度号，进入热电偶测量温度时，冷端补偿功能是自动开启的，则校验仪显示的温度就是实际温度了。例如：热电偶热端温度为 1000℃，冷端为 20℃，则热电偶产生的热电势只有 980℃，使用校验仪的“RJ-ON”功能后，自动补偿 20℃，则校验仪显示即为实际温度 1000℃了。按下“RJ-ON”键则关闭冷端温度补偿功能。

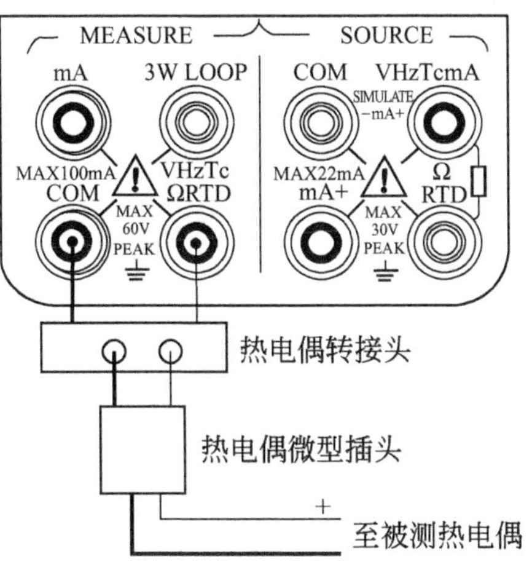

图 7-9 测量热电偶温度的接线图

② 测量三线制热电阻温度

测量三线制热电阻温度时，先将两根黑色引线分别连接到输出的 COM 和 3W 端，红色引线连接到 VHzTcΩRTD 端。然后再将两根黑色引线的另一端共同连接到被测热电阻的一端，红色引线接至热电阻的另一端。如图 7-10 所示，操作步骤如下：

A. 用测量“FUNC”键选择热电阻测量功能。

B. 用测量“RANGE”键在热电阻分度号之间选择合适的热电阻类型。显示屏上部将显示所测热电阻的温度测量值和单位符号。

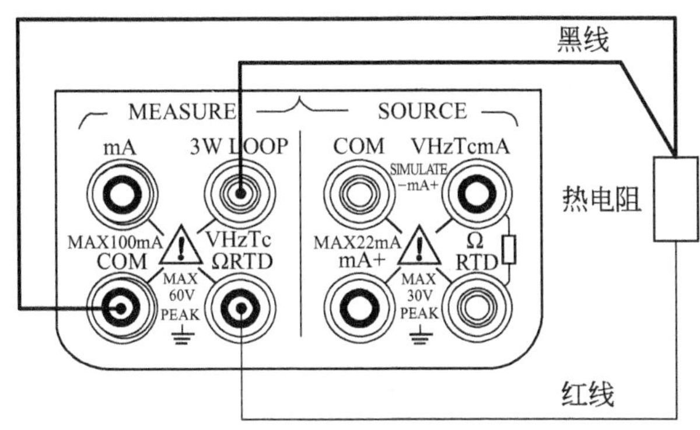

图 7-10 测量三线制热电阻温度的接线图

③ 校准热电偶温度显示仪表

在现场可用校验仪对温度显示仪表进行校准，由于校验仪就是一台高精度、稳定的信号发生器，它可模拟产生 mV 和 Ω 输出，同时内带的热电偶分度表可直接进行温度模拟输出。校准时将校验仪输出端接被校表的输入端，设定输出功能及相应的分度号，便可进行校准工作，其接线如图 7-11 所示。校准仪内置了一个温度传感器，进入模拟热电偶输出功能后，冷端温度补偿自动开启，同时“RJ-ON”符号显示在显示屏中部。此时校验仪将输出一个减掉冷端温度的热电势至被校仪表。如室温为 20℃，校验仪输出 1000℃时，如无“RJ-ON”则被校仪表将显示 1020℃，但设置了“RJ - ON”被校仪表将显示 1000℃。操作步骤如下：

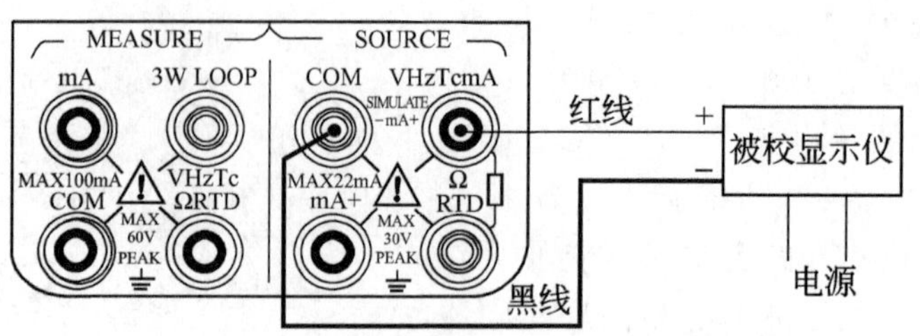

图 7-11 校准热电偶温度显示仪表接线示意图

A. 用“FUNC”键选择模拟热电偶功能，用“RANGE”键在 8 种热电偶分度号中选择需要的热电偶类型。显示屏中部会显示所选择的热电偶类型标识符，下部会显示默认的输出值和单位符号。

B. 用输出设定键“▲/▼”按位对输出值进行设置。每一对“▲/▼”键对应于显示值的每一位，每按一次“▲/▼”键将会增加或减小输出的设定值，并且可以不间断的设置输出值。按下“▲/▼”键不放会按顺序连续的增减设定值，当增减到最大或最小值时，输出设定值不再变化。按“ZERO”键将输出设定值设为默认的初始值。

C. 按输出“ON”键，“SOURCE”显示屏符号从“OFF”变为“ON”，校准仪从输出端子之间输出一个以温度传感器测到的温度为参考点的温度电动势信号。

D. 要停止输出，再次按下输出“ON”键，“OFF”符号显示在输出显示屏上，同时端子之间无输出信号。

(2) 用校验仪测量电流和输出电流

生产中常用的两线制变送器有压力、差压变送器，温度变送器，它们的输出线与电源线是共用的，其输出为 4～20mADC 电流信号。VC25 具有同时输出和测量并提供 24V 回路电源的功能，非常适合对两线制变送器进行测量和校准。

① 测量直流电流

用校验仪测量直流电流时，先按图 7-12 进行连接。先将黑色引线连接到输入的 COM 端，再把红色引线连接到输入的 mA 端。然后将两根引线的另一端串入到被测设备的电路中，接入时注意极性要正确。测量时的操作步骤如下。

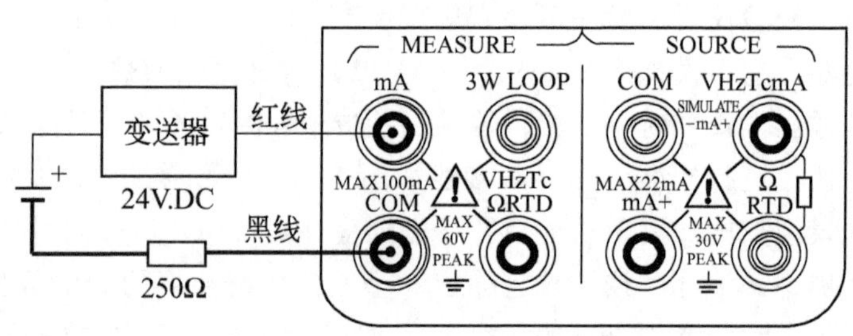

图 7-12 测量直流电流接线示意图

A. 使用测量“FUNC”键来选择直流电流功能。

B. 连接测量引线到被测设备的电路中，显示屏上部将显示直流电流的测量值和单位符号。

② 模拟变送器 4～20mA 输出

接线如图 7-13 所示，操作步骤如下。

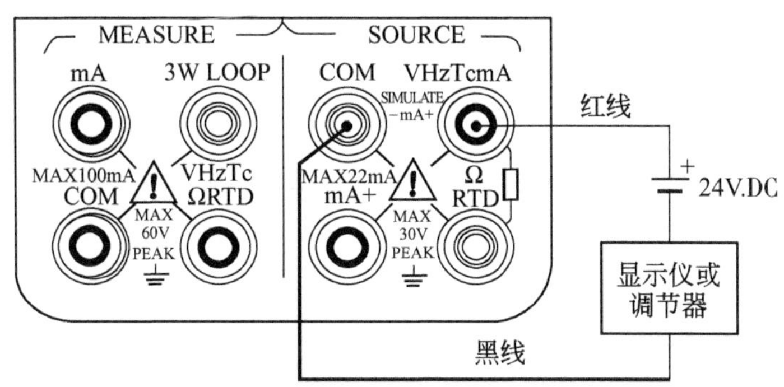

图 7-13 模拟变送器 4～20mA 输出接线图

A. 使用输出“FUNC”键选择直流 0～22mA 电流输出功能，显示屏下部显示所选功能量程默认的输出值和单位符号。

B. 用输出设定键“▲/▼”按位对输出值进行设置。每一组“▲/▼”键对应于显示值的每一位，每按一次“▲/▼”键将增加或减小输出值，可以无间断的设置输出值。按下“▲/▼”键不放开，则会按顺序连续的增减设定值，按“ZERO”键输出为默认初始值 0。

C. 按输出“ON”键，“SOURCE”显示屏符号从“OFF”变为“ON”，校准仪从输出端子之间输出当前设定的电流信号。

D. 要停止输出，再次按下输出“ON”键，“OFF”符号显示在输出显示屏上，同时端子之间无输出信号。

③ 校准变送器

接线如图 7-14 所示，校准过程是利用校验仪的回路电源测量电流功能。操作步骤如下。

选择校验仪为电流测量功能，先按“LOOP”键。显示屏幕会出现“LOOP”符号，此时校准仪内的 24V. DC 回路电源会打开；然后把校准仪连接到变送器的电流输出端。再设定校验仪的输出信号类型，就可以进行校准变送器的工作了。其操作步骤可参考本章 7.5 节的“③校准热电偶温度显示仪表”部分进行。因为，按图 7-14 的接线方式，校验仪可输出的信号类型可以是直流电压、热电偶、频率、脉冲、开关量。至于采用什么信号完全取决于用途，因此可根据变送器所需的信号类型进行选择和操作即可。

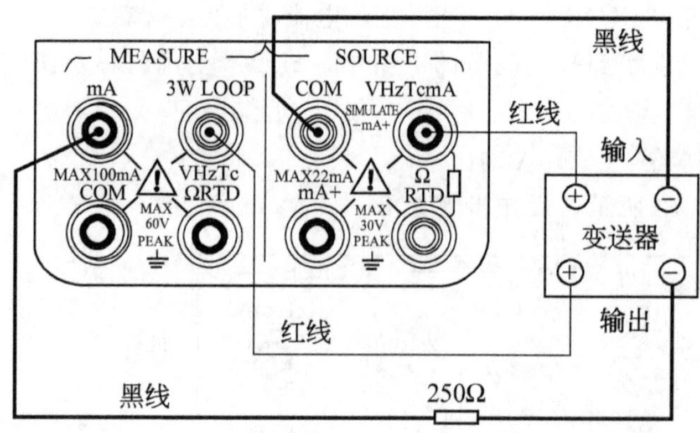

图 7-14 校准变送器接线图

(3) 用校验仪校准差压、压力变送器

将 VC25 的输入设置为提供回路电压同时测量电流，输出设置为压力，通过改变外部压力源的输出压力，便可对差压、压力变送器进行校准。接线如图 7-15 所示。校准前应选择压力模块（DPM）的量程，先把压力模块和校准仪连接起来，然后进行压力模块连接的设置，按测量“ON”键，使显示屏显示：“CMSET：PCM”，表示与 PC 机通信设置。再按最右边的一组“▲/▼”键在 PCM、DPM 和 CAT 之间切换，选择“DPM”后，按输出“ON”键，显示屏上半部显示“SAVE”标志一秒钟。压力模块和校准仪已正常连接，即可进行以下操作。

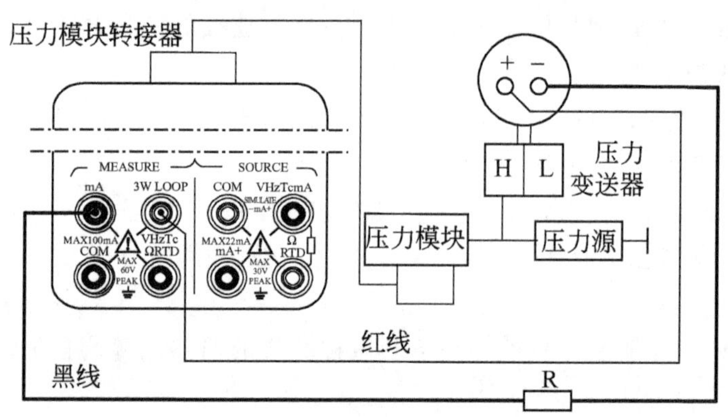

图 7-15 用校验仪校准差压、压力变送器连接示意图

① 使用输出“FUNC”键选择压力输出功能，显示屏下部将显示“0kPa”。当测量的压力单位为 MPa 时，可按输出“RANGE”键在 MPa 和 kPa 之间进行切换。

② 按输出“ON”键，校准仪会自动识别所连接压力模块的型号并自动设定其量程。如果连接失败，校准仪显示屏下部会显示“NO. OP”标志。

③ 按照压力模块说明书的说明，把模块归零。归零步骤因模块的类型有所不

同，按“ZERO”键对校准仪归零，同时“△”符号显示在显示屏左下部，所加压力大于模块测量量程的5%时，归零操作不可进行。

④ 用压力源向压力模块加压，显示下部将显示所加的压力。同时显示屏上部会显示变送器的输出电流值。

⑤ 当压力输入显示正常后即可对变送器进行校准了。校准的操作方法参考以上几节内容即可，不再赘述。

（4）校验仪使用注意事项

① 根据测量要求选择正确的功能和量程挡。尤其是测量及输出电流时，要使用正确的插孔、功能及量程挡。进行电阻或通断测量前，应先切断电源并对高电压的电容器进行放电。

② 表笔的一端已插入校验仪插孔，则另一端的表笔不能碰触电压源。在更换不同的测量或输出功能时，应先拆除测量线。

③ 测量时，手指不要碰触表笔的金属部分。测量时，应先接公共线然后再接带电的测量线。拆线时，应先拆除带电的测量线。定期检查测试表笔是否有损坏或暴露的金属。损坏的表笔应及时更换。

④ 不要在有爆炸性气体、蒸汽、灰尘大的环境使用校验仪。当出现电池低电量显示时，应立即更换电池。

8. 仪表维护基本技能及基础知识

8.1 提高仪表维修技术水平的窍门

怎样提高仪表维修技术水平，是仪表工都很关心的问题。仪表维修技术水平的提高是要通过一定时间积累的，要想在几个月内提高是不现实的，提高仪表维修技术水平没有什么捷径，但只要多看、多问、多学、多做，就一定会有成效的。

（1）多看

看的范围是很广的，到企业和车间后，首先要看的就是操作规程及安全规程。跟师傅后认真看他们的操作，如工具、标准仪器、测试仪器仪表的使用；看仪表说明书，并对照着实物来观察仪表的外部和内部的结构，看仪表面板上各按键及开关的作用及操作方法；看所属岗位仪表的相关图纸，如带控制点流程图、仪表盘后接线图等；看现场仪表的安装位置，看仪表导压管的走向，观察仪表取样阀门、排污阀门的位置等，如果企业有报废仪表时，那就是很好的学习机会，通过拆卸报废仪表来认识仪表结构、电子元器件、机械结构等知识，由于是报废仪表，所以没有心理负担，完全可以放心大胆的拆卸它、解剖它。因此，把报废仪表拆开来直观的观察、学习仪表知识，是一种不错的选择。如能结合仪表书籍来学习，那效果是非常好的。如果有机会出差，就要多看看同行企业的仪表与自己企业的差别，看人家是怎样做维修的；同一种仪表的使用人家有什么维修经验是我们可借鉴的。

（2）多问

看只是一个过程，因为对同一问题的看法和认识，是取决于各人的知识面的。但不管看法和认识如何，只要肯动脑筋是一定会有问题提出来的。而要多问是考人的，因为你不动脑筋，你不想问题，也就提不出问题。古人说："不耻下问"，就是说不以向职位、学问、年龄比自己低的人请教为可耻，其目的就是鼓励人要谦虚好学；仪表工也要有这种精神。

如在控制室通过DCS操作员站的流程图画面，针对相关检测点，可向操作工请教其作用及正常的工艺指标范围，再结合带控制点流程图熟悉各检测点的位置。对于DCS设备，则应请教师傅，由他带你去看现场控制站机柜内的各种组件，如电源箱、现场供电箱、系统电源板，主控模块、辅助组件，I/O模板、端子板、通信模件等，先对其安装位置及外形作一定的了解及熟悉。再了解操作员工作站及工程师站的知识，如各种监视画面的功能，控制分组画面的作用及操作，实时趋势、历史趋势画面，报警画面，报表等，先对其操作有个大概的认识和了解，如怎样操作及切换等。举这个例子主要是说明一个问题，即有些东西只看不问是搞不懂的，因此只有通过询问、请教才能学到，如以上这些设备，没有师傅在场，你可能连想碰一碰的机会都没有，这也是学习方法。

有机会外出参观或培训都是很好的学习机会，到了一个新的环境、其他的企业，见到新的东西一定要抓住机会询问，尽量搞懂它的来龙去脉。

(3) 多学

多看、多问的目的就是为了学习。学习仪表维修技术的内容是很广泛的，学习途径也是很多的，关键是要结合自己的实际来进行学习，学习除要讲究方式方法外，还应明确自己的学习目的和方向。除了看书是学习外，还有很多的学习方法，如请教问题、技术讨论、参加培训、上网络论坛、实践验证都属于学习。学习仪表维修技术先要有浓厚的兴趣，然后是掌握正确的学习方法，参加工作后的学习通常是以自学为主，积累了一定的现场实践经验后，就可以结合本企业的实际有针对性地进行学习，则学习效果会很好，提高也会快。学到的知识，要勤于实践验证，真正理解，把它变成自己的东西。

用好用活电脑将使仪表工在学习中如虎添翼，电脑可以使我们足不出户就能了解到最新的仪表及控制技术及相关信息，还可以向内行请教，向厂商求助，下载技术资料等。

仪表工都有这样的体会，仪表淘汰更新很快，有的仪表还没有把原理、结构搞清楚就已淘汰不生产了，总有跟不上发展的感觉，几乎是干了多少年，就等于学习了多少年，永远处于学习之中。因此，对仪表工而言继续学习是很有必要的，要适应工作就只能多学习，别无它法。对于新仪表工学习就显得更重要了，由于你们的起点比老仪表工高，这是你们的优势，一定要珍惜。

学习新的仪表知识，也是可以“投机取巧”的。这样说的原因是：仪表板卡、模块内部元器件的工作原理可以说不再是学习的重点，一是厂商不提供电路，二是自行修理已不现实；对于用户而言，只要对其电路原理方框图有所了解，对各输入、输出端的参数清楚明白，会正确合理的使用、调试就行了，没有必要花费大量的时间和精力去进行繁琐的基础分析了。而以仪表板卡、模块作为基本单元来学习，其必然要与系统联系起来，这样更有利于锻炼仪表工总结、归纳系统问题的能力，因为，这比以单一电子元件分析为基础的学习方法，可以说是种上层次的学习了。仪表板卡、模块单元也不再是传统意义上的硬件结构了，其已是由“硬”向“软”转变的产品了。这样的“投机取巧”学习方法，将使仪表工的知识结构更加合理，更符合仪表及控制技术的发展趋势。

(4) 多做

仪表维修是一门实践性很强的技术，一定要多动手，光看书不动手是学不到技术的。对于刚入门的仪表工，在有了一定的理论基础及现场经验后，就要找机会多多实践，因为，只有理论结合实践才能对书本上的知识加以理解和加深记忆，只有多实践才有可能提高自己的动手能力。经验证明在理论指导下的实践其效果才显著。因此，仪表工应努力使自己向着既具备理论知识，又有实际动手能力的目标迈进。

有的人可能会说：我也想多动手多实践，但我没有机会呀。要看到机会是靠人争取和创造的，怎样才能实践呢？说到实践那机会还是很多的，关键看你怎样把握了。如最方便最直接的就是从实验室开始了。如用万用表学习检测电子元器件好坏、识别晶体管各引脚，学习测量电压、电流的操作。用标准仪表的说明书对照标准仪表，来熟悉标准仪表各端子、开关、按钮的作用，及相应的操作方法。实践往往就这样开始了。

要从基本功练起，如从使用电烙铁入手，学习使用电工、钳工工具，从剥电线、接线学起，任何再简单的东西，只有经过自己动手后才会深有体会。企业都会有换下的旧表，有空时把旧表拆开看看，对了解仪表结构是有帮助的。

到生产现场的设备上观察检测仪表的安装位置，到仪表盘内看电路，画接线图是不会有人阻挠的吧？顺着导压管、电线保护管去寻找检测点总可以吧；对照着印刷板画画图，再学着将其改画成电路原理图，这对个人的锻炼是很大。

以上的“四多”是有前提的，即你对仪表这个工作是不是喜欢，是不是热爱。实践证明兴趣是会引导一个人成功的。要提高仪表维修技术水平，首先要热爱仪表工作，为什么不同的仪表工在同样的工作环境下表现会不一样，除仪表工自身的素质外，更重要的还在于个人对工作和学习的投入程度，“兴趣是最好的老师”，当你对仪表技术产生兴趣之后，自然会学得比别人好。

做自己能够乐在其中的工作是最容易成功的，把爱好当作工作的人，是幸福的人。如果你能取得成功，你可以享受快乐，如果你不能取得成功，你可以享受过程。对仪表工而言，大多时候享受的是过程，当你解决了一个仪表故障的时候，修理好一台仪表的时候，你心中一定会很高兴！查找故障、处理故障的过程是因仪表而异的，是不可能雷同的，因此你享受的过程也是千差万别的，过程的不一致，你是不是感觉很有趣？如果有这样的感觉，说明你离成功已不远了。

8.2 仪表维护基本技能

8.2.1 仪表及系统供电的恢复

仪表及系统供电除正常停电外，突然断电常常是随机性的，大面积的断电有配电室跳闸断电，雷击断电；局部或单台仪表断电，除了保险熔丝自然老化熔断外，大多是由于短路、接地故障引起的。不管什么原因引起的断电，为了保证生产都应该及时恢复供电。

有人可能会说恢复供电不就是按下复位按钮，板板开关吗？恢复供电操作的确很简单，但马上能找到开关位置，就不是那么简单了。马上找到开关位置全靠你平时的观察和记忆了。因此，建议一定要把供电开关的安装位置记住，这虽然没有技术含量，但却很重要。

首先记住仪表的总电源是哪个电气配电室来的。开关装在配电室的几号屏上，有没有标志牌，建议你在笔记本上记一记。还要记住仪表的电源箱位置及各台仪表的供电开关，你可能会说都有标志牌还用去记吗，还要记。如果标志牌的字模糊了，标志牌不在了，复不了电还可再查，但是要检修拆下仪表，把开关记错就不安全了。因此，在笔记本上记下仪表各个供电开关的位置，对你的工作是有利的。还有双电源供电的切换开关，这也许是自动操作的，但记住没有坏处。

常遇到的是仪表的保险熔丝断了，更换后还是炸保险，说明有短路、接地故障。可先把仪表端的电源线拆下，用绝缘胶带把拆下线头包住，然后再送电，如果还是炸保险，说明供电线路有问题，重点检查供电线路。如果保险熔丝不断了，则仪表内部有短路故障。

8.2.2 压力、差压变送器的启停

需要检查压力、差压变送器的零位，对变送器进行定期排污都会涉及到变送器的启停。因此，正确的启停压力、差压变送器也是需要掌握的技能之一。现介绍如下。

（1）就地安装压力变送器的停运及投运

就地安装的压力变送器与弹簧压力表的安装方式基本是一样的，即只有一只取样阀门，有的还有一只排放阀。

① 停运方法　停运时把压力变送器的取样阀关闭，缓慢打开排放阀，把被测压力卸掉即可。没有排放阀时，只能通过慢慢旋松压力变送器的接头螺纹来卸除压力，操作时小心介质压力伤人。

② 投运方法　投运时只需打开压力变送器的取样阀门即可。

（2）远引安装的压力变送器停运及投运

远引安装的压力变送器至少有三个阀门及导压管与其相联接，取样阀门用于取样和切断工艺介质；排污阀用来冲洗导压管、排除导压管内的冷凝液或气体；导压管与压力变送器联接用的截止阀又称为二次阀。

① 停运方法　停运时把压力变送器的二次阀关闭，再通过压力变送器测量室上的排液、排气阀或者导压管排污阀卸除压力即可。必要时还应当把取样阀门关

闭。有隔离液的变送器则不能随意打开排污阀门来卸除压力。

② 投运方法　用于一般测量介质的变送器投运时打开二次阀门即可。但已排空了导压管的蒸汽压力测量，则先关闭二次阀及排污阀，再开取样阀，然后开排污阀冲洗导压管，关闭排污阀以后，等半个小时以上，使导压管内积满蒸汽冷凝水再开二次阀。并使用变送器测量室的排气阀，排除空气。

在进行以上操作时，应把与之相关的控制系统切换至手动，并通知工艺操作人员。

(3) 差压变送器的停运及投运

差压变送器至少有五只阀门与其相连接，两只取样阀用来取样和切断工艺介质；两只排污阀用来冲洗导压管，或排除导压管里的冷凝液或气体；而导压管与变送器的联接都是使用三阀组或者五阀组，差压变送器的停运及投运大多就是对三阀组的操作。

① 停运方法　差压变送器停运时，关三阀组的步骤是：先关负压阀；再开平衡阀；最后关正压阀。变送器较长时间停运时，一次阀、三阀组的正、负压阀都应关闭，平衡阀应打开，以保证变送器测量室两侧的压力相等，处于平衡状态。

② 投运方法　差压变送器投运时，开三阀组的步骤是：先开正压阀；再关平衡阀；最后开负压阀。

启停蒸汽流量，用隔离器的变送器，用平衡容器的液位变送器时，开关三阀组时不能出现正压、负压阀和平衡阀同时打开的情况，因为即使短时间打开，也有可能会发生平衡容器里的冷凝水，隔离器里的隔离液流失的情况，导致仪表示值不正确，严重时甚至无法投运变送器。必要时还要用变送器测量室上的排液、排气阀，排除其中的空气或者冷凝水。

8.2.3　压力、差压变送器的排污方法

压力、差压变送器、浮筒液位计等都需要进行排污，因为测量介质含有粉尘、油垢、微小颗粒会在导压管或取样阀门内沉积，其直接或间接的影响了测量。按规定应定期进行排污。排污前先要把变送器停运，但取样阀是不关闭的。对于使用隔离液的变送器则不能随意排污，但要定期更换隔离液。

排污前，必须和工艺人员联系，在征得工艺人员同意后才能进行；流量或压力控制系统排污前，应先将自动切换到手动。排污完成投运变送器后，应观察变送器的输出正常是否正常，对控制系统，则还应将手动切换至自动，并通知工艺人员仪表已可正常使用。

(1) 压力变送器的排污操作

先把压力变送器的二次阀关闭，打开排污阀排污。关闭排污阀后，观察导压管及阀门接头有无泄漏现象，否则应进行处理。导压管及阀门的接头使用时间长了，

有时摇动了导压管或阀门，就有可能出现泄漏现象。对于一般测量介质打开二次阀门就可投运变送器了。对于蒸汽压力，则要等蒸汽冷凝水充满导压管后才能开二次阀。投运后再把压力变送器测量室上的排液、排气阀旋松，这样既可把测量室内的介质置换一下，又可排液、排气。

（2）差压变送器的排污操作

对一般测量介质的差压变送器先关三阀组的负压阀；再开平衡阀；后关正压阀。打开排污阀，对正、负导压管进行排污。关闭排污阀后，观察导压管及阀门接头有无泄漏现象。然后把正、负压阀打开，再把变送器正、负测量室上的排液、排气阀旋松排液、排气。然后关闭平衡阀就可投运变送器了。

对有冷凝器的差压变送器，如蒸汽流量测量等，关三阀组的方法及排污方法同上。但投运时要等蒸汽冷凝水充满导压管后才能投运变送器。

（3）锅炉汽包水位的快速排污操作

锅炉汽包水位变送器排污后，要有足够的冷凝水后才能投运，通常要用一个多小时，除采取人工加水的方法外，还可采取用汽包的水来向双室平衡容器内加水，就可以即时排污即时投运变送器。现按图 8-1 对操作步骤进行说明。

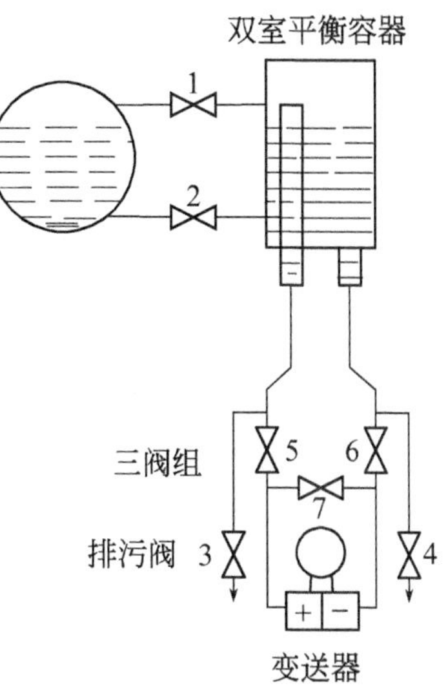

图 8-1　锅炉汽包水位快速排污操作示意图

① 先同时关三阀组的正、负压阀 5、6，开平衡阀 7。

② 关液相阀 2，开汽相阀 1，交替开关排污阀 3、4，用蒸汽冲洗正、负导压管。

③ 关汽相阀 1，开液相阀 2，交替开关排污阀 3、4，再用锅炉汽包的热水冲洗正、负导压管。

④ 先关排污阀 3，后关排污阀 4，这样双室平衡容器正、负压室及导压管内都充满了热水。

⑤ 开正压阀 5、关平衡阀 7，开负压阀 6，再开汽相阀 1，变送器即投入运行。

8.2.4　仪表零点的检查及调整

当操作工对仪表的指示值有怀疑时，就需要对仪表进行检查，最常用的方法就是先检查仪表的零点是否正确。对压力、差压变送器则大多采取停运后检查零点的方法。

（1）压力变送器的检查及调零

检查零点时，要先把压力卸除，使变送器处于没有受压的状态。对于导压管较长，变送器安装位置低于取样点的蒸汽或液体压力的测量，即使压力卸除了，在导压管内仍会有冷凝水或液体存在，由于液柱静压力的影响，变送器的输出电流将大于零点电流，这是需要注意的，可采取排污来解决。还有就是要落实，原来是否采取过正迁移措施来抵消静压力的影响，以免出现错误判断，而把正常零点调乱了。

(2) 差压变送器的检查及调零

检查差压变送器的零点时，要先关闭三阀组的负压阀；再开平衡阀；后关正压阀。打开平衡阀的作用就是使变送器的正、负测量室的压差等于零。对于没有迁移的变送器，观察其输出是否是4mA，否则应调零。举例如下。

1511差压变送器，其调整螺钉位于变送器壳体铭牌下面，上方标记为“Z”的是零点调整螺钉；而下方标记为“R”的是量程调整螺钉。可通过调整“Z”螺钉使变送器的输出为4mA。顺时针转动调整螺钉，可使变送器的输出增大。

3051差压变送器调零时，可用HART通信器快捷键1、2、3、3、1指令进行调整。操作方法如下：从手操器主菜单中选择1. Device Setup（装置设置），2. Diagnostics and Service（诊断和服务），3. Calibration（标定），3. Sensortrim（传感器微调），1. Zero Trim（零点微调），按照指令对零点进行调整。

已使用迁移的变送器，它的正、负测量室压差等于零时，其输出不会是4mA，但可根据迁移后的量程范围，来计算它的输出电流应该是多少，并可依此来确定变送器的性能是否稳定。

(3) 检查热电偶温度仪表的方法

在使用现场热电偶的冷端温度是不可能等于0℃，显示仪表大多具有冷端温度自动补偿功能。所以，通常采用的检查方法是短接显示仪表的输入端，观察仪表的显示值是否为室温，如果指示为室温，说明仪表基本是正常的。当然室温只是通俗的说法，严格讲短接输入端后仪表的显示值是仪表输入端子附近的环境温度。

当操作工对仪表显示的温度值有疑问时，可使用直流电位差计或其他标准表，先测量热电偶的热电势U_X，然后再根据参比端、或者室温的温度值，查热电偶分度表，得到该温度所对应的热电势U_0，然后把U_X和U_0相加，得到总的热电势，再查热电偶分度表就得到被测量的真实温度了。如有一支S分度的热电偶，测得热电偶的热电势U_X为12.94mV；室温28℃，查表得$U_0=0.161$mV，则$U_X+U_0=12.94+0.161=13.101$mV，查热电偶分度表知，实际温度为1295.2℃。

(4) 检查热电阻温度仪表的方法

当操作工对仪表显示的温度值有疑问时，可使用直流电阻电桥或其他标准表，测量热电阻的电阻值，再查热电阻分度表，得到该电阻值所对应的温度，就可以判断仪表的误差了。也可以用直流电阻电桥代替热电阻，向显示仪输入电阻值来检查显示仪，以判断仪表是否正常。这样的操作已属于校准范畴了，关于校准的详细内容可看本篇的“9. 仪表调校技能”一章的相关内容。当热电阻或导线接触不良时，仪表的显示温度将是偏高的。如果出现偏低则可能有短路现象。

8.2.5 热电偶和热电阻的识别方法

工业用热电偶和热电阻保护套管的外形几乎是一样的，有的测温元件外形很小，如铠装型的，两者外形又基本相同，在没有铭牌，又不知道型号的情况下，可采用以下方法识别。

首先是看测温元件的引出线，通常热电偶只有两根引出线，如果有三根引出线就是热电阻了。但对于有四根引出线的，需要测量电阻值来判断是双支热电偶，还是四线制的热电阻。先从四根引出线中找出电阻几乎为零的两对引出线，再测量这两对引出线间的电阻值，如果为无穷大，则就是双支热电偶了，电阻值几乎为零的一对引出线就是一支热电偶。如果两对引出线的电阻在 10～110Ω 之间，则是单支四线制的热电阻，看它的电阻值与什么分度号的热电阻最接近，则就是该分度号的热电阻。

如果只有两根引出线时，可以用数字万用表测量电阻值来判断，由于热电偶的电阻值很小，电阻几乎为零；如果测量时电阻值很小，可能就是热电偶。

热电阻在室温状态下，其最小电阻值也将大于 10Ω。常用的热电阻有：Pt10、Pt100 铂热电阻，Cu50、Cu100 铜热电阻四种分度号的，在室温 20℃时，其电阻值：Pt10 为 10.779Ω、Pt100 为 107.794Ω，Cu50 为 54.285Ω、Cu100 为 108.571Ω。室温大于 20℃时其电阻值更大，比较两者的电阻值大多可判断了。如果是热电阻，也就可以知道是什么分度号的热电阻。

还可找个容易得到的热源，通过加热测温元件来判断和识别。如可接杯饮水机的热水，将测温元件的测量端放入热水中，用数字万用表的直流毫伏挡，测量它有没有热电势，有热电势的就是热电偶；根据热电势查找热电偶分度表，就可以判断是什么分度号的热电偶了。没有热电势时，则测量其电阻值有没有变化，如果有电阻值上升变化趋势的就是热电阻。还可使用电烙铁或电烘箱加热测温元件的测量端来判断识别。

8.2.6 熟悉报警系统的灯光及其工作状态

报警系统使用不同形式、不同颜色的灯光来区别报警状态。各种颜色灯光的含义如下：

闪光——容易引人注意，常用来表示刚出现的故障或第一故障；

平光——“确认”以后继续存在的故障或第二故障；

红色灯——超限报警或危急状态；

黄色灯——低限报警或预告报警；

绿色灯光——运转设备或工艺参数处于正常运行状态。

为了保证报警系统正常工作，需要定期检查报警系统的灯光、音响回路是否正常。但在报警状态下不能进行试灯，以避免误判。对于一般事故闪光报警系统，它的各种工作状态如表 8-1 所示，对灯光及报警状态的熟悉是最基本的要求。

表 8-1　一般事故闪光报警系统工作状态表

工作状态	正常	有报警信号输入	按消音按钮后	报警信号消失后	按试灯按钮时
灯的状态	不亮	闪光	平光	不亮	闪光
音响器状态	不响	响	不响	不响	响

8.2.7　弹簧管压力表色标与测量介质的关系

弹簧管压力表由于测量的介质不同，其外观的颜色也是不同的，其色标的含义如表 8-2 所示。在维修更换压力表时是不允许混用的，如氧气压力表要求禁油，普通压力表的弹簧管是铜的，如果用来测量氨介质的压力就会被腐蚀了，因此氨用压力表的弹簧管要用不锈钢的。

表 8-2　弹簧管压力表色标与测量介质的关系

测压介质	氧	氢	氨	氯	乙炔	其他可燃性气体	其他惰性气体或液体
色标颜色	天蓝色	绿色	黄色	褐色	白色	红色	黑色

8.2.8　压力与流量取样口方位与测量介质的关系

在水平和倾斜的管道上安装压力和流量取样部件时，取样口的方位如下。

① 测量气体压力、流量，在管道上半部。

② 测量蒸汽压力，在管道的上半部，以及下半部与管道水平中心线成0°～45°夹角的范围内。

测量蒸汽流量，在管道的上半部与管道水平中心线成0°～45°夹角的范围内。

③ 测量液体压力、流量，在管道的下半部与管道的水平中心线成0°～45°夹角范围内。

8.2.9　仪表停车、开车要做的工作

工艺停车，或者是全厂大检修，就会涉及到仪表停车及开车问题。仪表工如何做好相关工作也是很重要的。首先要了解工艺停车时间和设备检修计划，并要和工艺人员密切配合。

（1）仪表停车要做的工作

① 根据设备检修进度，拆除安装在该设备上的仪表或检测元件，如热电偶、

热电阻、法兰式差压变送器、浮筒液位计、电容液位计、压力表等，以防止在检修设备时损坏仪表。在拆卸仪表前先停仪表电源或气源。

② 拆卸仪表时，一定要注意确认设备内物料已排空才能进行。

③ 拆卸热电偶、热电阻、变送器后，电源电线和信号电线接头，要分别用绝缘胶布包好，并妥善固定。

④ 拆卸压力表、压力变送器时，要先旋松安装螺纹，进行排气、排残液，待气液排完后再卸下仪表，以防测量介质冲出伤人。电气阀门定位器要关闭气源，并松开过滤器减压阀接头。

⑤ 拆卸孔板要注意孔板方向，并要防止工艺管道一端下沉，必要时应作支撑。

(2) 仪表开车要做的工作

仪表开车顺利，说明仪表开车准备工作做得好。否则，仪表工就会在工艺开车过程中手忙脚乱而难以应付，严重时会影响生产。由于仪表原因造成工艺停车、停产，是仪表工应忌讳的事。因此，仪表开车时一定要做好以下工作。

① 要和工艺密切配合，根据工艺设备、管道试压试漏要求，及时安装仪表，不要因仪表影响工艺开车进度。

② 全厂大修，拆卸仪表数量多时，一定要注意仪表位号，并对号安装。仪表不对号安装，出现故障时很难发现。

③ 仪表供电的恢复。现场仪表和控制室内仪表安装接线完毕，经检查无误后，可对仪表电源箱，及每一台仪表进行供电。并检查测量 24VDC 电源输出是否正常。

④ 节流装置安装要注意方向，尤其是孔板要防止装反。环室要和管道同心，孔板垫片、环室垫的材料及尺寸要合适。节流装置安装完毕要及时打开取样阀，以防开车时没有取样信号。

⑤ 由于检修工艺动火焊接法兰等原因，在工艺管道内可能有焊渣、铁锈等杂物，开车时应先打开旁路阀，经过一段时间后再开流量计，调节阀等的进口阀及出口阀，最后关闭旁路阀，避免出现堵塞故障。

⑥ 用隔离液的差压变送器，压力变送器，开车前要在隔离器及导压管内加满隔离液。用差压变送器测量蒸汽流量时，要等平衡器及导压管积满冷凝水后再开表，防止蒸汽未冷凝而出现振荡现象或损坏仪表。

⑦ 热电偶及补偿导线接线时要注意正负极性，不能接反。热电阻的 A、B、C 三根导线不能接错了。

⑧ 仪表开车前应进行联动调校，即检查变送器、检测元件和控制室显示仪表、盘装、架装、配电器、DCS 输入接口输出值是否一致。检查控制器输出、手操器输出和调节阀的阀位指示是否一致。与联锁系统有联系的仪表，要等仪表运行正常，工艺操作正常后再切换到联锁位置。

⑨ 仪表用空气源管道大多采用碳钢管，经过运行会出现一些锈蚀，由于开停车的影响，锈蚀会剥落；仪表空气处理装置用的硅胶时间长了会出现粉末，也会带入气源管内。因此，开车前应进行导压管的吹洗、排污工作。

8.3 仪表常用电路基础

8.3.1 直流电路的欧姆定律

直流电路的欧姆定律计算公式如图 8-2 所示。

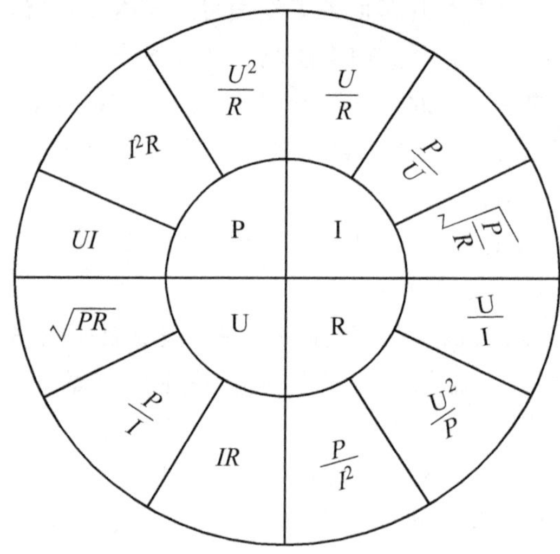

图 8-2 直流电路欧姆定律计算公式图

8.3.2 分压电路和分流电路

（1）分压电路

电位器在仪表电路中得到广泛应用，它的作用是为了得到一个可以改变的电压输出，其电路如图 8-3 所示，它有一个可以滑动的触点 C 把电阻 RP 分成两部分，当滑动触点进行滑动时，可连续的改变两部分电阻的比例关系，这两部分电阻相当于是两个串联电阻，当电位器为 X 型线性规律时，则两电阻上的电压变化规律如下：

$$U_1=U\frac{R_1}{R_1+R_2} \tag{8-1}$$

$$U_2=U\frac{R_2}{R_1+R_2} \tag{8-2}$$

以上公式就是分压公式。使用以上这一对式子，根据总的电压和两电阻的值，就可以算出每个电阻上的电压。随着电位器滑动触点 c 位置的改变，输出电压 U_2 也会跟着变化。当滑动触点 c 从 a 端滑动到 b 端时，则输出电压逐渐降为零。

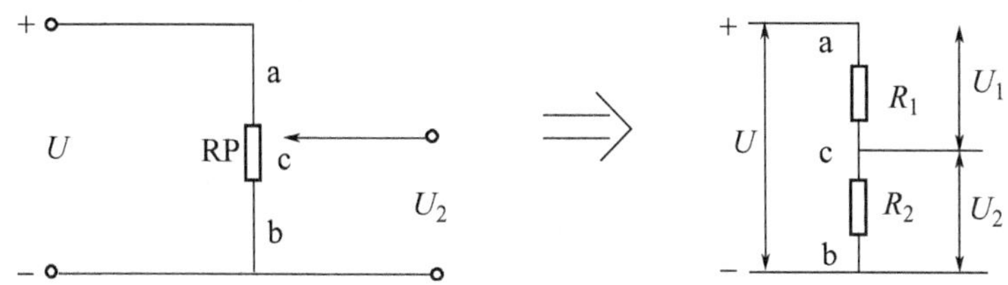

图 8-3　电位器及其等效电路图

分压电路在仪表中的应用例子，有台数字显示仪，其最大输入电压为 0～5VDC，但是变频器送来的信号只有 0～10VDC 的，这时就可以利用分压的办法来解决，即先把 0～10VDC 信号接至串联电阻 R_1 和 R_2 进行分压，如图 8-3 中的等效图所示。然后从 R_2 上取出 0～5VDC 的信号接至显示仪输入端即可。电阻 R_1 和 R_2 阻值的选择，可综合变频器的输出阻抗和的输入电阻来决定其阻值，但电阻精度和温度系数要能满足使用要求。

（2）分流电路

两个并联电阻两端的电压是一样的，但两个电阻的阻值不相同时，流过其中的电流是不相同的。流过各个电阻的电流如下：

$$I_1 = I\frac{R_2}{R_1+R_2} \tag{8-3}$$

$$I_2 = I\frac{R_1}{R_1+R_2} \tag{8-4}$$

以上公式就是分流公式。这一对式子表示了两并联电阻的电流分配的规律，如果总电流及电阻知道了，就可以求出每个电阻中流过的电流。

分流电路在仪表中的应用例子，最直接的就是分流电路在万用表中的应用。许多万能输入信号的数显仪，其对线性电流的测量大多是采取外接分流电阻的形式，如对 4～20mA 的电流输入可以用 250Ω、50Ω、25Ω 的分流电阻，将其变换为 1～5V、0.2～1V、100～500mV 的电压信号输入给数字显示仪。

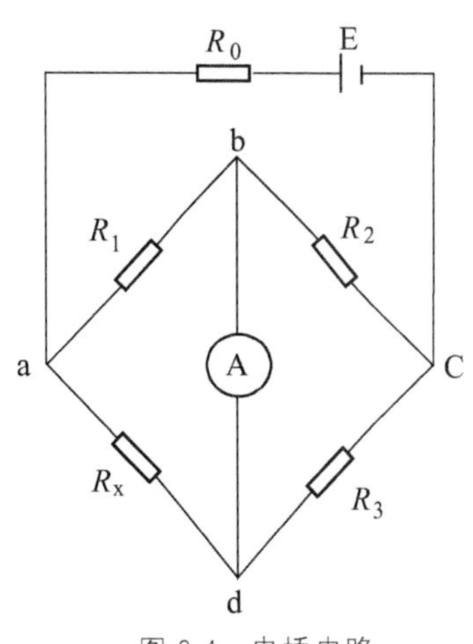

图 8-4　电桥电路

8.3.3　电桥电路

在工作中我们会遇到图 8-4 所示的电桥电路。图中：电阻 R_1、R_2、R_3、R_4 是电桥的四个桥臂；电桥的一对角线 b、d 之间接检流计 A，电源 E 通过电阻 R。接在 a、c 之间，构成桥路的另一条对角线。可见电桥电路是由四个桥臂电阻和两个对角线所组成的。

当电桥的四个桥臂电阻的值满足一定的关系时，即：

$$\frac{R_1}{R_X}=\frac{R_2}{R_3} \tag{8-5}$$

这时 b、d 两点的电位差为零，接在对角线 b、d 之间的检流计 A 中无电流流过，这种情况称为电桥的平衡状态。也可将上式改写成：$R_1R_3=R_2R_X$。当用电桥测量电阻值时，则被测电阻 R_X 的电阻值为：

$$R_X=\frac{R_2}{R_3}R_1 \tag{8-6}$$

电桥电路在仪表中的应用例子，仪表校准、维修用的标准仪器直流电阻电桥，与热电阻配用的显示仪表，有的就是通过电桥电路来测量热电阻的阻值，从而间接得到温度值。

8.3.4 集成运算放大器

集成运算放大器简称运算放大器，是由多级直接耦合放大电路组成的高增益模拟集成电路。与分离元件构成的电路相比，运算放大器具有稳定性好、电路计算容易、成本低等优点，因此得到广泛应用。其可完成信号放大、信号运算、信号处理、波形变换等功能。按性能可分为通用型、高阻型、高速型、低温漂型、低功耗、高压大功率型等多种产品。

(1) 最基本的运算放大器电路

典型的运算放大器是反相放大器，如图 8-5 所示。输入信号 V_i 是由“－”号端加入的，其输出电压 V_o 和输入电压反相，电压增益为：

$$G=\frac{V_o}{V_i}=-\frac{R_2}{R_1} \tag{8-7}$$

故输出电压为：

$$V_o=-\frac{R_2}{R_1}V_i \tag{8-8}$$

同相放大器，如图 8-6 所示。输入信号 V_i 是由“＋”号端加入的，其输出电压 V_o 和输入电压同相，电压增益为：

$$G=\frac{V_o}{V_i}=1+\frac{R_2}{R_1} \tag{8-9}$$

故其输出电压为：

$$V_o=\left(1+-\frac{R_2}{R_1}\right)V_i \tag{8-10}$$

所谓“同相”和“反相”是指输入信号的极性相对于由它引起的输出信号的极性而言的。

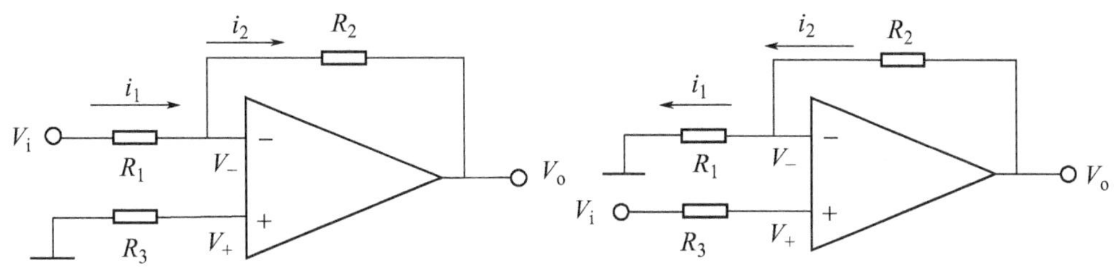

图 8-5　反相放大器电路原理图　　　图 8-6　同相放大器电路原理图

(2) 运算放大器的特性

充分认识和理解运算放大器的特性，对我们学习和应用运算放大器以及仪表维修工作将是很有帮助的。简述如下。

① 运算放大器两个输入端之间的电压总为零，这是运算放大器最重要的特性。由于两个输入端之间的“虚短路”以及“输入阻抗非常大”，意味着运算放大器不需要输入电流，也可认为运算放大器的输入电流等于零。

② 运算放大器的同相端电位等于反相端电位，即运算放大器工作正常时，两输入端有相同的直流电位。前提是输出电压在直流电源的正电压和负电压之间，且输出电流小于运算放大器额定输出电流时。

③ 运算放大器的电压增益等于无限大，即可用很小的输入电压获得非常大的输出电压。运算放大器通电后，只需在输入端两端加上毫伏级的电位，就可以很容易地使输出进入正的或负的饱和状态。

④ 运算放大器的输出阻抗 $Z=0$，即在电路设计和电源所允许的范围内，可以从运算放大器输出端拉出电流，且在输出端不会出现明显的电压降。

⑤ 运算放大器可把输出电压的波动范围限制在直流电源的正电压和负电压之间，即运算放大器具有电压限幅能力。其输出电压的波动幅度取决于运算放大器的正直流电源电压值和负直流电源电压值。

⑥ 标准运算放大器的输出电流通常限制在 10mA 以内，运算放大器能自动把输出电流限制在安全工作区。

8.4 仪表测量误差及质量指标知识

8.4.1 测量误差

在测量中由于仪表本身不完善，测量人员操作不当，测量中客观条件的变化等种种原因，都会使得测量值与被测量的真实值不符，即存在测量误差。由于真值难以得到，故在实践应用中都用实际值来代替真实值。即用比测量仪表更精确的标准仪表的测量值来代替真值，则测量的绝对误差可表示为：

$$\Delta_C = L - A \tag{8-11}$$

式中 Δ_C——绝对误差；

L——测量值；

A——实际值。

测量误差还可以用相对误差和引用误差来表示。

（1）相对误差

相对误差为绝对误差与实际值之比，常用百分数表示，即相对误差 Δ_X 为：

$$\Delta_X = \frac{L-A}{A} \times 100\% \tag{8-12}$$

对于数值不同的测量值，以相对误差更能比较出测量的准确度，即相对误差越小，准确度就越高。

（2）引用误差

引用误差为绝对误差与所用测量仪表的量程之比，也以百分数表示，即

$$\Delta = \frac{\Delta_C}{A_{max} - A_{min}} \times 100\% \tag{8-13}$$

式中 Δ_C——测量的绝对误差；

A_{max}——测量仪表的上限值；

A_{min}——测量仪表的下限值。

8.4.2 误差的分类

按测量误差的性质和特点，通常把测量误差分为系统误差、随机误差、粗大误差三类。

（1）系统误差

在相同测量条件下多次重复测量同一量时，如果每次测量值的误差基本恒定不变，或者按某一规律变化，这种误差称为系统误差。系统误差主要来源有以下三个方面。

① 测量仪器和测量系统不够完善。如仪表刻度不准，校准用的标准仪表有误差都会造成测量系统误差。

② 仪表使用不当。如测量设备和电路的安装、调整不当，测量人员操作不熟练、读数方法不对引起的系统误差。

③ 外界环境无法满足仪表使用条件：如仪表使用的环境温度、湿度、电磁场等不满足要求所引起的系统误差。

但系统误差的出现一般是有规律的，其产生的原因基本是可控的，因此在仪表

的安装、使用、维修中应采取有效措施消除影响；对无法确定而未能消除的系统误差数值加以修正，以提高测量数据的准确度。

（2）随机误差

当消除系统误差后，在同一条件下反复测量同一参数时，每次测量值仍会出现或大或小、或正或负的微小误差，这种误差称为随机误差。由于其无规律，偶然产生，故又称偶然误差。

（3）粗大误差

由于操作人员的错误操作和粗心大意等原因，造成测量结果显著偏离被测量的实际值所出现的误差，称为粗大误差，粗大误差常表现为数值较大，且没有什么规律。因此在仪表维修中，仪表工要有高度的责任心，严格遵守操作规程，并有熟练的操作技术，来避免出现粗大误差的产生。

8.4.3 仪表质量指标

要正确选择、使用、维修仪表，就要了解仪表的质量指标。常用的仪表质量指标有 6 类。

（1）精（准）确度

精（准）确度是指仪表的示值与被测量（约定）真值的一致程度。它包含了系统误差、随机误差、回差、死区等影响。工业仪表通常用引用误差来表示仪表的准确程度。即绝对误差与仪表量程的比值，用百分比表示，即：

$$\Delta=\frac{\Delta_C}{A_{max}-A_{min}}\times100\% \tag{8-14}$$

式中 Δ_C——测量的绝对误差；

A_{max}——测量仪表的上限值；

A_{min}——测量仪表的下限值。

国家根据各类仪表的设计制造质量不同，对每种仪表都规定了基本误差的最大允许值，即允许误差。允许误差去掉百分号(%) 的数值，就是仪表的精确度等级。

我国仪表的精确度等级有 0.01、0.02、0.05、0.1、0.20、0.5、1.0、1.5、2.5、4.0、5.0 等，并标在仪表刻度标尺或铭牌上。仪表精确度的数值越小，准确度越高。对于不宜用引用误差或相对误差表示与精确度有关因素的仪表，如热电偶、热电阻，则用英文字母或罗马数字、约定符号、数字表示，并按字母或罗马数字的先后次序表示精确度等级的高低。

计算实例：有一台量程为 0～800℃，准确度等级为 0.5 级的温度显示仪，该表在规定使用条件下的最大测量绝对误差为多少？

解：由仪表的精确度等级定义可得该仪表的基本误差应不大于 0.5%，即：

$$\frac{\Delta_C}{A_{max}-A_{min}}\times100\%\leqslant0.5\%$$

则 $$\Delta_C \leqslant 0.5 \times \frac{A_{max}-A_{min}}{100} = 0.5 \times \frac{800-0}{100} = 4\ (℃)$$

因此，该仪表在规定使用条件下使用时，其最大测量误差为±4℃。

（2）变差

变差是指仪表正向特性与反向特性不一致的程度，即仪表在规定的使用条件下，从上、下行程方向测量同一参数，两次测量值的差与仪表量程之比的百分数就是仪表的变差。即：

$$\Delta_b = \frac{\Delta_{max}}{A_{max}-A_{min}} \times 100\% \tag{8-15}$$

式中 Δ_b——仪表的变差；

Δ_{max}——正、反向特性之差的最大值；

A_{max}——仪表量程的上限值；

A_{min}——仪表量程的下限值。

仪表变差不应超过允许误差值。为了测出仪表变差，在校准仪表时，应进行上、下行程的校准。

（3）灵敏度

仪表输出信号的变化与产生该变化的被测信号变化之比，称为仪表的灵敏度，即：

$$S = \frac{\Delta\alpha}{\Delta A} \tag{8-16}$$

式中 S——灵敏度；

$\Delta\alpha$——输出信号的变化量，对于模拟仪表常指仪表指针的角位移或线位移；

ΔA——引起 $\Delta\alpha$ 变化的被测信号的变化量。

如果仪表各刻度点的灵敏度都相同，则仪表输入与输出就是线性关系，反之则为非线性关系。

（4）不灵敏区

仪表的不灵敏区是指不能引起输出变化的被测信号的最大变化范围。我们可以在仪表的某一刻度上，逐渐增加或减小输入信号，并记下仪表输出开始反应时，增、减两个方向的输入信号值，计算出它们的差值，该差值即为仪表在该刻度的不灵敏区，各刻度中不灵敏区最大的值即为仪表的不灵敏区。如某温度表的显示稳定在120℃，当被测温度增加到120.1℃时，显示开始增加，当被测温度降低到119.9℃时，显示开始减小，则该显示仪在120℃刻度的不灵敏区为：120.1℃－119.8℃＝0.3℃。

有时也把能引起仪表响应的输入信号的最小变化称为仪表的灵敏度限或分辨率。按规定，灵敏度限不能大于仪表允许误差的一半。

（5）稳定性

稳定性是指仪表示值不随时间和使用条件变化的性能。时间稳定性以稳定度表示，即示值在一段时间内随机变化量的大小。使用条件变化的影响用影响误差表示。如环境温度的影响，则以温度每变化1℃时仪表的变化量的有多大来表示。仪表的稳定性指标是选择仪表时要考虑的，即在测量精度满足使用要求的前提下，应选择稳定性好的仪表。

（6）反应时间

用仪表测量工艺参数时，由于仪表有惯性，显示值的变化总要落后于被测参数的变化。即从测量开始到仪表正确显示出被测量的这一段时间就是仪表的反应时间。为了保证测量结果的正确性，应根据工艺参数选择、使用仪表。反应时间过长的仪表，不能用于测量工艺参数变化快、动作频繁的场合。

8.5 仪表常用计算公式

8.5.1 通用仪表刻度换算公式及计算实例

在仪表维修、调校中都会遇到仪表刻度的换算问题。仪表刻度的换算关系有：变送器测量参数与输出信号的换算，显示仪表输入信号与显示值的换算，仪表刻度换算实质就是仪表信号值与测量之间的换算。仪表的刻度一种是线性刻度，如压力、差压、液位等参数；另一种则是方根刻度，如差压式流量计、靶式流量计等。现介绍四个通用的仪表刻度换算公式，并通过计算实例来说明具体的应用及一些简化计算方法。

（1）线性刻度换算公式

$$Y=Y_L+(Y_H-Y_L)\left(\frac{X-X_L}{X_H-X_L}\right) \tag{8-17}$$

$$X=X_H+(X_H-X_L)\left(\frac{Y-Y_L}{Y_H-Y_L}\right) \tag{8-18}$$

（2）方根刻度换算公式

$$Y=Y_H+(Y_H-Y_L)\left(\frac{X-X_L}{X_H-X_L}\right)^2 \tag{8-19}$$

$$X=X_H+(X_H-X_L)\sqrt{\frac{Y-Y_L}{Y_H-Y_L}} \tag{8-20}$$

式中 Y——仪表的任意信号值；

Y_H——仪表的信号上限；

Y_L——仪表的信号下限；

X——仪表的任意测量值；

X_H——仪表的测量上限；

X_L——仪表的测量下限。

这四个公式可用于电动、气动变送器、显示仪，故称其为通用仪表刻度换算公式。

(3) 计算实例

例 1：某电动压力变送器，其输出信号为 4～20mA，对应的量程为 0～25MPa，当输入压力为 16MPa 时，变送器的输出电流是多少？

解：由式(8-17) 得：

$$Y=4+(20-4)\times\left(\frac{16-0}{25-0}\right)=14.24\ (\text{mA})$$

当输入压力为 16MPa 时，该压力变送器的输出电流为 14.42mA。

例 2：某温度变送器的温度与电流成线性关系，其输出为 4～20mA，对应的量程为 0～200℃，当输出电流为 16mA 时，温度是多少？

解：由式(8-18) 得：

$$X=0+(200-0)\times\left(\frac{16-4}{20-4}\right)=150\ (℃)$$

该温度变送器，当输出电流为 16mA 时，温度是 150℃。

例 3：简化计算：把式(8-18) 变换一下就成为一个简便计算公式，如下：

$$X=\frac{X_{max}-0}{20-4}\times(I-4) \tag{8-21}$$

式中，I 为任意的输出电流值，当 $I=16$mA 时，温度为：

$$X=\frac{200}{16}\times(I-4)=150\ (℃)$$

例 4：某压力显示仪表的输入信号为 1～5V，对应量程为－25～＋25kPa，当输入电压为 2V 时，压力显示值应该是多少？

解：由式(8-18) 得：

$$X=-25+[25-(-25)]\times\left(\frac{2-1}{5-1}\right)=-12.5\ (\text{kPa})$$

该压力显示仪，当输入电压为 2V 时，压力显示值应该是－12.5kPa。

例 5：某压力变送器的测量范围为－1～5bar，对应的输出电流为 4～20mA，当输出电流为 6.62mA 时，压力应该是多少？

解：由式(8-18) 得：

$$X=-1+[5-(-1)]\times\left(\frac{6.62-4}{20-4}\right)=-0.0175\ (\text{bar})$$

该压力变送器，当输出电流为 6.62mA 时，压力是－0.0175bar。

例 6：某气动流量计，其变送器输出为 20～100kPa(0.02－0.1MPa)，对应的量程为 0～36t/h，当流量为 18t/h 时，变送器的输出信号是多少 kPa?

解：由式(8-19) 得：

$$Y=20+(100-20)\times\left(\frac{18-0}{36-0}\right)^2=40\ (\text{kPa})$$

当流量为 18t/h 时，该变送器的输出是 40kPa。

例 7：某电动差压变送器的最大差压为 40kPa，差压对应的流量为 0～160m³/h，输出信号为 4～20mA，当变送器输出电流为 8mA 时，流量应该是多少？差压又是多少？

解：A. 先计算流量，由式(8-20) 得：

$$X=0+(160-0)\times\sqrt{\frac{8-4}{20-4}}=80\ (\text{m}^3/\text{h})$$

该变送器输出为 8mA 时，流量是 $80\text{m}^3/\text{h}$。

B. 然后计算差压，已知变送器输出为 8mA 时，流量是 $80\text{m}^3/\text{h}$，则流量是满量程的 50%，由式(8-19) 得：

$$Y=0+(40-0)\times\left(\frac{50}{100}\right)^2=10\ (\text{kPa})$$

该变送器输出电流为 8mA 时，差压是 10kPa。

例 8：某电动差压变送器的输出信号为：0～10mA（DC），对应的流量为 0～3600m³/h，当变送器输出为 6mA 时，流量应该是多少？

解：由式(8-20) 得：

$$X=0+(3600-0)\times\sqrt{\frac{6-0}{10-0}}=2788.5\ (\text{m}^3/\text{h})$$

该变送器输出为 6mA 时，流量是 $2788.5\text{m}^3/\text{h}$。

8.5.2 差压与流量的换算公式

差压式流量计的差压与流量的平方成正比，或者说流量与差压的平方根成正比，可用以下公式表示：

$$\frac{\Delta P}{\Delta P_{\max}}=\left(\frac{Q}{Q_{\max}}\right)^2 \tag{8-22}$$

$$\frac{Q}{Q_{\max}}=\sqrt{\frac{\Delta P}{\Delta P_{\max}}} \tag{8-23}$$

式中 ΔP——任意差压；

$\Delta P_{\max}$——差压上限；

Q——任意流量；

$Q_{\max}$——流量上限。

公式中的四个参数只要知道任何三个数，就可以把第四个数求出来。具体计算可参考本章 8.5.1 一节中的计算实例即可。

当流量仪表的刻度单位为流量百分数，且差压的下限量程为 0 时，可将式(8-19）进行简化，得到下式：

$$Y=\left(\frac{n}{100}\right)^2 Y_H \tag{8-24}$$

式中 Y——任意差压；

Y_H——差压上限；

n——任意的流量百分数。

计算实例：某流量计差压上限为 40kPa，当仪表显示 70%的流量时，求对应的差压是多少?

解：由式(8-24）得：

$$Y=\left(\frac{n}{100}\right)^2 Y_H=\left(\frac{70}{100}\right)^2\times 40=19.6\ (\text{kPa})$$

当仪表显示 70%的流量时，对应的差压是 19.6kPa。

8.5.3 液位测量计算公式

在液体液位的测量中，差压式、静力式液位测量，所采用的测量原理都是采用液体的静压力。

（1）测量开口容器液位

测量开口容器液位时，压力计通过取压管与容器底侧相连，即测量容器液位上部与液位底部的静压力，由测压仪表的压力指示值，可间接知道液位的高度，即：

$$H=\frac{P}{\rho g} \tag{8-25}$$

式中 H——液位的高度；

P——测压仪表的指示值；

ρ——液体的密度；

g——重力加速度。

以上关系式成立的条件是：压力计的测量基准点与最低液位应一致，如果不在同一水平面，必须减去相应高度的一段液柱差。

（2）测量密封容器液位

测量密封容器液位时，其上、下部的压力之差是恒量液位高低的尺度，但是液位高度还受到容器内介质压力的影响，即：

$$P_x=P_s+H\rho g \tag{8-26}$$

在实际应用中，为了消除容器内压力的影响，就在容器的上部增加一根取样管，来测量容器内液位底部与液位上部的压力差，这样就等于把容器内压力值减去了，即：

$$\Delta P = P_x - P_s = H\rho g \tag{8-27}$$

式中 P_x——所测液位高度的总压力；

P_s——液位上部介质的压力。

8.5.4 温度换算公式

有些进口的温度仪表，其温度刻度采用了华氏温度。华氏与摄氏温标的关系如下：

$$n℃ = (1.8n + 32)℉ \tag{8-28}$$

实用的温度换算公式如下：

$$℃ = \frac{5}{9}(℉ - 32) \tag{8-29}$$

$$℉ = \frac{9}{5}℃ + 32 \tag{8-30}$$

9. 仪表调校技能

9.1 弹簧管压力表的调校

9.1.1 弹簧管压力表的误差计算

按《JJG 52—1999 弹簧管式一般压力表、压力真空表和真空表检定规程》的规定，弹簧管压力表的允许误差如表 9-1 所示。现以一只测量范围为 0～1.6MPa，精度 1.6 级的压力表为例，将该压力表的示值误差、回程误差、轻敲位移、零位误差的计算方法介绍如下。

表 9-1 弹簧压力表的允许误差表

准确度等级	允许误差%(按量程的百分数计算)			
	零位		测量上限的(90%～100%)	其余部分
	带止销	不带止销		
1.0	1.0	±1.0	±1.6	±1.0
1.6(1.5)	1.6	±1.6	±2.5	±1.6
2.5	2.5	±2.5	±4.0	±2.5
4.0	4.0	±4.0	±4.0	±4.0

注：1. 使用中的 1.5 级压力表最大允许误差按 1.6 级计算，准确度等级可不更改。
2. 压力表最大允许误差应按其量程百分比计算。

(1) 示值误差

在测量范围内，示值误差应不大于表 9-1 所规定的允许误差，则测量上限(90%～100%) 的误差为：

$$\begin{aligned}\Delta &=(1.6-0)\times(\pm 2.5\%)\\ &=\pm 0.04\ (\text{MPa})\end{aligned}$$

其余部分的误差为：

$$\begin{aligned}\Delta &=(1.6-0)\times(\pm 1.6\%)\\ &=\pm 0.0256\ (\text{MPa})\end{aligned}$$

(2) 回程误差

在测量范围内，回程误差应不大于表 9-1 所规定的允许误差绝对值。回程误差为：

$$|\Delta| = |\pm 0.0256| = 0.0256\ (\text{MPa})$$

(3) 轻敲位移

轻敲表壳后，指针示值变动量应不大于表 9-1 所规定的允许误差绝对值的 1/2。则轻敲位移的允差为：

$$50\%|\Delta| = 50\%|\pm 0.0256|$$
$$= 0.0128\ (\text{MPa})$$

(4) 零位误差

零位允许误差有带指销和不带止销之分，其应不大于表 9-1 所规定的允许误差。

本例的压力表是不带止销的，其零位误差为：

$$1.6|\Delta| = 1.6|\pm 0.0256| = \pm 0.041\ (\text{MPa})$$

9.1.2 弹簧管压力表校准方法

弹簧管压力表的校准大多采用比较法。比较法就是对被校压力表与标准压力表或砝码在校验器上进行逐点比较；0.5 级以下的普通压力表都是采用与标准压力表进行比较；0.5 级以上的压力表大多使用活塞式压力计与砝码进行比较。

(1) 正确选择标准压力表

在校准前要正确选择合适的标准压力表。标准表的选择包括准确度等级和量程范围两项内容，按《JJG52—2013 弹性元件式一般压力表、压力真空表和真空表检定规程》的规定，标准压力表的允许误差绝对值不大于被校准压力表允许误差绝对值的 1/4。因此，标准压力表的准确度等级应严格按照规程进行选择，选择方法是：0.25 级的标准压力表可用来校准 1.6 级以下的一般压力表；0.4 级的标准压力表可用来校准 2.5 级以下的一般压力表。为了不使标准压力表受损，其使用上限通常不应超过其测量上限的 70%，所以标准压力表的量程要比被校表量程大 40%以上；由于压力表及精密压力表的量程系列是有限的，按上述要求选择时，向相近的量程范围靠近就行了。

(2) 弹簧管压力表校准的操作

弹簧管压力表的校准，只需要一台压力表校验器和一只精度符合规程要求的标准压力表。其配置如图 9-1 所示。操作步骤如下：

① 首先把传压介质灌满油杯，打开单向阀门，缓慢的旋转手轮，观察油路是否畅通，然后，把标准压力表和被校压力表分别装在单向阀门 1、2 的接头上。

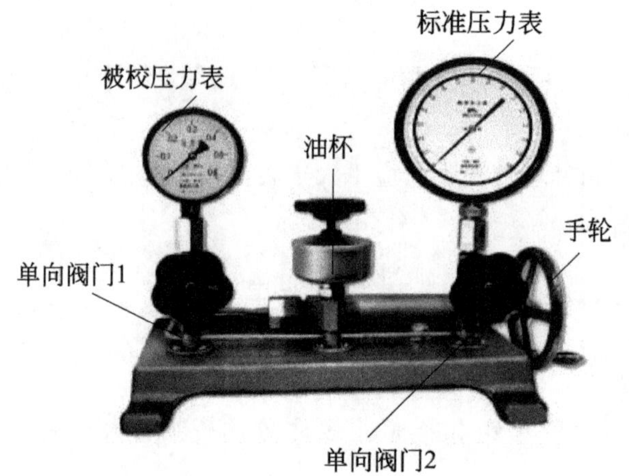

图 9-1 弹簧压力表校准示意图

② 打开油杯上的阀门，关闭单向阀门，反时针旋转手轮，将传压介质吸入手摇泵内。

③ 关闭油杯上的阀门，打开单向阀门，顺时针旋转手轮，使油压作用于标准压力表和被校压力表上，在平稳地升降压力过程中，检查压力表指针有无跳动、卡住等现象。

④ 对标准压力表和被校压力表的指示值进行比较。先检查零点，被校压力表是带止销的指针应紧靠止销；不带止销的指针中心应对准零位。

⑤ 零点检查合格后，就可以做线性刻度检查。一般选择 0%、25%、50%、75%四个点，通过这四个点的校验，就可大致看出该只压力表的误差情况。如果这四个点线性较好，则其他点也不会有太大的误差，即可做整机校准了。

⑥ 在做整机校准时，校准点应不少于 5 点，并应均匀分布在整个刻度范围内。先对准被校表，误差看标准表。各点读数应读两次，第一次是在到达预定压力点时进行，然后是轻敲表壳后进行读数并记录数值。误差计算应是上升和下降两次轻敲误差的平均值。

弹簧管压力表校准时正确的操作和读数方法

(1)正确的操作方法

用压力校验器校准压力表，看似简单，但做起来还是有要求的，不是随意的加压、降压就行，而是要按照规程的方法进行，即示值误差的校准，按标有数字的分度线进行，要逐渐平稳的升压(降压)，当示值达到刻度上限后，在此压力下做三分钟的耐压试验，然后按原来的校准点做平稳的降压(升压)作倒序回校。一般要做的有：示值误差、轻敲位移、回程误差的校准工作。压力表做上行程校准时，逐渐升压应从刻度下限开始，而作下行程校准时，逐渐降压应从刻度上限开始。当压力表的指针逐渐靠近被校准的刻度值时，应慢慢的升压(或降压)，直到压力表的指针与被校表的刻度值重合。

(2)正确的读数方法

校准时要注意正确的读数方法。采取升压(或降压)使被校压力表指示在被校准的刻度值上，然后去读取标准压力表的示值，然后进行两者的误差计算，此方法的读数误差要小些。因为标准压力表的分度线分得较细且指针也细，这样读数时视觉误差也小，可保证读数误差小。有的仪表工采取升压(或降压)使标准压力表指示在被校准的刻度值上，然后去读取被校表的示值，来进行两者的误差计算，由于普通压力表的分度线分的不细且指针也宽，尤其是指针在两刻度线之间时，很能分辨正确的数值只能估计读数，显然读数误差也就大了。

（3）弹簧管压力表的调试技能

在校准过中，如发现压力表误差超差、线性不好等情况，应该进行调整和修理。压力表可调部位主要是指针、扇形齿轮与连杆，而游丝、底板、弹簧管大多属于修理项目了。

①指针安装技能

在弹簧压力表调校、修理过程中，一般都要把指针取下和装上许多次，使用起针器取下指针是很方便的；但是把指针装到压力表上却是很有技术含量的，现做详细介绍。

弹簧压力表的指针安装位置有两种情况，即带止销的和不带止销的，所谓“止销”，就是仪表盘面上，零点处挡住指针，不使指针跑到零点以下的那个小钉钉，也叫“限止钉”。有的压力表有止销，而有的压力表没有止销，安装指针时就应分别对待。带止销的压力表装指针的位置，一般是在零点以上标有数字的第一个点上，如一只0～1.0MPa的压力表，标有数字的点是0.2、0.4、0.6、0.8、1.0几个点，我们可把压力升到0.2MPa，再把指针定在0.2MPa位置上。也可以不在第一个点上装指针，而改在其他点上装指针，例如，在调整示值时，经过反复调整，还是有一两个点超差，这时，我们可以通过改变安装指针的位置，使超差的那一两个点的差数，分一部分到其他各点上，使各点都有一点误差而又不超出允许误差。

不带“止销”的压力表，应该在没有加压的情况下，在零点位置上装指针。压力真空表是不带“止销”的，应该在没有压力的情况下，把指针装在零点的刻线宽度范围内。

装紧指针仍很重要。在使用现场我们常见，有的压力表指针经常处于摆动状态，有的则快速振动，因此，将指针紧紧地装在中心轴上是很重要的。通常是用钟表榔头将指针敲紧，敲击时，一只手将指针稳住，使其在敲击过程中不会摆动，一只手用榔头敲紧。如果更换指针，还应特别注意指针轴孔是否与中心轴匹配，否则由于指针轴孔大于中心轴，而出现指针安装不紧固的问题。

② 刻度误差调整技能

A. 零点和上限刻度的调整。刻度误差的调整可参考图 9-2 弹簧管压力表传动机构示意图进行。未加压时把指针固定在零点处，具体操作按以上“①指针安装技能”的方法进行。然后加压至上限压力值，可松开刻度调节螺钉来调整 L_2 的长短，使指针指示到上限刻度线上。通过重复调整，使零点和上限刻度均达到要求为止。

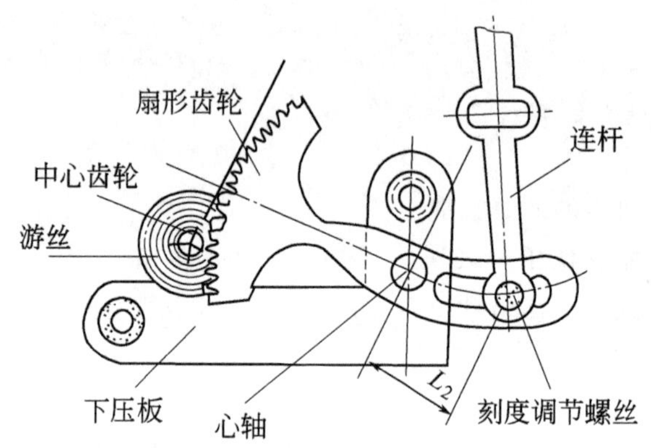

图 9-2 弹簧管压力表传动机构示意图

B. 中间刻度的调整。加压后如误差和刻度是正比关系；是正误差将 L_2 调长一些；是负误差将 L_2 调短一些。加压后，如果零点刻度和上限刻度附近误差都未超差，而中间刻度超差，并与刻度成正比关系。可调整 L_2 的长短来改变连杆与扇形齿轮之间的夹角，使误差缩小。当压力加至刻度的 50%时连杆与扇形齿轮的中心线之间的夹角一般应为 90°。如果零点刻度和上限刻度附近的误差不合格，而中间刻度误差合格时，用前面两种方法反复调整一般都能解决。

③ 其他误差的调整

当某刻度误差不合格时，通常是中心齿轮与扇形齿轮接触不良或中心齿轮轴弯曲造成的。可根据具体原因消除之，如缺牙，需更换同规格的新齿轮。

变差大，一般是传动机构摩擦过大、连接有松动，或者游丝力矩不足引起的，可根据实际情况进行处理。

④ 刻度误差调整方法

在压力表校准过程中刻度有误差时，刻度误差大致有三种情况：a. 各点的差数基本一样；b. 差数越来越大或越来越小；c. 个别的一两个点超出允许误差。而差数前大后小或后大前小的现象，实际上仍属于第二种情况。对于一、二种情况属于有规律的变化，调整比较容易。如第一种情况只需重新安装指针即可。第二种情况的差数越来越大，则应将刻度调节螺钉向外移动，将 L_2 调长一些，以增长力臂；而差数越来越小，则应将刻度调节螺钉向内移动，将 L_2 调短一些，以缩短力臂。第三种情况为不规则的变化，产生的原因较多，调整要复杂些，如：拉杆与扇形齿轮的角度不对时，则应调整其角度；游丝的张力不够时，则应调整或更换游丝；中心轴与表盘不同心时，则应移动机芯位置，使其同心。在调试时应尽量将第三种情况调整成一、二种情况，然后再进行调整就比较容易了。

在调动刻度调节螺钉时，用左手食指夹着刻度调节螺钉的螺母，右手拿旋具（螺丝刀）拨动螺钉，让左手食指感觉出螺钉的移动量。掌握正确的方法，就可以用较少的调整次数拨动到准确位置了。

9.2 压力、差压变送器调校技能

9.2.1 压力、差压变送器允许误差的计算

在校准变送器时，最大允许误差的计算方法有两种，一种是以变送器输入信号的量程与精度的乘积来表示；一种是以变送器输出信号的量程与精度的乘积来表示。使用中的变送器其回差应不超过最大允许误差的绝对值。以下是几个计算实例。

例 1：某台变送器的输出为 4～20mADC，精度等级为 0.5 级，其最大允许误差为：

$$(20-4)\times 0.5\% = \pm 0.08\ (\text{mA})$$

如果精度等级为 0.2 级，其最大允许误差为：

$$(20-4)\times 0.2\% = \pm 0.032\ (\text{mA})$$

例 2：某台变送器的量程范围为：0～250kPa，精度等级为 0.5 级，其最大允许误差为：

$$250\text{kPa}\times 0.5\% = \pm 1.25\ (\text{kPa})$$

对于输出、输入信号之间呈开方关系的 $\sqrt{\Delta P}$ 流量变送器，如以输入差压来表示变送器的允许误差，则在差压较小时，输出电流会有很大的误差。$\sqrt{\Delta P}$ 流量变送器的最大允许误差只能用变送器输出信号的量程与精度的乘积来表示，不能用变送器的输入信号来计算，这在调试中是需要注意的。

9.2.2 模拟型压力、差压变送器的调校方法

（1）压力、差压变送器的调校接线

压力、差压变送器的调校接线如图 9-3 所示。用活塞式压力计做标准表时，其即是压力源又是标准表，就不需要图中的标准压力表了。

变送器输出为 4～20mADC 的电流信号，但电流表的精度有限，在调校中大多

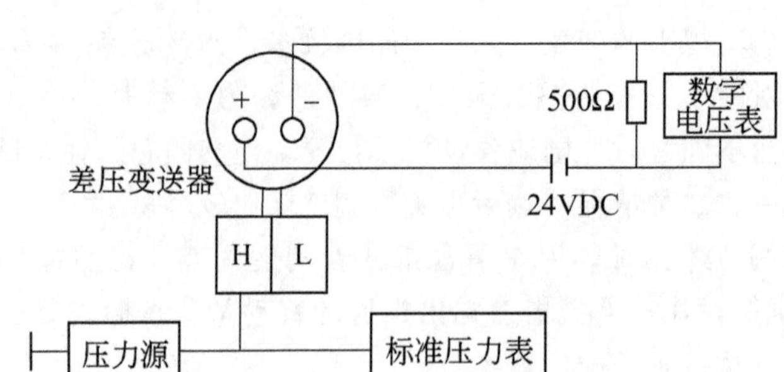

图 9-3 模拟压力、差压变送器的调校接线示意图

采用数字电压表测量标准电阻上的电压，间接得到测量结果。变送器的输出理论值，计算时必须精确到 0.01%，其单位可用电流或电压。负载电阻 250Ω 时，输出电压值为 1～5VDC。图中负载电阻为 500Ω，输出电压值为 2～10VDC，则可提高数字电压表读数的灵敏度。

精度为 0.2%的变送器其允许误差如下：

$$(5-1)\mathrm{V}\times(\pm0.002)=\pm8\mathrm{mV}$$

$$(10-2)\mathrm{V}\times(\pm0.002)=\pm16\mathrm{mV}$$

$$(20-4)\mathrm{mA}\times(\pm0.002)=\pm32\mu\mathrm{A}$$

(2) 电容式压力、差压变送器的调校操作

① 零点、量程的调整

电容变送器的零点和量程都能连续调节，且调节的范围很宽，而其量程能在全测量范围中做连续的调节。由于变送器输出为 4～20mA，仪表的起始电流并非为“0”，因此调整量程时将影响零点值，无迁移时影响较小，量程调整影响零点的变化量和量程调整量的百分比大致相同。但零点和正负迁移调整对量程几乎没有影响。因此，变送器调校前要先调至实际使用的量程，然后再调零点。必要时还应改变正负迁移开关的位置，以确定所需要的迁移方向，调校前要先把阻尼电位器反时针调到极限位置。

调试实例：有一台变送器原来的量程为 6～30kPa，现要把量程改为 30～40kPa，即正迁移 30kPa，量程 10kPa。其操作如下。

A. 先将迁移取消，即当输入压力为 0 时，调零点电位器使其输出为 4mA，则量程已为 0～24kPa。

B. 调量程使达到所需要的量程，由于是将量程减小，故应顺时针方向调量程电位器，使其在变送器输入压力为 0 时，其输出为：

$$4\mathrm{mA}\times\frac{\text{原有的量程 }24}{\text{现需的量程 }10}=9.6\mathrm{mA}$$

如果量程需要增大，如从 10kPa 改为 24kPa，则需按逆时针方向调节量程电位器，并需在满度输出下调整，即在 10kPa 压力输入时，将变送器输出调到：

$$20\text{mA}\times\frac{\text{原有的量程 }10}{\text{现需的量程 }24}=8.333\text{mA}$$

C. 重调零位，在没有压力输入时，其输出为 4mA，此时变送器的量程已非常接近 0～10kPa 了。

D. 再检查满量程输出值，如有必要则再细调量程和零点，电容式变送器调零点不会影响量程，但调量程会影响零点，为了弥补影响，可超调 25%，如输入压力为 10kPa 时，输出电流为 19.900mA。可调量程电位器使输出为：

19.900+(20.000−19.900)×1.25=20.025 (mA)。

由于量程增加了 0.125mA，则零点电流将增加$\frac{1}{5}$×0.125mA。可调零点电位器使输出由 20.025mA 降至 20.000mA。最后再进行一次量程和零点的调整即可。

E. 将零位正迁移到所需的量程起始点，即 30kPa。如果迁移量不大时可按逆时针方向调节零点电位器，使其达到所需的量程起始点，但本例的迁移量较大，应切断电源，将迁移开关放至正迁移位置。然后通电再调零点，使其达到 30kPa。

② 正、负迁移的调整方法

在生产过程中要求某个工艺参数（压力、流量、液位等）稳定在一个给定值上，如果工艺参数波动的范围不太大时，可通过改变变送器的量程来提高过程控制的质量及控制灵敏度，即变送器的量程不是从零开始，而是从某一数值开始，如：有一台变送器的量程是 0～6kPa，而实际被测量参数的波动范围为 3～4kPa，当被测参数变化 60Pa 时，如用原来的量程，则其变化量为：$\frac{60}{6000}=1\%$，如将量程改为 3～5kPa，则被测参数同样变化 60Pa 时，其变化量则为：$\frac{60}{2000}=3\%$，可见变送器输出的变化量是原来的 3 倍。

我们将量程始点从 0 迁到 3kPa 称为正迁移，其迁移量为量程的 1.5 倍，但迁移量不能无限的增加，不能迁到超过最大测量范围，但也不能压缩到允许的最小量程以下。

迁移调整步骤如下：

A. 在迁移前先调到需要的量程，如：需要 3～5kPa 的测量范围，则先将量程调到 0～2kPa，然后再进行迁移。

B. 如果迁移量不大，当正迁移时，在不加输入压力的情况下，则可直接调零点电位器，使输出小于 4mA，然后输入正迁移时的压力值，使变送器输出为 4mA。

C. 迁移量过大时，则需拨动迁移开关，即根据正负迁移的需要来拨动正负迁移开关，然后输入给定的量程起始点压力，调节电位器使输出为 4mA。

D. 最后校对测量上限，当输入压力为测量上限时其输出应为 20mA，如有偏差可微调量程电位器。

什么是变送器的零点迁移

压力、差压变送器的“零点迁移”装置，可对变送器的零点，即量程的起点进行正、负方向的迁移，以适应生产现场不同的需要。而在实际应用中，迁移可分为无迁移、负迁移和正迁移三种。

变送器的测量范围等于量程和迁移量之和，即测量范围=量程范围+迁移量。如图9-4所示，图中，A量程为40kPa，迁移量为-40kPa，测量范围为-40~0kPa；B量程为40kPa，无迁移量，测量范围为0~40kPa；C量程为40kPa，迁移量为40kPa，测量范围为40~80kPa。

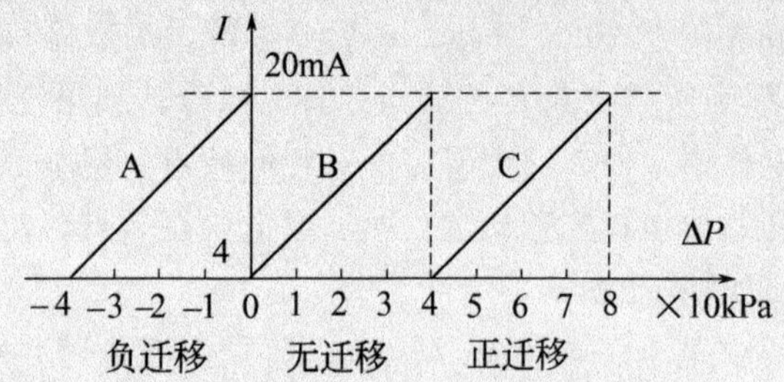

图9-4　变送器的迁移示意图

从图可知，正、负迁移的输入、输出特性曲线为不带迁移量的特性曲线沿表示输入量的横坐标平移。正迁移向正方向移动，负迁移向负方向移动，而且移动的距离即为迁移量。因此，正、负迁移的实质是通过调校变送器,改变量程的上、下限值，而量程的大小不变。也可以这样记忆:当输入压力为零时(0%)，输出电流信号也为零(0%)，为无迁移；当输入压力为零时(0%)，输出电流信号为正向，大于工作零点，为负迁移；当输入压力为零时(0%)，输出电流信号为负向，小于工作零点，为正迁移。

③ 线性调整方法

变送器的线性在出厂时都已调到最佳状态，一般不用调整。如果量程改动较大，并要求在某一特定测量范围有很好的线性时，应做线性调整，其步骤如下：

a. 输入所调量程的中间测量范围的压力值，记下输出信号的理论值和实际值。

b. 输入所调量程的压力值，调整线性电位器使输出为：

$$\text{实际值} \pm |\text{实际值}-\text{理论值}| \times 6 \times \frac{\text{最高量程}}{\text{所调量程}}$$

当实际值<理论值时，用加号；当实际值>理论值时，用减号。

c. 重新调整量程和零点。

④ 阻尼调整方法

阻尼是用来抑制被测参数由于输入波动引起的输出快速波动。其时间常数为 0.2～1.67s，出厂时阻尼器已反时针调整至极限位置，阻尼时间为 0.2s。在应用中最好选择最短的阻尼时间，由于变送器校准不受阻尼调整的影响，所以，最好在现场根据实际调整阻尼时间，顺时针转动阻尼器来选择所需要的阻尼时间。

几种简易压力发生器

校准差压变送器、微压力计需要的压力不高，有条件的企业可使用压缩空气。而一些中、小企业可根据自己的条件选择购买微压力发生器、手操压力发生器等。也可采取简易的方法来产生压力，如：

① 用打气筒。使用前要把原来的接头取下，改用橡胶管连接。用左手压气筒手柄加压，用右手的大拇指、食指及中指夹持橡胶管，当手柄压到底后，马上用右手的大拇指及食指对折橡胶管，来保住压力，再加压时放开橡胶管对折处，达到所需压力时，可通过对折、放松、挤压橡胶管进行微调就可得所需要的压力了。对折、放松橡胶管用右手操作即可，但挤压橡胶管需要左、右手配合操作，左手夹持橡胶管的手指及操作方法与右手相同。以下②～④条中的对折、放松、挤压橡胶管的操作方法按本条的操作方法进行。

② 用气手球。大家最熟悉的水银血压计加压用的就是气手球，现在在网上很容易买到类似的产品，有的是橡胶制品，有的是塑料制品。其加压比打气筒方便，压力高了可泄压，再配合对橡胶管的对折、放松、挤压也可得到需要的压力。

③ 用注射器。注射器可选择一次性的塑料注射器或兽用注射器。其有多种规格，根据需要选择大小即可。通过推进和抽吸注射器就可得到需要的正压或负压值，如果一次加压不够时，可以采用多次加压的方法来提高压力，即注射器推到底后马上用手对折橡胶管保住压力，再加压时放开橡胶管对折处，达到所需压力时，再通过对折、放松、挤压橡胶管微调就可得到需要的压力。

④ 用橡胶管。对于微压场合有时用一根橡胶管就可以进行加压；即先把橡胶管的末端对折，然后用两手指交换挤压橡胶管，挤压的同时再对折橡胶管，这样操作数次，橡胶管的对折点逐渐向被加压仪表移动，压力已就逐渐升高了。通过、放松、挤压橡胶管进行微调就可得到需要的微压。

使用以上方法时，需要加工相应的转换接头；如果有小三通、小阀门配套使用更方便。

9.2.3 智能型压力、差压变送器的调校方法

(1) 智能型压力、差压变送器的调校接线

智能型压力、差压变送器的调校接线如图 9-5 所示。用活塞式压力计做标准表时，其即是压力源又是标准表，就不需要图中的标准压力表了。

(2) 智能变送器的调校方法

现以 3051 变送器为例，对调校方法做介绍。模拟变送器调校只需要一个步骤就可以完成的工作，智能变送器调校时需要三个步骤才能完成，即：

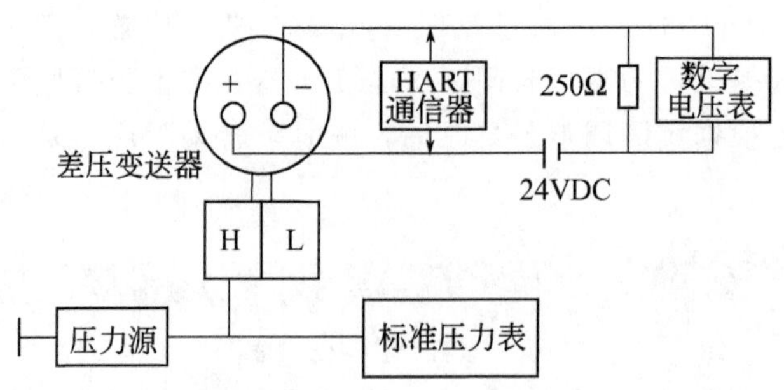

图 9-5 智能型压力、差压变送器的调校接线示意图

重设量程——按所需压力设定 4mA 点和 20mA 点。

传感器校准——即传感器微调，目的是调整工厂表征曲线，使在特定的压力范围内变送器具有最佳的性能。

模拟输出微调——调整模拟输出，使之与控制回路相匹配。

① 重设量程

量程值命令可设置 4mA 点和 20mA 点，即量程下限和上限值。不论设定什么量程，变送器内的传感器将会测量和记录实际的输入参数值。假设将 4mA 和 20mA 设为对应 0 和 10kPa，但变送器检测到输入压力为 25kPa 时，它会以数字方式输出 25kPa 的读数以及量程百分数 250%。

重设量程有以下三种方法。

A. 只用手操器设定量程。只使用手操器设定量程是最简便的方法。该操作不需要压力输入，只要用 HART 手操器的快捷键 4 或 5，就可以改变变送器 4mA 和 20mA 的数值。

B. 用压力源和手操器设定量程。用 HART 手操器快捷键指令序列 1，2，3，1，2。如不知道 4mA 点和 20mA 点的具体值时，利用手操器与压力源设定量程，输入上述快捷键指令序列，按照 HART 手操器联机菜单指令操作，就可修改 4mA 和 20mA 的数值。

C. 使用压力源及变送器的“零点”、“量程”按钮设定量程。此法常用在不清楚 4mA 点和 20mA 点的具体值，并且又无手操器时。具体按以下步骤进行：

ⓐ 旋松变送器盖顶上固定标牌的螺钉，移开标牌，就可看见零点和量程按钮了；

ⓑ 使变送器高压室通大气（即下限量程的输入压力为 0），然后按下“零点”按钮 2s，观察输出是否为 4mA。如果有表头，表头将显示零点通过；

ⓒ 使用精度合乎要求的压力源，向变送器高压室加入上限量程对应的压力值。按下“量程”按钮 2s，观察输出是否为 20mA。如果有表头，表头将显示量程通过。

无法调整零点、量程的原因

如果变送器保护跳线开关位于“ON”位置时，是不能够调整零点和量程的。如果软件设定为不允许进行本机零点和量程调整，那么也不能利用本机零点和量程按钮进行调整。

利用 HART 手操器的快捷键 1，4，4，1，7 指令序列，可以使变送器上的零点和量程按钮起作用或不起作用。但此时还可使用 HART 手操器来改变送器的组态。

② 传感器校准

所谓传感器校准，就是利用全量程调整或零点调整功能来对传感器进行微调。两种功能的使用取决于用途，都可以改变智能变送器对输入信号的响应。

A. 零点微调

零点微调属于单点调整，有助于补偿安装位置影响，可对安装在现场的变送器进行微调。这种修正可保持表征曲线的斜率，因此在传感器全量程内不应当用它来替代全量程微调。在进行零点微调时，应确保平衡阀处于开启状态，变送器高、低压侧压力是相等的。

可通过 HART 手操器快捷键 1，2，3，3，1 指令序列的操作，来进行传感器零点微调。操作步骤如下：

ⓐ 使变送器通大气，将手操器与测量回路相连。

ⓑ 从手操器主菜单中选择 1. 装置设定（DeviceSetup）、2. 诊断和检修（Diagnostics and Service）、3. 校验（Calibration）、3. 传感器微调（Sensor Trim）、1. 零点微调（Zero Trim），准备进行零点微调。

ⓒ 按照手操器显示的指令完成零点微调的调整。

B. 全量程微调

全量程微调（又称为完全微调）是两点式传感器标定，按量程的起点和终点输入压力，并且对它们之间的所有输出都线性化。要先调整低微调值以建立正确的偏移量。高微调值的调整为基于低微调值的表征曲线提供斜率修正。出厂建立的表征曲线不会被该程序改变。

通过 HART 手操器快捷键 1，2，3，3 指令序列的操作，来进行传感器全量程微调。操作步骤如下：

ⓐ 在手操器主菜单，在 Full Trim（全量程微调）下方输入快捷键序列：1. 装置设定（Device Setup），2. 诊断和检修（Diagnostics and Service），3. 校验（Calibration）、3. 传感器微调（Sensor Trim）。

ⓑ 选择 2. 传感器下限微调（Lower sensor Trim），来进行下限微调点的调整。

ⓒ 选择压力输入值，使下限值等于或小于 4mA，按照手操器显示的指令完成对下限值的调整。

ⓓ 重复以上步骤调整上限值，用3. 传感器上限微调（Uper sensor Trim）替代步骤2）中的2. 传感器下限微调（Lower sensor Trim）。

ⓔ 选择压力输入值，使上限值等于或大于20mA，按照手操器显示的指令完成对上限值的调整。

③ 模拟输出微调

即校准4～20mA模拟输出，是利用“模拟输出微调（Analog Output Trim）”指令，来调整变送器4～20mA的电流输出，使之与工厂标准相符。该指令可调整数/模信号转换。以下介绍数/模微调的操作步骤。

A. 从HOME主屏幕中选择1. Device Setup（装置设定），2. Diagnostics and Service（诊断维修服务），3. Calibration（标定），2. Trim Analog Output（模拟量输出微调），1. Digital-Analog（数/模微调）。将控制回路设定至手动方式后，选择“OK”。

B. 在出现CONNECT REFERENCE METER（连接参考表）提示符时，将一块标准电流表与变送器相连，表的正极引线与变送器正极端子相连，负极引线与变送器负极端子相连。

C. 连接好参考表后选择“OK”。

D. 在SETTING FLD DEV OUTPUT TO 4MA（将现场装置输出设定为4mA）提示下，单击“OK”确认，则变送器输出4.00mA。

E. 记录下标准表的实际数值，并在ENTER METER VALUE（输入表值）提示符下将该值输入。手操器将会提示：核实输出值是否等于参考表上的数值。

F. 如果标准表上的数值等于变送器的输出值，就选择Yes（是），否则意选择No（否）。如果选择了Yes，就可进入下一步。如果选择了No，则重复第E步。

G. 在SETTING FLD DEV OUTPUT TO 20MA（将现场装置输出设定为20mA）提示下单击，OK，并且重复第E步骤和第F步骤，直至参考表数值等于变送器输出值为止。

H. 将控制回路返回至自动控制状态后，单击OK确认。

④ 用其他刻度进行数/模转换微调

操作HART手操器快捷键1，2，3，2，2指令序列，可用其他刻度进行数/模微调。可变刻度数/模转换微调（Scaled D/A Trim）指令，是使4和20mA点与用户可选择的参考刻度相对应，而不是与4和20mA相对应，如果通过一个250Ω的负载电阻测量，则为1～5V；或者通过DCS测量，则为0～100%。当根据刻度进行数/模微调时，应将一个标准电流表与变送器相连，并要根据“模拟输出微调”步骤内的说明，将输出信号微调至所用刻度。

⑤ 选择传感器微调与模拟输出微调

在进行微调步骤时，必须首先确定是变送器线路板的模/数转换部分要校验，还是数/模转换部分要校验，可按下列步骤操作：

A. 将压力源、HART 手操器和数字式读数装置与变送器相连；并且使变送器与手操器建立通信。

B. 输入变送器量程上限点相应的压力。

C. 将所加压力与手操器联机菜单上的过程变量（PV）相比较，如果手操器上的 PV 读数与所加压力不相等，则可进行传感器微调。

D. 将手操器联机菜单上模拟输出 AO 与数字仪表上的读数相比较。如果手操器上 AO 读数与数字仪表上的读数不相符，则可进行输出微调。

E. 在进行 C、D 步骤的微调操作前，必须确认所使用测试仪表的正确性，如压力示值、数字仪表读数等，否则将导致出现错误的调整。

模拟和智能变送器校准的区别

模拟变送器的校准需要标准电流(电压)表和压力源，所以模拟变送器的校准就是对零点、满量程及线性度进行调整，使之符合要求。

而智能变送器由于其使用微处理器、存储器及数字处理技术，手操通信器代替了调整电位器，所以调校方便。而且调变送器的零点和满量程时互不影响。但由于其具有模拟和数字两种输出信号，所以其校准方法与模拟变送器也是不同的。

我们可以把智能变送器的逻辑结构分成两台仪表来理解，即一台是模拟仪表，另一台是全数字仪表。其中数字仪表的设定又可称为组态和量程调整，用来将压力信号与 4~20mA 的输出建立对应关系。它可以在不加标准压力信号的情况下来确定量程。因为它是用原先保存在存储器中的对应关系函数，来进行相应的计算，以便建立一个新的对应关系函数。即使压力信号和 4~20mA 电流输出建立了对应关系函数，但数字输出并不是从电流信号得到的，其与正确值之间可能会有误差，所以，还需要使用标准压力源及标准电流(电压)表来进行校准工作；以使输入变送器的标准压力值、与压力值对应的数字输出、4~20mA 输出电流与标准电流(电压)表四者间建立正确的对应关系。

有的仪表工认为，只要用 HART 手操通信器就可改变智能变送器的量程，并可进行零点和量程的调整工作，而不需要输入压力源。这一做法只能称为组态设定量程，不能称为校准。而校准是需要用标准压力源输入变送器压力信号的。因此不使用标准压力源来调量程，不用输入变送器的压力来进行输出调节不是正确的校准。这时差压检测部件与 A/D 转换电路、电流输出的关系并不对等，校准的目的就是找准三者的变化关系。因此，只有对输入和输出，即输入变送器的压力、A/D 转换电路、模拟电流输出电路一起调试，才称得上是真正意义上的校准，这也是与模拟变送器校准的重要区别。

双法兰差压式液位变送器的调校

双法兰差压式液位变送器在液位测量中得到广泛应用。对双法兰液位变送器的调校，通常是用专用法兰与变送器的法兰连接，用标准的压力信号来调校。如果调校前能根据现场的实际，进行计算，并以计算数据为依据来进行调校就很方便。

(1) 计算依据

用双法兰差压式液位变送器测量液位时如图 9-6 所示，图中：被测液体密度为ρ，变送器毛细管内所充工作介质密度为ρ_0，被测液位的测量范围为 H，被测液位高低取样管中心距离为 h，从图可知，液位的最大测量范围 ΔP 为：

$$\Delta P = P_+ - P_- = H\rho g - h\rho_0 g \tag{9-1}$$

从上式可知，变送器应进行负迁移，其迁移量 S 为 $h\rho_0 g$。并且变送器安装位置的高低对迁移量及测量结果没有影响。从图可知：变送器需进行负迁移，当被测液位为 0 时，变送器正、负测量室的压差最大，变送器的输出电流为 4mA；随着被测液位的上升，变送器正、负测量室的压差逐步减小，当被测液位上升至最高 H_{max}时，变送器的正、负测量室的压差最小，变送器的输出电流为 20mA。

由于变送器毛细管内工作介质和被测液体的密度都是已知的，变送器的安装位置及液位的测量范围已是确定了的，因此，只要知道液位测量的数据 H 及 h，就可以计算出变送器的量程 L，零点迁移量 S，最高和最低液位时，作用于变送器高、低压测量室的静压力；就可对变送器进行调校了。

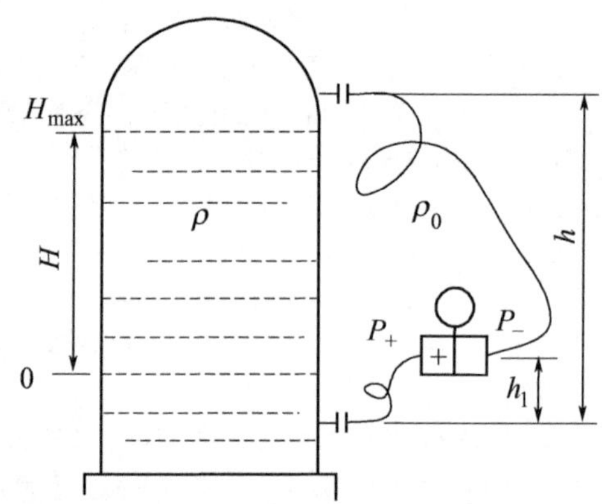

图 9-6 双法兰差压式液位变送器测量液位示意图

(2) 计算实例

现以图 9-6 为例介绍计算方法。图中各参数的数据如下：

ρ——被测液体的密度 (ρ=0.9g/cm^3)；

ρ_0——变送器毛细管所充工作介质密度 (ρ_0=1.0g/cm^3)；

H——被测液位的变化范围 (H=2800mm)；

h——被测液位高低取样管中心距 (h=3800mm)；

h_1——变送器测量室中心与低取样管的距离 (h_1=1200mm)。

计算如下：

液位的最大测量范围为：$\Delta P_{max}=H\rho g=2800\times0.9\times9.81=24.7$（kPa）

当液位高度为 H_{max} 时，变送器正压室所受的压力 P_+ 为：

$$P_+=P_0+H\rho g-h_1\rho_0 g=2800\times0.9\times9.81-1200\times1\times9.81=12.95\ (\text{kPa})$$

变送器负压室所受的压力 P_- 为：

$$P_-=P_0+(h-h_1)\rho_0 g=(3800-1200)\times1.0\times9.81=25.5\ (\text{kPa})$$

变送器的差压 ΔP 为：

$$\Delta P=P_+-P_-=H\rho g-h\rho_0 g=2800\times0.9\times9.81-3800\times1.0\times9.81=-12.56\ (\text{kPa})$$

从计算知，本台液位变送器应进行负迁移，迁移量为－37.28kPa。变送器的量程为：－37.28～－12.56kPa。

把变送器的正、负压法兰放在同一平面上，按－37.28～－12.56kPa 的量程对应变送器输出为 4～20mA 进行调校，用压力源加压进行调校。先调整零点和量程，再对量程范围的 0%、25%、50%、75%、100%进行调校，再做回程误差调校，然后进行误差计算看变送器是否超差。

调校时是先进行零点迁移，还是按正常量程校完后再进行零点迁移，这没有什么原则，完全取决于个人的习惯。也可不用压力源，采用提升方法来调校，即通过改变变送器正、负压法兰盘中心的距离，利用毛细管及法兰盘内工作介质产生的静压力，来模拟液位变化进行校验。

热电偶的校准技能

9.4.1 常用热电偶的允许偏差

热电偶是有正、负极之分的，但热电偶的名称也是有规律的，即正极在前负极在后，且正、负极用一短横隔开，如镍铬-镍硅热电偶，镍铬为正极，镍硅为负极。不同等级的热电偶在规定温度范围内，其允许偏差如表 9-2 所示。

9.4.2 热电偶的校准

热电偶 300℃以下点的校准是在恒温油槽中进行，并采用 2 等标准水银温度计进行比较。300℃以上点的校准是在管形电阻炉中进行，采用标准铂铑 10-铂热电偶进行比较。现将 300℃以上点的校准方法介绍如下。

① 把标准热电偶装入高铝保护套管，将其同被校热电偶用细镍铬丝捆扎成一束，捆扎直径不要大于 20mm，捆扎时被校热电偶的测量端要围绕在标准热电偶测量端周围。

表 9-2　不同等级热电偶在规定温度范围内的允许偏差

热电偶名称	分度号	等级	温度范围/℃	允许偏差
铂铑 30-铂铑 6	B	Ⅱ	600～1700	±0.0025t
		Ⅲ	600～1700	±4℃或±0.005t
铂铑 13-铂 铂铑 10-铂	R S	Ⅰ	0～1600	±1℃±[1+0.003(t−1100)]
		Ⅱ	0～1600	±1.5 或±0.0025t
镍铬-镍硅 镍铬硅-镍硅	K N	Ⅰ	−40～1000	±1.5℃或±0.004t
		Ⅱ	−40～1200	±2.5℃或±0.0075t
镍铬-铜镍	E	Ⅰ	−40～800	±1.5℃或±0.004t
		Ⅱ	−40～900	±2.5℃或±0.0075t
铁-铜镍 (康铜)	J	Ⅰ	−40～750	±1.5℃或±0.004t
		Ⅱ	−40～750	±2.5℃或±0.0075t
铜-铜镍	T	Ⅰ	−40～350	±0.5℃或±0.004t
		Ⅱ	−40～350	±1℃或±0.0075t

注：1. 表中 t 为被测温度。

2. 允许偏差以℃或实际温度的百分数表示，应采用其中计算数值较大的值，但是 R、S 分度号的热电偶除外。

② 把整束热电偶装入管形电炉内，热电偶测量端应放在管形电炉的最高温度区中心；标准热电偶应与管形电炉轴线位置一致；炉口沿热电偶束周围要用绝缘耐火材料堵好。

③ 由低温向高温逐点升温校准，炉温偏离校准点温度不应超过±5℃。连接电路如图 9-7 所示。

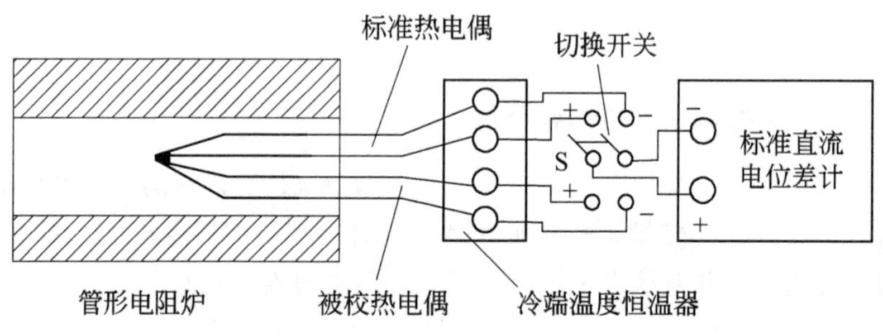

图 9-7　校准热电偶示意图

④ 当电炉温度升到校准点温度，且炉温变化小于规定时，就直接测量标准与被校热电偶的热电势。从标准热电偶开始，依次测量各被校热电偶的热电势。测量顺序如下：

标→被$_1$→被$_2$→被$_n$→被$_n$→被$_2$→被$_1$→标，测量次数不要少于 4 次；读数要迅速准确，时间间隔应相近。

⑤ 被校热电偶的误差计算

热电偶的热电势误差按下式进行计算：

$$\Delta e=\bar{e}_{被}+\frac{e_{标}-\bar{e}_{标}}{S_{标}}\times S_{被}-e_{分} \tag{9-2}$$

式中 $\bar{e}_{被}$——被校热电偶在某校准点附近温度下，测得的热电势算术平均值；

$e_{标}$——标准热电偶证书上某校准点温度的热电势值；

$\bar{e}_{标}$——标准热电偶在某校准点附近温度下，测得的热电势算术平均值；

$e_{分}$——被校热电偶分度表上查得的某校准点温度的热电势值；

$S_{标}$、$S_{被}$——标准、被校热电偶在某校准点温度的微分热电势。

计算实例 1：被校 K 型热电偶在 800℃时的误差计算。

在 800℃附近测得标准铂铑 10-铂 S 型热电偶的热电势算术平均值 $\bar{e}_{标}=7.339$mV，被校 K 型热电偶的热电势算术平均值 $\bar{e}_{被}=33.364$mV。

从标准热电偶检定证书中查得 800℃时热电势为 7.347mV；从热电偶微分热电动势表中查得 800℃时，标准与被检热电偶 1℃分别相当于 0.011mV 和 0.041mV。

从 K 型热电偶分度表中查得 800℃时热电势为 33.275mV，将以上数据代入下式，可计算出误差 Δe 值。即：

$$\begin{aligned}\Delta e&=\bar{e}_{被}+\frac{e_{标}-\bar{e}_{标}}{S_{标}}\times S_{被}-e_{分}\\&=33.364+\frac{7.347-7.339}{0.011}\times 0.041-33.275\\&=0.1189\ (\text{mV})\end{aligned}$$

则被校热电偶在 800℃时的示值误差为：

$$\Delta t=\frac{\Delta e}{S_{\text{b}}}=\frac{0.1189}{0.041}=2.9\ (℃)$$

根据表 9-2 知 K 型热电偶的允许偏差为：±1.5℃或±0.004t。按±0.004t 计算，被校热电偶在 800℃的允许偏差为：±3.2℃，故被校热电偶没有超差。

有的企业由于条件所限，没有冷端温度恒温设备时，即热电偶冷端温度不是 0℃，而是在室温下进行校准，则可用以下方法来计算被校热电偶的偏差。

计算实例 2：如有一支 K 型热电偶，在 800℃校准点，该支热电偶的热电势算术平均值 $\bar{e}_{被}=32.471$mV。水银温度计测得该热电偶参比端的温度为 20℃。由 K 型热电偶分度表查得：

$$e_{(t',t_0)}=e_{(20,0)}=0.798\ (\text{mV})$$

① 则被校热电偶在参比端为 0℃时的热电势为：32.471+0.798=33.269mV。

② 在 800℃附近测得标准铂铑 10-铂热电偶的热电势算术平均值 $\bar{e}_{标}=7.335$mV。该标准热电偶在 800℃的修正值为 0.028mV，故修正后的热电势为：7.338+0.028=7.366mV。

从铂铑 10-铂热电偶的分度表上查得 7.366mV 相当于 801.9℃≈802℃。

③ 查得K型热电偶在802℃相应的热电势值为33.357mV。则该热电偶的偏差为：

$$\Delta e = 33.357 - 33.269 = 0.088\ (\mathrm{mV})。$$

则被校热电偶在800℃时的示值误差为：

$$\Delta t = \frac{\Delta e}{S_b} = \frac{0.088}{0.041} = 2.15\ (℃)$$

根据表9-2知K型热电偶的允许偏差为：±1.5℃或±0.004t。按±0.004t计算，被校热电偶在800℃的允许偏差为：±3.2℃，故被校热电偶没有超差。

9.5 热电阻的校准技能

9.5.1 常用热电阻的允许误差

目前常用的铂、铜热电阻的允许误差如表9-3所示。

表9-3 目前常用铂、铜热电阻的允许误差

名称		分度号	R_0/Ω	允许误差/℃
铂热电阻	A级	Pt10	10	±(0.15+0.002)|t|
		Pt100	100	
	B级	Pt10	10	±(0.30+0.005)|t|
		Pt100	100	
铜热电阻		Cu50	50	±(0.30+0.006)|t|
		Cu100	100	

注：R_0为0℃时的标准电阻值；t为被测温度，单位为℃。

知识拓展

《JJG229-2010工业铂、铜热电阻检定规程》，将铂热电阻的允差等级分为AA、A、B、C级，并给出了允差值，如表9-4所示，并注明了600～800℃范围内的允差由制造商在技术条件中确定。铜热电阻的允差值没有变化。

表9-4 热电阻的允差等级和允差

热电阻类型	允差等级	有效温度范围/℃		允差值
		线绕元件	膜式元件	
PRT	AA	−50～+250	0～+150	±(0.100℃+0.0017|t|)
	A	−100～+450	−30～+300	±(0.150℃+0.002|t|)
	B	−196～+600	−50～+500	±(0.30℃+0.005|t|)
	C	−196～+600	−50～+600	±(0.6℃+0.010|t|)
CRT	—	−50～+150	—	±(0.30℃+0.006|t|)

注：\|t\|为温度的绝对值，单位为℃。

9.5.2 热电阻校准点的选择及测量方法

(1) 校准点的选择

按《JJG229—2010 工业铂、铜热电阻检定规程》7.2 条检定项目的规定，各等级热电阻的校准点均应选择 0℃和 100℃，并检查电阻温度系数 α。对使用中的热电阻只需对 0℃点进行测量检验即可。

(2) 热电阻的测量方法及接线

被校热电阻（包括感温元件）和标准铂电阻的电阻值测量均应采用四线制的测量方法。如图 9-8 所示。感温元件的电阻值应从其连接点起计算，热电阻的电阻值应从整支热电阻的接线端子起计算。对两线制的热电阻也应接成四线制进行，并应考虑感温元件连接点到热电阻端子间内引线的电阻值，大多时候引线电阻是包括在感温元件内。在测量三线制的热电阻时，为消除引线电阻的影响，应通过两次测量消除引线电阻的影响。

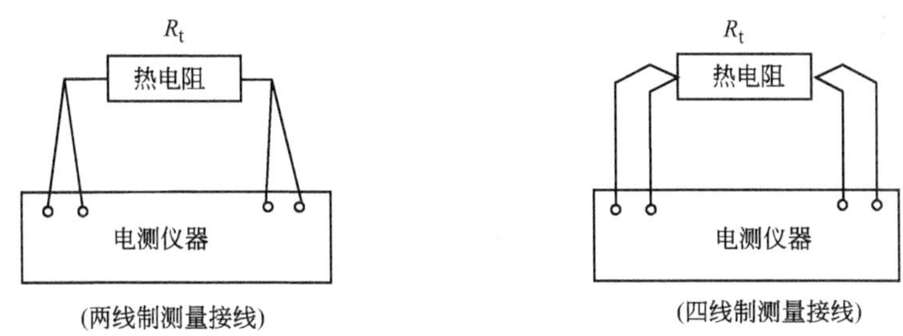

图 9-8 热电阻的电阻值测量接线示意图

电测仪器可以用准确度符合要求的电桥或数字多用表。用数字多用表测量电阻时应采取电流换向，取平均值。并应在尽可能短的时间内，采用交替测量热电阻和标准铂电阻的方法，交替重复不少于 4 次（包括电流换向），分别取平均值作为测量结果。

9.5.3 热电阻的校准

(1) R_0 的校准

在冰点槽（或具有 0℃的恒温槽，偏差不超过±0.2℃）中测量热电阻的电阻值，并与标准铂电阻测量冰点槽的温度进行比较，计算其 0℃的偏差值 Δt_0。

保护管可拆卸的热电阻，可将感温元件连同引出线从保护管中取出，放置到玻璃试管中，管口用脱脂棉塞紧，插入冰点槽。标准和被校热电阻的插入深度不要小于 300mm，并尽可能减少热损失。保护管不可以拆卸的热电阻，校准时必须要有足够的热平衡时间，待测量数据稳定后才可读数。

(2) R_0 的计算

① 冰点槽偏离 0℃的值 Δt_i^* 由标准铂电阻测量得到。其值按下式进行计算：

$$\Delta t_i^* = \left(\frac{R_i^*}{R_{tp}^*} - W_0^S\right) / (\mathrm{d}W_t^s/\mathrm{d}t)_{t=0} \tag{9-3}$$

式中 R_i^*，R_{tp}^*——标准铂电阻在冰点槽和水三相点测得的电阻值，Ω，$W_i^S = \dfrac{R_i^*}{R_{tp}^*}$；

W_0^S，$(\mathrm{d}W_t^s/\mathrm{d}t)_{t=0}$——标准铂电阻 0℃时的电阻比值和电阻比值对温度的变化率。

② 测量被校热电阻在冰点槽的电阻 R_i，计算热电阻的 R_0'。R_0 用下式进行计算：

$$R_0' = R_i - \Delta t_i^* (\mathrm{d}R/\mathrm{d}t)_{t=0} \tag{9-4}$$

式中 $(\mathrm{d}R/\mathrm{d}t)_{t=0}$——被校热电阻在 0℃时，电阻值对温度的变化率，Ω/℃。

其中：Pt_{100} 的 $(\mathrm{d}R/\mathrm{d}t)_{t=0}=0.39083$Ω/℃；

Cu_{100} 的 $(\mathrm{d}R/\mathrm{d}t)_{t=0}=0.42893$Ω/℃。

③ 计算被校热电阻 0℃的温度偏差 Δt_0。

R_0'值对应的温度与 0℃的差值 Δt_0 可用下式计算，其值应符合相应允差等级的要求：

$$\Delta t_0 = \frac{R_0' - R_0}{(\mathrm{d}R/\mathrm{d}t)_{t=0}}$$

$$\Delta t_0 = \Delta t_i - \Delta t_i^* \tag{9-5}$$

式中 R——标称电阻值；

Δt_i——由被校热电阻在冰点槽中测得的偏离 0℃的差，℃；

Δt_i^*——标准铂电阻温度计在冰点槽中测得的偏离 0℃的差，℃。

（3）R_{100} 的校准

在 100℃的恒温槽中测量热电阻的电阻值，并与铂热电阻测量的温度进行比较，计算其 100℃的偏差值 Δt_{100}，其他温度点的校准也可按此法进行。

可拆卸热电阻的校准与 R_0 的校准一样，可将感温元件放置在玻璃试管中，校准温度高于 400℃时应放置在石英试管中。热电阻在恒温槽中应有足够的插入深度，尽可能减少热损失。恒温槽的温度应控制在校准点附近，不应超过±2℃，同时要求 10min 之内变化不超过±0.02℃。

（4）R_{100} 的计算

① 恒温槽偏离 100℃的温度 Δt_h^* 由标准铂电阻测量得到。偏离 100℃的值 Δt_h^* 按下式进行计算：

$$\Delta t_h^* = \left(\frac{R_h^*}{R_{tp}^*} - W_{100}^s\right) / (\mathrm{d}W_t^s/\mathrm{d}t)_{t=100} \tag{9-6}$$

式中　R_h^*——标准铂电阻作约 100℃ 的恒温槽中测得的电阻值，Ω，

$$W_b^s=\frac{R_h^*}{R_{tp}^*};$$

W_{100}^s，$(dW_t^s/dt)_{t=100}$——标准铂电阻 100℃ 的电阻比值和电阻比值随温度的变化率。

② 测量被校热电阻在 100℃ 恒温槽中的电阻值 R_h，计算热电阻的 R'_{100}。

热电阻的 R'_{100} 用下式进行计算：

$$R'_{100}=R_h-\Delta t_h^*(dR/dt)_{t=100} \tag{9-7}$$

式中　R_h——被校热电阻在约 100℃ 的恒温槽测得的电阻值，Ω；

$(dR/dt)_{t=100}$——被校热电阻在 100℃ 时，电阻对温度的变化率，Ω/℃。

其中：Pt_{100} 的 $(dR/dt)_{t=100}=0.37928$Ω/℃；

Cu_{100} 的 $(dR/dt)_{t=100}=0.42830$Ω/℃。

③ 计算被校热电阻 100℃ 的温度偏差 Δt_{100}。

计算 R'_{100} 与 100℃ 标称值 R_{100} 的差，换算成温度值 Δt_{100}，应符合相应允差等级的要求：

$$\Delta t_{100}=\frac{R'_{100}-R_{100}}{(dR/dt)_{t=100}} \tag{9-8}$$

（5）R_0 和 R_{100} 电阻值的合格判断

热电阻的允差可以换算成相应的电阻值来表示，表 9-5 列出了 Pt_{100} 和 Cu_{100} 符合允差要求的 R_0 和 R_{100} 范围。因此，0℃ 和 100℃ 允差的合格判断可直接从式(9-4) 和式(9-6) 计算得到的值，通过查表 9-5 来判断电阻值是否在允差范围内。

表 9-5　Pt_{100} 和 Cu_{100} 符合允差要求的 R_0 和 R_{100} 范围

校准点	Pt_{100} 标称值及允差 / Ω				Cu_{100} 标称值及允差 / Ω
	AA	A	B	C	
R_0	100.000 ±0.039	100.000 ±0.059	100.000 ±0.117	100.000 ±0.231	100.000 ±0.129
R_{100}	138.506 ±0.102	138.506 ±0.133	138.506 ±0.303	138.506 ±0.607	142.800 ±0.385

注：标称电阻值不为 100Ω 的其他热电阻和感温元件，符合允差要求的 R_0 和 R_{100} 范围只要将上述表格中的数值乘以 $\frac{R_0}{100\Omega}$ 即可。

（6）实际电阻温度系数的允差

计算 α 值的公式如下：

$$\alpha=\frac{R_{100}-R_0}{R\times100}℃^{-1}=(W_{100}^t-1)\times10^{-2}℃^{-1} \tag{9-9}$$

$$\Delta\alpha=\alpha-\alpha_{标称} \tag{9-10}$$

在《JJG229—2010 工业铂、铜热电阻检定规程》的表 6 中，列出了各等级热电阻温度系数 α 的允许范围，校准时根据式(9-9) 和式(9-10) 的计算结果直接查阅规程的表 6 即可。

(7) 计算实例

用二等标准铂电阻温度计校准一支工业用 B 级铂电阻温度计，被校热电阻的 R_0、R_{100}、实际电阻温度系数 α 的误差计算如下。

① R_0 的计算

A. 计算恒温槽实际温度与设定温度的偏差

0℃ 时，从标准铂热电阻检定证书提供的数据知：$W_t^s=0.99996013$，$dW_t^s/dt=0.00398690$，$R_{tp}^*=25.5887\Omega$。用铂电阻测得的冰点槽实际温度的平均值 $R_i^*=25.58760\Omega$。则：

$$\begin{aligned}\Delta t_i^*&=\left(\frac{R_i^*}{R_{tp}^*}-W_0^S\right)/(dW_t^s/dt)_{t=0}\\&=\left(\frac{25.58760}{25.5887}-0.99996013\right)/0.00398690\\&=-0.782\ (mK)\end{aligned}$$

B. 计算被校铂热电阻的 R_0'

被校铂热电阻在冰点槽测得的电阻 $R_i=99.915\Omega$；被校铂热电阻在 0℃时，电阻值对温度的变化率 $(dR/dt)_{t=0}=0.39083\Omega/℃$；则：

$$\begin{aligned}R_0'&=R_i-\Delta t_i^*\times(dR/dt)_{t=0}\\&=99.915-(-0.000782)\times0.39083\\&=99.915\ (\Omega)\end{aligned}$$

C. 计算被校热电阻 0℃的温度偏差 Δt_0

$$\begin{aligned}\Delta t_0&=\frac{R_0'-R_0}{(dR/dt)_{t=0}}\\&=\frac{99.915-100}{0.39083}\\&=-0.22\ (℃)\end{aligned}$$

B 级铂热电阻的允差为±0.3℃，所以在 Δt_0 时该铂热电阻在允差范围内。

② R_{100} 的计算

A. 计算恒温槽 100℃的实际温度与设定温度的偏差

100℃时，从标准铂热电阻检定证书提供的数据知：$W_t^s=1.39260795$，$dW_t^s/dt=0.00386651$，$R_{tp}^*=25.5887\Omega$。用铂电阻测得的恒温槽实际温度的平均值 $R_h^*=34.6005\Omega$。则：

$$\Delta t_h^* = \left(\frac{R_h^*}{R_{tp}^*} - W_{100}^s\right) / (dW_t^s/dt)_{t=100}$$

$$= \left(\frac{34.6005}{25.5887} - 1.39260795\right) / 0.00386651$$

$$= -10.46 \text{ (mK)}$$

B. 计算被校铂热电阻的 R'_{100}

被校铂热电阻在冰点槽测得的电阻 $R_h = 138.4563\Omega$；被校铂热电阻在 100℃时，电阻值对温度的变化率 $(dR/dt)_{t=100} = 0.37928\Omega/℃$；用铂电阻测得的恒温槽实际温度的平均值 $R_h^* = 138.5582\Omega$。则：

$$R'_{100} = R_h - \Delta t_h^* \times (dR/dt)_{t=100}$$

$$= 138.5582 - (-0.01046) \times 0.37928$$

$$= 138.5542 \ (\Omega)$$

C. 计算被校热电阻 100℃的温度偏差 Δt_{100}

$$\Delta t_{100} = \frac{R'_{100} - R_{100}}{(dR/dt)_{t=100}}$$

$$= \frac{138.5542 - 138.506}{0.37928}$$

$$= 0.13 \ (℃)$$

B 级铂热电阻的允差为±0.8℃，所以在 100℃时该铂热电阻在允差范围内。

从计算可知：R'_0 和 R'_{100} 是符合允差要求的，然后就要检查 α 的符合性。

③ 实际电阻温度系数 α 的计算

被检热电阻的实际电阻温度系数 α，可以用 R'_0 和 R'_{100} 按 α 的定义计算获得。即：

$$\alpha = \frac{R_{100} - R_0}{R_0 \times 100} ℃^{-1} = (W_{100}^t - 1) \times 10^{-2} ℃^{-1}$$

$$= \left(\frac{138.5542}{99.915} - 1\right) \times 10^{-2} ℃^{-1}$$

$$= 0.003867$$

即 $\alpha = 0.0038680$。

$$\Delta\alpha = \alpha - \alpha_{标称}$$

$$= 0.003867 - 0.003851$$

$$= 0.000016$$

B 级铂热电阻 $\Delta\alpha$ 的允许范围为：$-0.0000094 \sim +0.0000186$，因此，该铂热电阻符合 B 级要求。

在现场常用的一种热电阻阻值测量方法

在 JJG229—2010 规程实施前，在现场常用图 9-9 的方法，对热电阻感温元件和标准铂热电阻的阻值进行测量，来对热电阻的 R_0 及 R_{100} 进行校验。考虑到一些企业的实际情况，对其做一介绍。

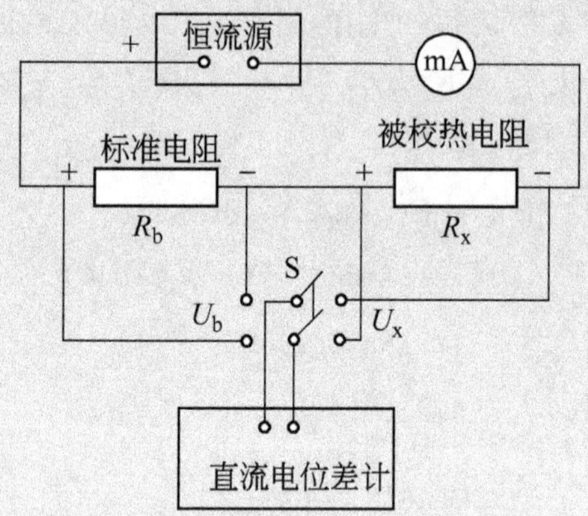

图 9-9　测量热电阻阻值接线图

图中的恒流源可用成品，也可以用干电池及可调电阻组成，只要流过热电阻的电流小于 5mA 即可。通过切换开关 S，交替测量被校热电阻 R_x 和标准铂电阻 R_b 的电阻值，可交替重复测量 4 次，分别取平均值作为测量结果。然后通过实测的 U_x、U_b 值，可计算出 R_x 及 R_b 值。如被校热电阻 R_x 的计算方法如下：

$$R_x = R_b \frac{U_x}{U_b} \tag{9-11}$$

9.6 温度变送器的调校技能

热电偶和热电阻温度变送器大多采用两线传送方式，外形基本是一样的。基本误差有±0.2%，±0.5%，智能型的为±0.2%且具有 HART 通信功能。每个温度变送器只能配合一种分度号的测温元件使用。在调校前需要搞清楚，在量程范围内该温度变送器的输出电流信号，是与被测温度成线性关系，还是与输入的电信号成线性关系。

本书介绍的调校方法是以不带温度传感器的一体化温度变送器为例。该方法是以精密电阻箱、直流标准电位差计作为标准信号源，模拟测温元件随温度变化而改变电量值的方法来进行校准。用此方法时，还必须对热电偶或热电阻再单独进行校准。

温度变送器的校准方式

温度变送器的校准分为：带温度传感器校准和不带温度传感器校准两种方式，分述如下。

(1) 不带温度传感器的校准方式

用标准仪器(直流电阻箱，直流电位差计)代替与温度变送器相配用的热电阻和热电偶，通过改变标准仪器的电阻值，或直流毫伏值，来测量温度变送器输出值的方式进行校准，在温度变送器量程范围内校准点不少于5点，正反程循环次数不少于3次，对测量结果进行处理后，计算出温度变送器的示值误差。此方式的校准结果是温度变送器和模拟信号源两者的综合结果，不包含温度传感器的不确定度。这是最常用的方式。

(2) 带温度传感器的校准方式

是将温度传感器与温度变送器一起进行校准，是靠改变恒温设备温场的温度来测量温度变送器的输出值，校准点数和正反程循环次数同上法，计算出温度变送器的示值误差。此方式的校准结果是温度变送器和温度传感器的综合结果。此法是用来校准带温度传感器的一体化温度变送器，对于架装式、墙挂式温度变送器则很少采用。

9.6.1 热电偶温度变送器调校方法

(1) 热电偶温度变送器调校接线

热电偶温度变送器调校接线如图9-10所示。

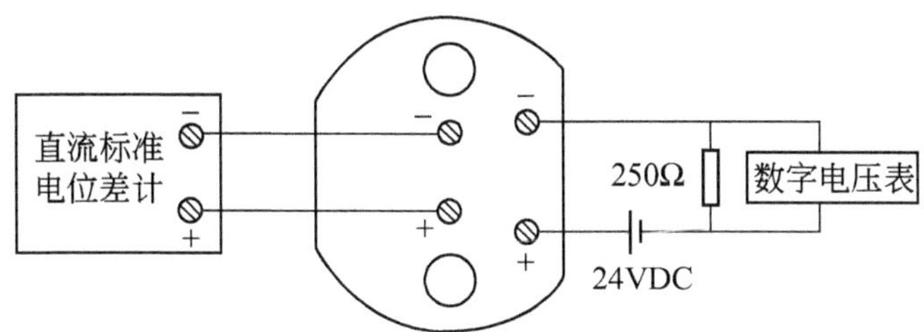

图9-10 热电偶温度变送器调校接线图

(2) 热电偶温度变送器的调校方法

① 调校时，在变送器输入端接入直流标准电位差计，电位差计的输出信号为电动势，在输出端接上24VDC稳压电源，并在负载电阻两端并联接上标准数字电压表。

② 先调零。反接信号输入线，使电位差计输出校验现场室温（严格讲是温度变送器接线端子处的环境温度）对应的电动势。调整变送器零点电位器，使数字电压表读数为1.000V，使变送器的输出为4mA。

③ 再调满量程。正接信号输入线，使电位差计输出满量程对应的电动势，调整满量程电位器，使数字电压表读数为5.000V，即输出为20mA。注意：该电动势为量程满度的电动势减去室温对应电动势后的值。

④ 调校实例：对一台配 K 分度号热电偶，量程为 0～1000℃的温度变送器进行校准。校准现场室温为 7℃，通过查热电偶分度表，7℃对应热电势为 0.277mV，1000℃对应热电势为 41.269mV，反接后，电位差计输出 0.277mV，调整零点电位器，使数字电压表读数为 1.000V 则变送器输出为 4mA。改为正接，使电位差计输出读数为 40.992mV（41.269～0.277mV），调整满量程电位器，使数字电压表读数为 5.000V，则变送器输出为 20mA。

⑤ 零点和满量程调校完成后，就可以进行全量程范围的校准工作。调校时变送器全量程范围内的校准点数不能少于 6 点，并且要均匀分布。

⑥ 校准时，先输入各个校准点温度对应的标准毫伏信号值，再测量变送器的输出值。从温度下限开始平稳地输入各被校点对应的毫伏信号值，读取并记录变送器的输出值，直至温度上限；然后再从上限到下限平稳改变输入信号至各个被校点，读取并记录变送器的输出值直至温度下限。如此进行三个循环的测量。在接近被校点时，输入信号时应尽量缓慢，以避免出现过冲现象，根据记录就可进行测量误差的计算，计算方法下节介绍。

⑦ 调校中如果参考端温度不稳定时，为保证变送器有正确的冷端补偿功能，模拟毫伏输入信号值可用下式计算。

$$E(t,t_1)=E(t,t_0)-E(t_1,t_0) \tag{9-12}$$

式中 $E(t,\ t_1)$——测量端温度为 t，参考端温度为 t_1 时模拟输入毫伏电势值；

$E(t,\ t_0)$——测量端温度为 t，从热电偶分度表上查出的毫伏电势值；

$E(t_1,\ t_0)$——测量端温度为 t_1，从热电偶分度表上查出的毫伏电势值。

⑧ 对于量程可调式变送器，改变量程时零点与满量程需反复调试；热电偶变送器在调试前需要预热 30min。

9.6.2 热电阻温度变送器调校方法

（1）热电阻温度变送器调校接线

内引线是热电阻元件自身具备的引线方式，其通常位于保护管内。热电阻元件的内引线有两线、三线、四线制三种。因此，在调校时其接线方式也略有差别。图 9-11 与图 9-12 是与两线、三线制热电阻元件配合使用的热电阻温度变送器调校接线图。

（2）热电阻温度变送器的调校方法

① 调校时，在变送器输入端接入标准电阻箱，标准电阻箱的输出信号为电阻值，在输出端接上 24VDC 稳压电源，并在标准电阻两端并联接上标准数字电压表。

② 先调零。改变电阻箱的电阻值，使之等于量程的下限值，调整零点电位器，使数字电压表读数为 1.000V，使变送器的输出为 4mA。

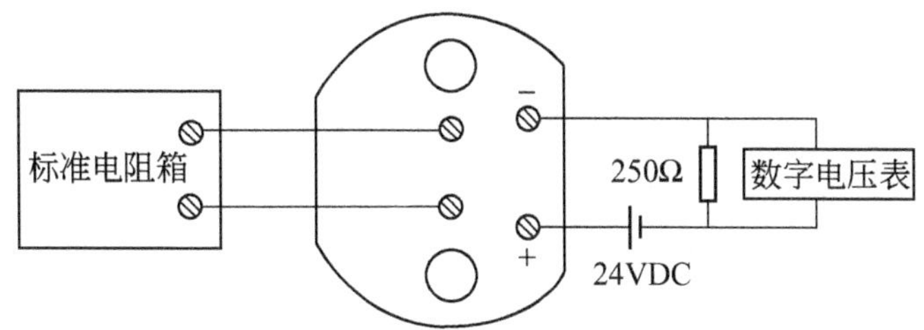

图 9-11 两线制热电阻温度变送器调校接线图

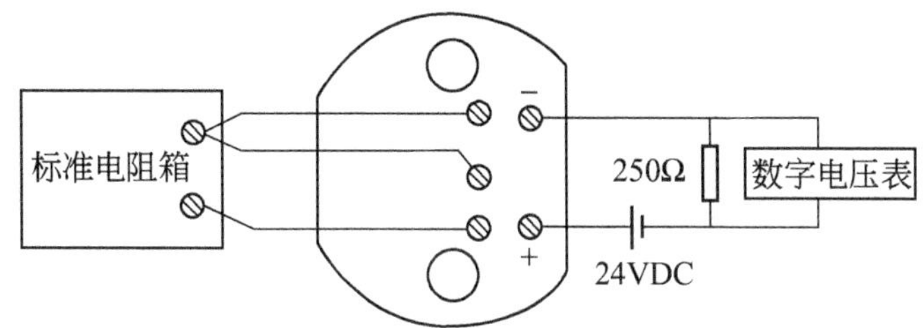

图 9-12 三线制热电阻温度变送器调校接线图

③ 再调满量程。改变电阻箱的电阻值，使其等于量程的上限值，调整满量程电位器，使数字电压表读数为 5.000V，即输出为 20mA。

④ 调校实例：如有一台输入配 Pt100 热电阻，量程为 0～400℃的温度变送器。正确接线后，标准电阻箱输出 100Ω 时，调整零点电位器，使数字电压表读数为 1.000V，使变送器输出电流为 4mA。调整电阻箱使其输出电阻值为 247.09Ω（即热电阻在 400℃时所对应的电阻值），调整满量程电位器，使数字电压表读数为 5.000V，使变送器的输出电流为 20mA。

⑤ 零点和满量程调校完成后，就可以进行全量程范围的调校工作。调校时变送器全量程范围内的校准点数不能少于 6 点，并且要均匀分布。

⑥ 校准时，先输入各个校准点温度对应的电阻信号值，再测量变送器的输出值。从温度下限开始平稳地输入各被校点对应的电阻信号值，读取并记录变送器的输出值，直至温度上限；然后再从上限到下限平稳改变输入信号至各个被校点，读取并记录变送器的输出值直至温度下限。如此进行三个循环的测量。在接近被校点时，输入信号时应尽量缓慢，以避免出现过冲现象，根据记录就可进行测量误差的计算，计算方法下节介绍。

（3）误差的计算方法

按国家计量技术规范《JJF 1183—2007 温度变送器校准规范》中，“6 校准项目和校准方法第 6.2.1.2 条”规定，有带传感器和不带传感器两种校准方法和测量误差的计算公式，现摘录于下。

① 不带传感器的温度变送器校准时，测量误差的计算公式如下：

$$\Delta A_t = A_d - \left[\frac{A_m}{t_m}\left(t_s + \frac{e}{S_i} - t_0\right) + A_0\right] \tag{9-13}$$

式中 ΔA_t——变送器各被校点的测量误差（以输出的量表示），mA 或 V；

A_d——变送器被校点实际输出值，取多次测量的平均值，mA 或 V；

A_m——变送器的输出量程，mA 或 V；

t_m——变送器的输入量程，℃；

A_0——变送器输出的理论下限值，mA 或 V；

t_s——变送器的输入温度值，即模拟热电阻（或热电偶）对应的温度值，℃；

t_0——变送器输入范围的下限值，℃；

e——补偿导线修正值，mV；

S_i——热电偶的塞贝克系数，为常数，mV/℃。

② 带传感器的温度变送器校准时，测量误差的计算公式如下：

$$\Delta A_t = A_d - \left[\frac{A_m}{t_m}(t - t_0) + A_0\right] \tag{9-14}$$

式中 ΔA_t——变送器各被校点的测量误差（以输出的量表示），mA 或 V；

A_d——变送器被校点实际输出的平均值，mA 或 V；

A_m——变送器的输出量程，mA 或 V；

t_m——变送器的输入量程，℃；

A_0——变送器输出的理论下限值，mA 或 V；

t——标准温度计测得的平均温度值，℃

t_0——变送器输入范围的下限值，℃。

对于一般应用现场的例行检查校验，而变送器又没有超过规定的检定或校准期限时，要求不是太高时，也可按调校所得的数据来计算温度变送器的基本误差。并取测量误差中最大值作为变送器的基本误差，这时可以把测量误差的计算进行简化，基本误差 ΔA_t 和回差 $|\Delta|$ 的计算公式如下：

$$\Delta A_t = \frac{I_{正(反)} - I}{A_m} \times 100\% \tag{9-15}$$

$$|\Delta| = \frac{|I_{正} - I_{反}|}{A_m} \times 100\% \tag{9-16}$$

式中 ΔA_t——变送器各被校点的测量误差（以输出的量表示），mA 或 V；

A_m——变送器的输出电流量程，mA；

$I_{正(反)}$——变送器被校点正、反行程的实际输出值，mA；

I——各校验点所对应的变送器输出值的标称值，mA。

9.7 流量积算仪的调校技能

流量积算仪产品型号较多，有专用的配套积算仪，也有通用的积算仪，很多数字显示仪都兼有流量显示及积算功能。与积算仪配套的传感器或变送器有标准节流装置、电磁、超声波、涡轮、涡街等。与之相配的流量输入信号有脉冲信号、频率信号，DC 电流 0～10mA，4～20mA；DC 电压 0～5V；1～5V 信号；有温度、压力补偿功能的积算仪还可接入温度及压力信号。

（1）流量积算仪调校接线

先按图 9-13 接好线，这是一个通用接线示意图，可根据流量积算仪对应的产品及输入信号类型进行接线即可。通电预热后就可进行校准。

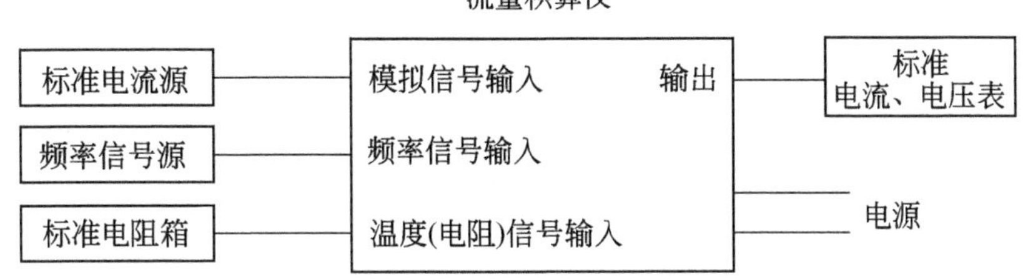

图 9-13　流量积算仪调校接线示意图

（2）流量积算仪的调校方法

① 瞬时流量的校准

根据流量传感器或变送器的量程，在全量程范围内平均选择 6 个点，如 0%、20%、40%、60%、80%、100%，分别输入对应的信号；对于具有压力、温度补偿功能的，则选择在设计的工作状态下，应在压力不变，温度在设计范围内任取两点，流量为最大，温度不变，压力在设计范围内任取两点，流量为最大情况下分别进行两次校准。按选取的校准点，对积算仪做两次循环测量。

根据测量结果计算每个流量点 E_{ni} 或 E_{ci} 的误差，模拟信号输入的按式(9-17) 计算，频率信号输入的按式(9-18) 计算，对照积算仪的精度等级，看其是否满足误差要求。

$$E_{ni}=\frac{q_i-q_{si}}{q_{max}}\times 100\% \tag{9-17}$$

$$E_{ci}=\frac{q_i-q_{si}}{q_{si}}\times 100\% \tag{9-18}$$

式中　q_i——该流量校准点的流量积算仪示值；

q_{si}——该流量校准点的流量的理论计算值；

q_{max}——该积算仪在设计状态下最大流量。

以上公式中的 q_{si} 的计算应根据使用流量计的型式及被测介质在校准点实际工况，依据该种流量计国家有关标准和计量检定规程计算，在《JJG 1003—2005 流量积算仪表检定规程》的附录 B 中，对流量计的脉冲频率。温度、压力。密度等测量参数的选取做出了统一规定，在具体计算时可参照该规程进行。

② 累积流量的校准

累积流量的校准可在任何状态下进行。选择流量输入满量程信号，读取 10min 以上的累积流量值。累积流量误差可按下式计算：

$$E_Q=\frac{Q_i-Q_{si}}{Q_{si}}\times 100\% \tag{9-19}$$

式中 Q_i——积算仪累积流量示值；

Q_{si}——积算仪累积流量理论计算值。

③ 补偿参数的示值误差

根据补偿参数量程的上限值，在全量程范围内平均选择 4 个点，如 20%、40%、60%、80%，分别输入对应的信号，按选取的校准点，对积算仪做两次循环测量。然后按以下公式计算每个校准点的误差：

$$E_{Ai}=\frac{A_i-A_{ni}}{A_{max}}\times 100\% \tag{9-20}$$

式中 A_i——校准点积算仪示值；

A_{ni}——校准点输入信号对应的理论计算值；

A_{max}——输入信号对应的理论计算的最大值。

④ 小信号切除

在切除点附近由低到高缓慢改变输入信号，直至积算仪有对应参数显示，然后缓慢减少输入信号，积算仪有对应参数显示突然降为零。此时的流量值就是小信号切除点，与标准节流装置配套使用的积算仪，小信号切除点应不大于设计工况下最大流量的 8%；与其他类型传感器配套使用的积算仪，小信号切除点应不大于设计工况下最大流量的 5%。

9.8 数字显示仪的调校

数字显示仪表仪表按工作原理可分为：不带微处理器和带微处理器的，其原理结构如图 9-14 所示。

不带微处理器的仪表，通常用运算放大器和中、大规模集成电路来实现有关功

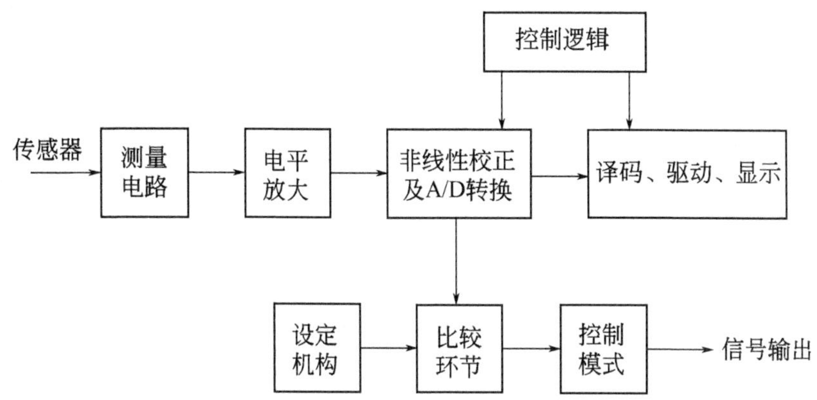

图 9-14 数字显示仪原理结构方框图

能。带微处理器的仪表，是借助软件的方式来实现原理方框图中的功能，所以一台数字显示仪，就可代替以往许多台模拟仪表的功能。

带微处理器的仪表，在调校前大多需要对仪表进行组态设定。这类仪表还有一个特点，基本属于免维护仪表，很多产品不提供用户重新校正仪表的操作。该类仪表大多采用自动数字调零技术，长期使用基本不会产生零漂。但是仪表使用现场环境潮湿、灰尘或腐蚀气体的影响会使仪表产生误差，对仪表内部进行清洁及干燥处理后，通常都能解决问题。因此，对于在用仪表如果调校超差时，可先对仪表进行清洁及干燥处理后再进行调校。

9.8.1 数字显示仪的误差表述及误差计算公式

(1) 最大允许误差的表述

数字显示仪表的最大允许误差与其准确度等级是密切相关的，数字显示仪表最大允许误差的表述方法有三种，相应的准确度等级表示如下。

① $\Delta=\pm\alpha\%FS$ (9-21)

② $\Delta=\pm(\alpha\%FS+b)$ (9-22)

③ $\Delta=\pm N$ (9-23)

式中 Δ——最大允许误差；

α——准确度等级；

FS——仪表量程，即测量范围上、下限之差；

b——仪表分辨率；

N——直接用物理量表述的最大允许误差。

第①种表述方法的仪表准确度等级以 α 表示。

第②种表述方法的仪表准确度等级以 $(\alpha+\frac{100b}{FS})$ 表示，并在 0.1，0.2，0.5，

1.0 中选取。当仪表的量化误差与其他因素引起的综合误差相比可略去时（一般取 $\alpha\%FS \geqslant 10b$），可简化为 α 表示。

第③种表述方法的仪表不用准确度等级表示。

（2）误差计算公式

按《JJG 617—1996 数字温度指示调节仪检定规程》的规定，数字显示仪校准时的误差计算公式如下。

① 寻找转换点法校准时基本误差的计算公式为：

$$\Delta_A = A_d - (A_s + e) \tag{9-24}$$

$$\Delta_t = \Delta_A / \left(\frac{\Delta A}{\Delta t}\right)_{t_i} \tag{9-25}$$

式中 Δ_A——用电量值表示的基本误差，mV，Ω；

Δ_t——换算成温度值的基本误差，℃；

A_d——被校点温度对应的标称电量值，mV，Ω；

A_s——校准时标准仪器的示值，mV，Ω；

$\left(\frac{\Delta A}{\Delta t}\right)_{t_i}$——被校点 t_i 的电量值—温度变化率，mV/℃，Ω/℃；

e——对具有参考端温度自动补偿的仪表，e 表示补偿导线 20℃时的修正值，mV；不具有参考端温度自动补偿的仪表 e 为 0。

② 输入被校点标称电量值法校准时基本误差的计算公式为：

$$\Delta_t = t_d - \left[t_s + e / \left(\frac{\Delta A}{\Delta t}\right)_{t_i}\right] \pm b \tag{9-26}$$

式中 t_d——仪表显示的温度值，℃；

t_s——标准仪器输入的电量值所对应的被校温度值，℃；

$\pm b$——b 的定义同式(9-22)。+、－符号应与前两项的计算结果的符号相一致。

9.8.2 数字显示仪校准方法

（1）数字显示仪的校准接线

按图 9-15 接好线，与热电偶配用的仪表，都具有热电偶参考端温度自动补偿功能，因此校准应采用补偿导线法。当使用直流毫伏发生器时，可按图中的虚线并联接入电路，并且用标准直流电位差计来读取毫伏电压值。

直流电压输入的仪表，校准时的接线如图 9-16 所示。与热电偶配用的仪表，当不具有参考端温度自动补偿的，及具有参考端温度自动补偿的，也可按图 9-16 进行接线，这样的接线属于测量输入接线端子处温度校准法。当校准直流电压输入的仪表时选择标准直流电压信号源，当校准热电偶输入的仪表时选择标准直流电位差计。

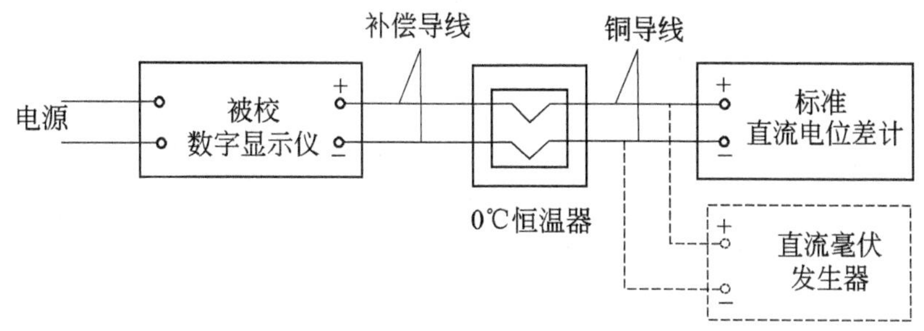

图 9-15　补偿导线法校准接线示意图

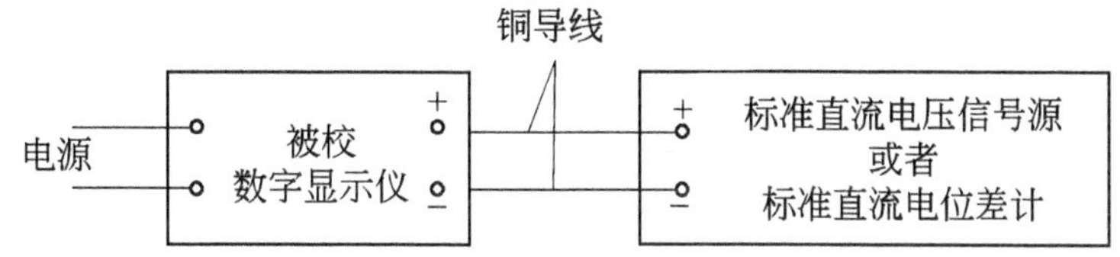

图 9-16　直流电压输入仪表校准接线示意图

与热电阻配合使用的仪表，包括与电阻型传感器配合使用的仪表，校准时的接线如图 9-17 所示。

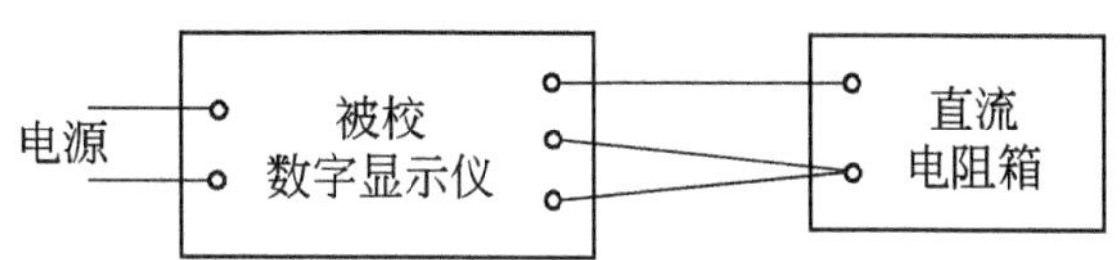

图 9-17　热电阻输入仪表校准接线示意图

(2) 数字显示仪的校准

现在的数字显示仪大多使用微处理器，很多是万能输入型的，即一台仪表就能接收许多类型的输入信号，厂商通常称这类仪表为“智能数字显示控制仪”，因此，在校准前要根据仪表接入的信号类型、量程显示范围、报警控制方式、控制输出信号类型等参数进行设定。只有设定完成后才能进行校准工作。

这里介绍基本误差的校准。

通电预热 15min，具有参考端温度自动补偿的仪表为 30min。然后进行基本误差的校准。校准点包括上、下限在内不少于 5 个点。数字显示的仪表校准点应选择为整数点。

① 寻找转换点校准法

校准时，在被校点附近用增大（上行程）和减小（下行程）输入电量值的循环输入方式，找出被校点刚要转变的 4 个对应的输入量，用同样的方法重复测量一次。取两次测量中误差最大的作为该仪表的最大基本误差。

图 9-18 是寻找转换点方法的示意图。有一台分度号为 Pt100，$3\frac{1}{2}$位，0.5 级，

标称量程 0～200℃的仪表，以校准 50℃时为例，具体操作方法是：在上行程时增大电阻箱的输入信号，当显示值接近 50℃时应缓慢增加输入量，当显示刚能稳定在 50.0℃时，即找到了图中的 A_1 点，再逐渐增加输入量，当显示值刚要转变到 50.1℃时，即找到了对应的转变点 A_2。下行程时，逐渐减小输入信号，再找到转变点 A_1' 及 A_2'，A_1' 为下行程时显示刚能稳定在 50.0℃时所对应的输入电阻值；A_2' 为下行程时，显示离开 50.0℃刚要转变到 49.9℃时所对应的输入电阻值。校准时，如此重复进行 1～2 次。

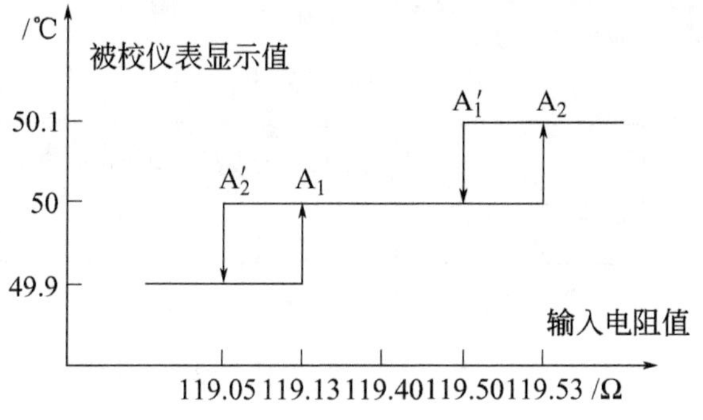

图 9-18 转换点寻找示意图

图中被校点 50℃的基本误差的计算，应从 A_1、A_2、A_1'、A_2' 中取一个偏离 50℃所对应的分度值 119.40Ω 最大的值作为计算的依据，则：

$$\Delta=119.05-119.4=-0.35\ (\Omega)$$

所以被校表在 50℃处的绝对误差为 0.35Ω。查表知，50℃处的 $\left(\frac{\Delta A}{\Delta t}\right)_{t_i}$ 值为 0.385Ω/℃。将有关数据代入式（9-25）中，则该表在 50℃处的基本误差为：

$$\Delta_t=\Delta_A/\left(\frac{\Delta A}{\Delta t}\right)_{t_i}$$
$$=-0.35/0.385=-0.9\ (℃)$$

已知该表的标称量程为 0～200℃、精度为 0.5%、由于该表带一位小数，故标称分辨率 $b=0.0385\Omega/1$ 个字。该表的基本误差可用式(9-22) 进行计算，则：

$$\Delta=\pm(\alpha\%FS+b)$$
$$=\pm(175.86-100)\times0.5\%+0.0385$$
$$=\pm0.4178\Omega\approx1.09℃$$

从以上计算结果知该表在被校点 50℃处的基本误差是合格的。

② 输入被校点标称电量值法

如果仪表的分辨率小于其允许基本误差的 20%时，可采用本方法，使用中的仪表也可采用本方法。满足不了上述要求时，则只能采用寻找转换点法进行校准。

操作时，从量程下限开始增大输入信号（上行程时），分别给仪表输入各被校点温度所对应的标称电量值，读取仪表相应的显示值，直至量程上限；然后减小输入信号（下行程时），分别给仪表输入各被校点温度所对应的标称电量值，读取仪表相应的显示值，直至量程下限。下限值只进行下行程的校准，上限值只进行上行程的校准。用同样的方法重复测量一次，取两次测量中误差最大的作为该仪表的最大基本误差。

③ 测量接线端子处温度法

本法操作简单方便，但前提是：与热电偶配用的仪表，有参考端温度自动补偿功能，精度为 1.0 级及以下的数字显示仪，才允许采用本方法进行校准。

校准前先测量出仪表输入接线端子处温度，然后按“B. 输入被校点标称电量值法”的方法进行校准。校准结束后再测一次接线端子处温度，取前后两次温度的平均值作为计算基本误差时的接线端子处温度，前后两次温度之差不应大于仪表允差的 1/5。校准下限值时，必须将输入信号反极性接到仪表输入端，使仪表显示为下限值，读取标准器示值（此值为负值）。基本误差可按“9.9 记录仪的调校”中的式(9-27）计算。

9.9 记录仪的调校

记录仪按结构原理有自动平衡式和直接驱动式两类；有模拟、数字两种显示方式，模拟显示有指针指示和光柱指示，模拟记录有划线记录和打点记录；数字显示或数字记录。有的记录仪则是模拟、数字两种方式的混合。按记录方式，可分为有纸、无纸，单笔、多笔、打点仪表。有的记录仪还有位式控制、PID 控制功能。记录仪虽然结构和品种繁多，但其调校方法基本是一样的，只是输入信号不同时，调校接线略有区别。

(1) 记录仪的调校接线

输入为热电偶信号的温度记录仪，当具有参考端温度自动补偿时，应采用补偿导线法校准。按图 9-19 接线。通电预热后就可进行校准。

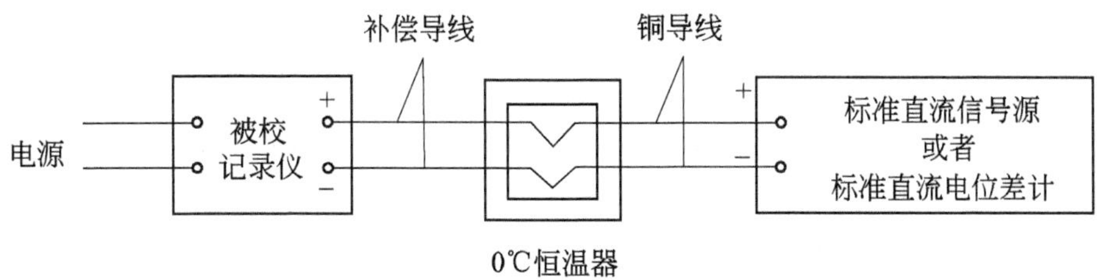

图 9-19　补偿导线法校准接线示意图

输入为热电偶信号的温度记录仪，但不具有参考端温度自动补偿时，可按图 9-20 接线。本接线法也用于输入信号为直流电压的记录仪。

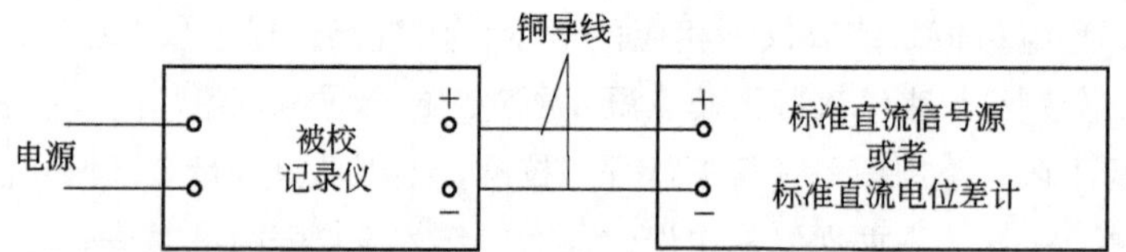

图 9-20　输入信号为直流电压时校准接线示意图

输入为热电阻信号的温度记录仪，应采用三线制接线，如图 9-21 所示。

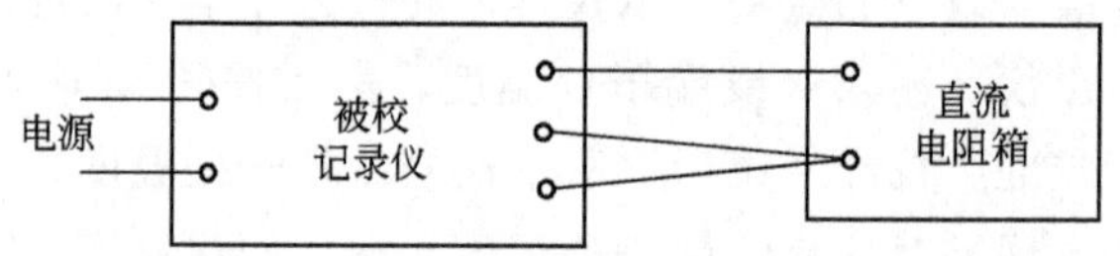

图 9-21　输入为热电阻信号时校准三线制接线示意图

(2) 记录仪的调校方法

按 JJG 74—2005 规程的规定，使用中的记录仪可以只做指示基本误差、记录基本误差、设定点误差项目的校准，具体操作方法如下。

① 通电预热 15min，具有参考端温度自动补偿的仪表为 30 分。

② 校准点应包括上、下限值在内不少于 5 个点。数字显示的仪表，校准点应选择为整百度或整十度；模拟显示的仪表，校准点应选择主刻度。下限和量程可调的仪表在校准前应作相应的调整。

③ 模拟记录仪的校准

A. 基本误差的校准

校准时，指示值从下限值开始，逐步增加输入信号，使指针依次缓慢地停在各被校刻度点上直至量程上限值，分别读取标准仪表的示值；然后，逐步减小输入信号，进行下行程的校准直至量程下限值，上行程时下限值可不校，下行程时上限值可不校；按上述操作进行一个循环，把所有的读数记录下来，就可对基本误差进行计算了。

对线性刻度，其基本误差的计算公式是：

$$\Delta_V = V_d - (V_s + e/S_i) \tag{9-27}$$

式中 Δ_V——上（下）行程时的指示或记录的基本误差（记录仪刻度标尺的计量单位）；

V_d——仪表被校点刻度标尺标记的量值；

V_s——标准器示值，如标准器示值为电量值时，应将其换算成仪表刻度标尺的计量单位所对应的量值；

e——校准热电偶输入信号的仪表，且具有参考端温度自动补偿时，所用补偿导线 20℃时的修正值，校准其他输入信号的仪表时 e 取 0；

S_i——$S_i = \left[\frac{dA}{dV}\right]_{V_i}$，各校准点上电量相对于其他相关量（如℃）的变化率。

B. 记录基本误差的校准

划线记录仪表。校准应在有数字的记录标尺刻线上进行，走纸速度可任意选择，操作方法同上。多笔仪表应逐笔进行校准。

打点记录仪表。校准时，走纸速度可任意选择；有多档打印速度的仪表，应在最快和最慢两种打印速度下分别进行校准。按规定接线时，首先将所有输入端的同名端短接，然后分别输入各被校点的信号，待所有印点打印四个循环后找出偏离被校点最远印点的通道；通过改变输入信号的办法使该通道的印点落在被校点的刻度标尺上，读取标准器的示值。

④ 数字记录仪显示、记录误差的校准

可按《JJG 617—1996 数字温度指示调节仪检定规程》中输入被校点标称电量值的方法进行校准。使用中的仪表可只进行一个循环的校准，具体操作可参考本章的“9.8.2 数字显示仪校准方法”一节。

多通道、多量程的仪表，可以在同一输入类型通道中任选一个通道进行校准，校准完毕后，要对其余通道的上下限值进行复校。当通道间的信号转换完全是通过扫描开关完成的，可以将输入同名端分别短接后进行校准，否则不能短接。

⑤ 设定点误差的校准

校准应在测量范围的 10％、50％和 90％附近的设定点上进行。数字仪表设定点应调整在整百度或整十度；模拟仪表设定点应调整在刻度标尺有数字刻度上。

从下限值开始逐渐增加输入信号，使指示值接近设定点，当继电器动作，输出状态发生变化，此时测得的输入信号值即为上切换值 A_1，继续增加输入信号，使指示值超越设定点，然后逐渐减小输入信号，使指示值接近设定点，当继电器恢复动作，输出状态发生变化，此时测得的输入信号值即为下切换值 A_2。如此进行一个循环的校准。

位式控制只用于报警的仪表，上限报警点只要测得上切换值 A_1，下限报警点只要测得下切换值 A_2。

设定点误差按以下公式计算。

$$\Delta_{SW}=\left(\frac{A_1+A_2}{2}+e\right)-A_{SP} \tag{9-28}$$

式中　Δ_{SW}——用仪表输入信号的计量单位表示的设定点误差；

A_1、A_2——上、下切换值（电量值）；

A_{SP}——仪表设定值对应的标称电量值。

9.10 调节器的调校

9.10.1 调节器调校预备知识

在过程控制中，当被控参数受到干扰而偏离给定值时，调节器接收了偏差信号后，会使输出发生变化，以改变调节参数，使被控参数回到给定值。在控制系统稳定后，调节器的测量值仍然等于给定值，但是调节器的输出却改变了。对具有积分作用的调节器，当测量值等于给定值时，其输出能稳定在任一数值上；调节器的这种性能我们称它为控制点。在调节器输出稳定在任一数值时，测量值与给定值之差被称为控制点偏差，控制点偏差又称为调节精度。调节器调校的目的就是使其调节精度在规定的范围内。对模拟调节器而言，其调节精度取决于积分增益的大小，当然也与影响调节器误差的所有指标有关，如零漂，稳定性，环境温度、电源电压变化等因素。在模拟调节器中比例度刻度的误差与电阻元件的质量及稳定性有关，而积分时间误差，微分时间误差与电容器的质量及稳定性有关。但在智能调节器中PID是由软件来实现的，其稳定性及刻度误差大大优于分立元件构成的PID电路。

实践表明，只有调节器参数的刻度值与实际值相差不多时，整定调节器参数才能达到预期的效果。调节器的调校项目可分为：给定、测量、输出指示的误差校准；调节器手/自动切换、手动操作、自动跟踪的检查校验；比例度、积分时间、微分时间刻度误差校准及调节器闭环跟踪精度校准三大部分。此外调节器的正反作用，内、外给定作用也是必须检查的，因为它关系到控制系统的组成和正常运行。调节器输出信号的范围将直接影响调节阀的开度，如调节阀能不能全开或全关，因此，对调节器的输出信号范围要进行检查，并要求输出信号上升、下降平滑连续。

模拟调节器曾是过程控制的主力，但随着DCS及智能调节器的推广应用，模拟调节器在过程控制中的应用有所减少。但智能调节器的调校目前还不太规范，如：厂家提供的智能调节器用户手册只介绍编程组态，几乎没有提及调校问题；目前还没有智能调节器检定、校准的国家标准或规范，只有一些行业规程。依据国家标准《GBT 26156.2—2010 工业过程测量和控制系统用智能调节器》第2部分性能评定方法的规定，智能调节器的性能检查中的比例、微分、积分作用，手动/自动切换试验所采用的方法，要求按照《GB/T 20819.1—2007 工业过程控制系统用模拟信号控制器》第一部分性能评定方法进行试验。智能调节器的PID算法虽然已用软件来实现，但其调校方法目前还是要以电动模拟调节器的调校原理来进行。故本书仍以DTZ—2100全刻度指示调节器为例，对调校方法进行介绍。只要懂了模拟调节器的调校原理及方法，对于智能调节器也就可以参照进行调校了。

9.10.2 调节器的开环调校

先按图9-22接好线，通电预热后即可进行调校。

(1) 指示误差的校准

指示误差的校准包括：给定、测量、输出指示误差的校准。给定和测量指示误差的校准不应少于5个等分点；输出指示的校准不应少于3个点。调节器置手动1，P置500%，D置关，测量/校正开关置测量。

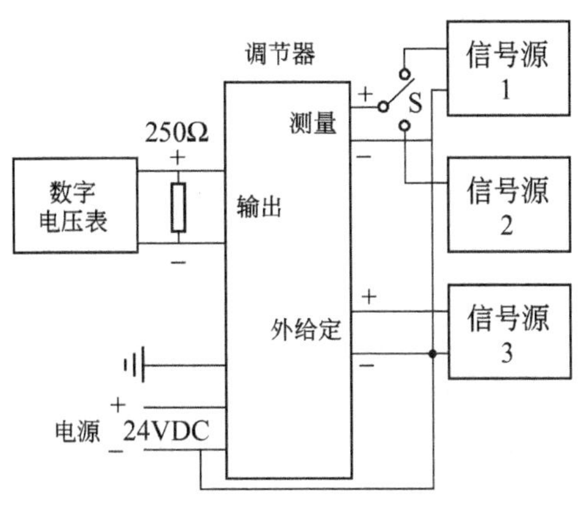

图 9-22 调节器开环调校接线示意图

① 给定指示的校准 内/外开关置外给定位置。调节信号源 3，增大输入信号，使给定指针依次缓慢地停在被校点分度线上，操作中不要超过分度线后再返回；读取数字电压表的示值。然后减小输入信号，用相同的方法进行反方向校准。如误差超过允许值，则输入 1.000V 信号，调指示单元板上的电位器 W6，再输入信号 5.000V，调电位器 W2，并重复上述步骤，直至合格为止。

② 测量指示及回程误差的校准 调节信号源 1，用上述相同的方法进行测量指示校准。若误差超过允许值，则反复调指示单元板上的零位电位器 W5 和满度电位器 W1，直至合格。但要注意的是 W1 和 W5 是互相牵制的。回程误差校准与指示误差校准可同时进行。即正向与反向校准时，同一被校分度线上数字电压表的示值之差，取其中的最大值即为回程误差。

③ 输出指示的校准 调节器置手动 1。操作手动 1 按钮，使输出增加并缓慢地停在 20%、50%和 100%刻度线上，在数字电压表上读取仪表输出示值，如误差超过允许值，则操作手动 1 按钮，使数字电压表为 1.000V，调整输出表的调零螺钉，使指针指示为 0%。

(2) 调节器的各种操作校准

调节器的各种操作校准包括：调节器手/自动切换、手动操作、自动跟踪的检查校准等。

① 手动 1 操作及保持特性校准 操作手动 1 按钮，使输出为 0%，然后按手动 1 增加按钮，同时启动秒表计时，当输出变化至 100%时，停止计时，秒表示值应为 6～8s。操作手动按钮，在数字电压表上读取示值，使仪表输出为 5.000V，经过 1h 后再读取数字电压表示值，其值与 1h 之前的示值之差应不大于 40mV。

② 手动 2 拨杆误差校准 校准不少于 3 个点，分别为 0%、50%和 100%。调节器置手动 2，操作手动 2 拨杆，使拨杆指针上的红线分别对准 0%，50%和 100%刻度线，从数字电压表上读取示值，其值应分别为 1.000V、3.000V 和 5.000V±200mV。如误差超过允许值，则按以下方法调整：手动 2 拨杆对准 0%刻度线，调整控制单元板上的电位器 W6 使输出为 1.000V，手动拨杆对准 100%刻度线，调电位器 W7，使输出为 5.000V。重复上述步骤，直至合格为止。

③ 自动⇆手动 1 双向无平衡无扰动切换校准 调节器置手动 1，使输出为 3V，

调节信号源 1 和 3，可为任意值，使其输出信号相等，即偏差为零。将自动/手动开关置自动，记下调节器输出值，开关切换前后输出之差不大于±20mV。开关再由自动拨至手动 1，开关切换前后输出之差仍不大于±20mV。

④ 手动 1→手动 2 平衡无扰动切换校准　调节器置手动 1，使调节器输出为任意值，拨动手动 2 拨杆，使拨杆指针的刻度对准输出指示表指针。将手动/自动开关由手动 1 切换至手动 2，开关切换前后，调节器输出值的变化量不应大于±200mV。

⑤ 手动 2→手动 1 无平衡无扰动切换校准　手动/自动开关置手动 2，拨动手动 2 拨杆，使调节器输出为任意值，然后将开关由手动 2 切换到手动 1。开关切换前后，调节器输出值的变化不应大于±20mV。

同样，手动/自动开关由手动 2 切换到手动 1，再继续切换到自动。调节器输出值的变化仍不应大于±20mV。

(3) 比例度 P、积分时间 T_i、微分时间 T_D 的校准

① 比例度 P 的校准

手动/自动开关置手动 1，使调节器输出为 2V。

内给/外给开关置外给，测量、给定电压均调为 3V，使偏差为零。

D 置关、I 置 2.5 分、×1/×10 开关置×10、正/反开关置正作用。

P 置待校刻度值，校准比例度选择为：500%、100%、2%。

P 置 500%。调节信号源 2，使信号源输出为 5V，手动/自动开关置自动、通过开关 K 切换把信号源 1 切换至信号源 2，记下调节器的输出值，则实测比例度为：

$$P=\frac{\text{偏差阶跃变化值}}{\text{输出阶跃变化值}}\times 100\%$$

由于比例度刻度误差为比例带刻度值的±25%，那么，在已知偏差阶跃变化时，可计算出 P 置某一刻度时，调节器输出的变化范围，当 $P=500\%$时，偏差阶跃变化为 2V，输出值变化 ΔV_o 应为：

$$\Delta V_o=\frac{2}{500\%(1.25\sim0.75)}$$
$$=0.32\sim0.53\text{V}$$

调节器的输出值应为：偏差没有阶跃变化前的输出值加上输出变化值。即 $V_o=2.3\sim2.53$V。

开关 S 置信号源 2，手动/自动开关置手动 1，使调节器输出为 2V。

P 置 100%，手动/自动置自动，开关 K 切换到信号源 1。调节器的输出值应在 $V_o=3.6\sim4.667$V。开关 S 再切到信号源 2，手动/自动开关置自动，使调节器输出为 2V。

P 置 2%，调节信号源 2，使它的输出为 3.040V，手动/自动开关置自动，开

关 S 切到信号源 1，调节器的输出值应在 V_o＝3.6～4.667V。

② 积分时间 T_i 的校准

手动/自动开关置手动 1，输出为 3V，调节信号源 1，使其输出为 3.5V。

D 置关，*P*＝100%实测值，*I* 置被测值，×1/×10 开关置被测值，正/反开关置正作用，内给/外给置外给或内给。

测量、给定电压均调为 3V，使偏差为零。校准积分时间 T_i 分别为 25min、2.5min、6s。

T_i＝2.5min 的校准

I 置 2.5min，×1/×10 开关置×1。

手动/自动开关置自动，开关 S 由信号源 2 切到信号源 1，同时记录时间，调节器输出值由 3V 阶跃变化到 3.5V，然后在积分作用下线性增加，当输出为 4V 时，停记时间，秒表记录的时间就是实测积分时间，实测积分时间应在 1min53s 至 3min45s 范围内。

开关 S 由信号源 1 切换到信号源 2，手动/自动开关置手动 1，输出 3V，为校准下一个积分时间做好准备。

T_i＝25min 的校准

I 置 2.5min，×1/×10 开关置×10。

操作方法同上，实测积分时间应在 T_i＝18min53s 至 37min30s 范围内。

T_i＝6s 的校准

I 置 0.01min，×1/×10 开关置×10。

操作方法同上，实测积分时间应在 T_i＝4.5～9s。

校准积分时间要注意两个问题

校验时，比例度 P= 100%为实测值，也就是说，调节器置自动，输出 3V，当偏差阶跃变化 0.5V 时，调节器输出由 3V 阶跃变化到 3.5V(比例响应)，然后在积分的作用下，经过一个积分时间 T_i 输出又变化了一个阶跃值，即 0.5V，输出为 4V，如果 P= 100%实测不准，误差会很大。那么，秒表停计时调节器输出不再是 4V。例如，调节器置自动，输出 3V，当偏差阶跃变化 0.5V 时，调节器输出由 3V 阶跃变化到 3.45V(P= 110%)，那么，经过一个积分时间 T_i，调节器输出应是 3.9V。

另外一个问题，在校验 T_i 时，开关 K 切换到信号源 1(偏差为 0.5V)，然后手动/自动开关再切到自动，则调节器输出就没有比例响应，经过一个积分时间调节器输出值应是 3.5V。

③ 微分时间的校准

开关 S 置信号源 2，手动/自动开关置手动 1，调节器输出为 1V，*D* 置关，*P*＝100%。*I* 置 2.5min，×1/×10 置×10，正/反置正，内给/外给置内给或外给。

使调节器测量信号，给定信号均为3V，偏差为零。调信号源1，使其输出为3.25V。D置被测刻度值。

$T_D=10\text{min}$的校准

D置10min，手动/自动开关置自动，开关S由信号源2切换到信号源1，同时记录时间，经过一个$\frac{T_D}{K_D}$时，调节器的输出值V_o应为：

$$V_o=(3.5-1.25)\times e^{-1}+1.25$$
$$=2.075\ (\text{V})$$

那么，实测微分时间T_D应为：$T_D=$实测值$\left(\frac{T_D}{K_D}\right)\times$微分增益$(K_D)$

其中$K_D=10$，校准$T_D=10\text{min}$时，实测值$\frac{T_D}{K_D}$应在45秒至1分30秒范围内。

如连续测几个微分时间时，需要在校准一个微分时间后，将D置最小，开关S置信号源2（偏差为零），调节器置手动1，输出1V，再将D置被校刻度进行测试。

（4）调节器静差的校准

调节器静差校准，又称为调节器闭环跟踪精度校准。其接线如图9-23所示。图为调节器反作用时的接线。

调节器置反作用，手动/自动开关置自动，内/外开关置给定，D关，I置最小，$P=100\%$。

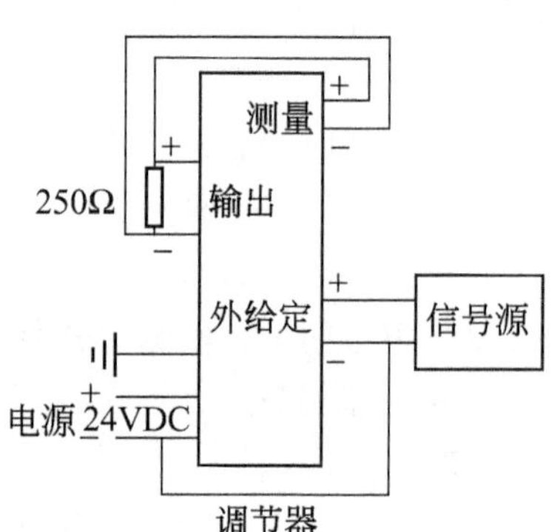

图9-23 调节器静差校准接线示意图

改变给定信号分别为1V、2V、3V、4V、5V，由数字电压表上分别读取测量信号的示值，

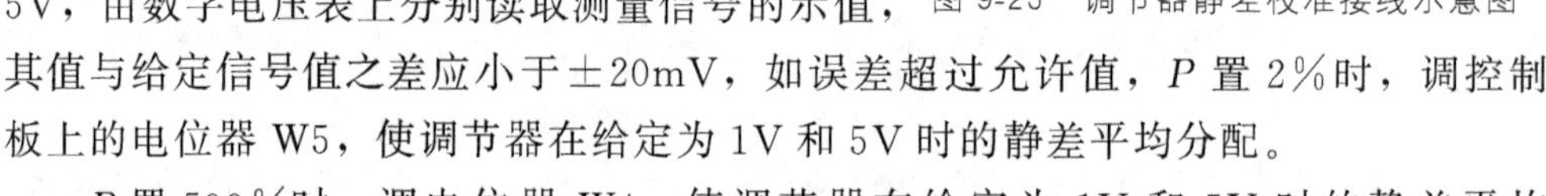

其值与给定信号值之差应小于±20mV，如误差超过允许值，P置2%时，调控制板上的电位器W5，使调节器在给定为1V和5V时的静差平均分配。

P置500%时，调电位器W4，使调节器在给定为1V和5V时的静差平均分配。

重复以上步骤，直到调节器的比例度在设定范围内任意改变，静差变化均不大于±10mV为止。

（5）控制点偏差校准

采用图9-21的接线，控制点偏差校准选10%、50%、90%三个点。

调节器置反作用，手动/自动开关置自动，D关，I置最小。

调信号源3使外给定信号为1.4V（10%），然后调信号源1，使仪表输出分别稳定在20%、50%、80%。输出稳定后，在数字电压表上读取信号发生器1的输出值。信号源1和3的输出值之差即为控制点偏差，其值应小于±20mV。

再将给外定信号分别调至3V（50%）、6V（90%），用上述方法进行校准。

9.10.3 调节器的闭环调校

调节器的开环校验都是在实验室进行，而调节器闭环校验则可在现场仪表盘上直接进行，只要把调节器的输出信号反馈到输入端即可，这样调节器就自成闭合回路，无需外加标准信号及标准仪表，因此具有不用信号源，校验速度快，调校方便等优点。

闭环校验的基本原理是根据调节器开环传递函数来求它的闭环函数，即输出 V_o 与给定 V_s 的关系。当干扰系数 $F=1$，给定信号阶跃变化时，根据调节器的输出 V_o（或 I_o）与时间的规律。实测出比例度、积分时间和微分时间。

按图9-24进行接线，开关及旋钮位置：测量，*D* 关，*P*、*I* 均置最大，反作用，手动1。

（1）输入、输出指示误差调校

开关及旋钮位置同上。为便于观察输入指针（红针）的指示，可置内给，调给定旋钮，使给定指针（黑针）指示0%或100%以外的任一刻度值。按手动1增加、减小按钮，使数字电压表读数为IV和5V，这时输入、输出表应同指0%及100%，不符时可调指示单元板上的零位电位器W5和满度电位器W1，直至合格。

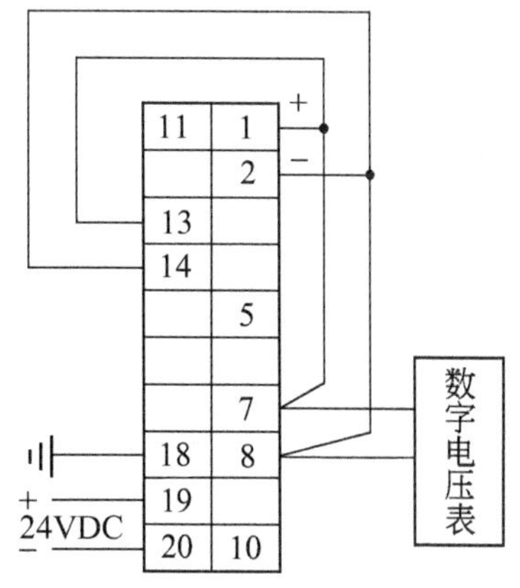

图9-24　DTZ-2100调节器闭环调校接线图

（2）给定指示误差调校

开关及旋钮位置同上。置外给，按手动1增加、减小按钮使给定指针（黑针）指100%及0%，数字电压表读数为5V和1V，不符时可调给定指示单元板上的零位电位器W6和满度电位器W3，直至合格。

（3）各种操作的调校

各种操作调校包括手动1和手动2的操作调校，手动/自动切换输出扰动调校等；其调校方法与开环调校的方法完全相同。

（4）比例度 *P*、积分时间 T_i、微分时间 T_D 的调校

① 比例度 *P* 的调校

开关及旋钮位置：*D* 关，*I* 置2.5min，×1/×10置×10，反作用，手动/自动开关置手动1，*P* 置中间刻度位置，测量。

调给定旋钮使给定指示为100%，按手动1按钮，使输出为0%，然后 *P* 置欲测刻度。内给切至外给，手动切至自动、外给切至内给。

从双针表上读取 ΔV_o 值（百分数）。当给定为100%，*P* 置于500%时，$\Delta V_o=$ 13.9%～26.7%；*P* 置于100%时，$\Delta V_o=$44.4%～57.1%；*P* 置于2%时，$\Delta V_o=$

97.6%～98.5%。

旋钮位置及操作同上。旋转比例度旋钮使数字电压表示值为3.00V，双针指示表为50%，则比例带旋钮所放位置即为100%实测值。

测试比例度时，每测一次，则应置外给，按手动1按钮使输出为0%。为提高调校速度，可将手动2拨杆红线对准输出表0%刻度，测完比例度后将自动切换至手动2，输出迅速回到0%，然后再由手动2切换至手动1，按动手动1按钮使输出准确指向0%，P再置欲测刻度，即可进行下一次的比例度测试。

② 积分时间 T_i 的调校

开关及旋钮位置：D关，反作用，P置100%实测，手动/自动开关置手动1，×1/×10置被测值，测量。

将I置于待测时间，手动1切换至自动，外给切换至内给，同时开始记时，调给定旋钮使给定指示为100%，然后内给切换至外给，手动1按钮使输出为0%，将手动1切换至自动，外给切换至内给，同时开始计时。

完成上述操作后，输出ΔV_o将跃变到50%，当输出ΔV_o变化到70%时，停止计时。所经历的时间就是实际积分时间。调试时，要按照先手1切换至自动，再外给切换至内给的步骤进行操作。

③ 微分时间 T_D 的调校

开关及旋钮位置：D置最小，×1/×10置×10，反作用，P置100%实测，I置2.5分，手动/自动开关置手动1，内给/外给置外给，测量。

调给定旋钮使给定指示为100%，内给切换至外给，按手动1按钮使输出为0%，将D置待测值，手动1切换至自动、外给切换至内给，同时开始计时。

调节器输出阶跃变化到接近100%，然后下降到84%时，停止计时，所经历的时间乘以微分增益K_D即为微分时间。每次测试完毕后，将D置最小，给定置外给，按手动1按钮使输出为0%，然后再测试另一微分时间。

(5) 静差调校

开关及旋钮位置：手动/自动开关置自动，×1/×10置×1，反作用，内给/外给置内给，I置最小，D关，P分别置2%及500%，测量。

调给定旋钮使给定指针（黑针）由0%变化到100%。

输入指针（红针）跟踪给定指针（黑针），以黑针为准，看红针与黑针的重合程度，两针不重合距离不应超过半格。分别测试P在2%及500%的误差值。

9.11 电动执行器的调试

电动执行器是电动执行机构与终端控制器（如调节阀或挡板等）的总称。在使用及调试中两者是紧密相关的，但通常的调试项目又大多集中在执行机构上。现在有了很多新的执行机构产品，如数字式、智能式、智能变频式等。但不论是什么结构形式的执行机构，其主要的部件及基本工作原理仍然如图 9-25 所示。即都要用伺服电动机驱动，要有伺服放大器或者功率控制器，更离不开位置发信器，减速器等部件。只是有的产品还有电机的速度传感器（如图中虚线所示）。

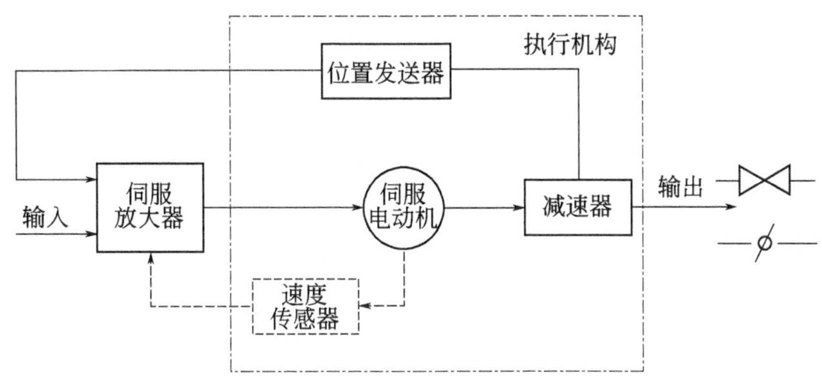

图 9-25　电动执行机构工作原理方框图

不论什么形式的执行机构，调校项目及方法仍有相通之处。即电机的转动方向，限位，阀位信号的调试。

9.11.1　DK 型电动执行机构的调试

国产 DK 型电动执行机构的调试要求是：要按反作用调整位置发送器差动线圈的位置，如对 DKZ 直行程执行机构，当输出轴向上时，反馈电流应增大；还需对行程限位开关进行调试。由于各厂的产品结构略有差别，尤其是位置发送器，有的厂用差动变压器，有的厂用导电塑料电位器，因此在调试时略有区别，现分别介绍如下。

（1）位置发送器用差动变压器的直行程执行机构调试

先按图 9-26 接好线，通电预热后即可进行调试。

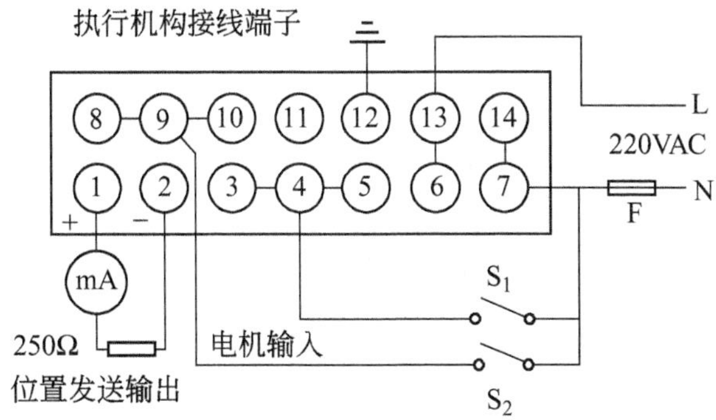

图 9-26　DKZ 直行程电动执行机构调试接线图

安全提示

图 9-25 所示端子接线是不通用的，各个厂的产品其接线端子略有不同，因此，在调试前一定要根据所用产品，阅读相关的说明书，按其所提供的图进行接线，以避免出现接线错误而烧坏执行机构。

（2）调试方法

① 限位调试

送电后电流表应有指示，分别合上 S_1 或 S_2，输出轴应能上、下移动。

合上 S_2，输出轴处于低位置时，松开螺钉，调整下限位开关位置，使其刚好接触“撑板”，触点断开。

合上 S_1，输出轴处于最高位置时，松开螺钉，调整上限位开关位置，使其刚好接触“撑板”，触点断开。

② 位置发送器调试

将出轴移动至最低点，调整差动变压器位置，使其输出电流从大逐渐减小，直至不变化为止。此时调整零点电位器，使输出电流为 3.8～3.9mA，再微调差动变压器使输出电流为 4mA 即可。

（3）位置发送器用导电塑料电位器的直行程执行机构调试

① 位置发送器的调试

先拔下电机插头，并把电机后罩端的手把拨到手动位置，即将制动器松闸，接通电源。

A. 零位电流调试　把执行机构输出轴移到下端，调整模块调零电位器左旋到最小。然后松开固定导电塑料电位器的两个滚花螺母，用手缓慢转动滚花螺母，使导电塑料电位器靠近杠杆，使输出电流约为 1.2mA。然后再调整调零电位器，使位置输出电流为 4mA。再调整关位限位开关，使其正好处于断开状态。

B. 满度电流调整　把执行机构输出轴移到上端，调整满度电位器使位置输出电流为 20mA。由于调零和调满度相互影响，应反复进行几次，直到合乎要求。最后调整开位限位开关，使其正好处于断开状态。

② 电气限位

A. 把执行机构输出轴移到下端，调整模块调零电位器左旋到最小，松开滚花螺母，使导电塑料电位器靠近杠杆。

B. 调节导电塑料电位器使位置电流输出电流略大于最低值，然后调整模块上的调零电位器，使位置输出电流为 4mA。

C. 用手摇执行机构使输出轴移到上端，再调模块的满度电位器，使位置电流输出为 20mA，再让执行机构输出轴回到零位，反复调整几次直到信号达到要求。

D. 通过电机旋转使输出轴达到终点 100%，调节凸轮片使微动开关 K_2 刚好工作，再让输出轴回到起点 0%，调节凸轮片使微动开关 K_1 刚好动作，但这时 K_2 动作的凸轮片不能改变位置，调好后要把滚花螺母拧紧，以防凸轮片松动。使执行机构输出轴从始点运行到终点，再从终点运行到始点，反复进行几次来观察 K2，K1 开关动作位置是否合适，信号是否合适，达到要求为止。总之，电气限位要比机械限位稍微提前一点，即机械限位一定要在电气限位之后才动作，使电气限位起作用。

改变执行机构输出转向的方法

当现场要求执行机构输出转向与出厂时反向时，可将塑料导电电位器的 1、3 两点接线对调一下即可，调整方法基本与上述调整方法相同，不同的是调零和调满度时，分别相对于阀门的关阀位置和全开位置。也是先调零后调满度，但在调零、调满度后，必须重新调整零位和满位的限位开关，使之分别正好处于断开状态。

9.11.2 RS 型电动执行机构的调试

在调校前首先要检查执行机构电机的旋转方向是否正确，电机的旋转方向不符合要求时，可通过对改变电机接线端的方法来改变电机的旋转方向。在此基础上才可以调试位置发送器。

(1) 位置发送器的调试

断开放大器 35 端和 36 端的短接线，接通电源，打开位置发信器罩壳。

① 零位调试　摇动减速器手轮，使执行机构输出推杆运行到零位，即转动转轴使电流表显示的输出电流接近 4mA。经过以上粗调，然后再细调零位电位器，使位置发送器的输出电流为 4mA。此时放大器 22 端与 23 端也应为 4mA。

② 满度调试　摇动手轮使执行机构输出推杆运行到终点，随着转动输出电流应逐渐上升，否则应拨动 S_2 的反向开关，再进行调零。然后调量程电位器，使位置发送器的输出电流为 20mA。此时放大器 22 端与 23 端也应为 20mA。以上的调试步骤可反复多次进行直到合乎要求。

位置发送器调试技巧

位置发送器是通过压簧与带齿圆盘相啮合的，转动转轴可调节啮合处压簧与带齿圆盘的相对位置。因此应注意压簧的初始压力，即压簧既要有足够的压力，但又不能与带齿圆盘压得太紧，如果初始压力不足，可以小心的弯曲压簧，使之与带齿圆盘紧密结合。调零时，用手轮把输出轴转到相应的位置，通过零点电位器进行微调使输出电流为 4mA。调试满度时，把输出轴转到终点，通过量程电位器进行微调使输出电流为 20mA。反复调试几次即可达到要求了。

此外还可根据现场需要，设定电路板上的开关，使位置发送器为反相输出。但设为反相输出后，零点和量程必须重新调整。

(2) 伺服放大器与执行机构的联调

将放大器的36端和35端短接，然后在放大器的29端、30端输入4～20mA信号，电动执行机构应在零位到满度之间正常运转，并观察放大器22端、23端输出电流应在4～20mA之间变化。否则应重新进行满度调试。如果执行机构运动方向与信号输入方向相反，并且执行机构不受信号控制，则应调换放大器10端与12端的接线，即电机的+Y、-Y绕组应调换。如果执行机构达到平衡点时产生大幅度振荡，则放大器的第27端和第28端接线应调换，如系轻微振荡，则可调节阻尼电位器来消除。

9.11.3 现场联机调试

在过程控制中，执行器是过程控制的执行单元，因此，在实验室调试完成后，还需要在现场进行系统联机调试，也就是系统闭环调试，包括对伺服放大器、阀位信号、执行机构、调节阀门、电动操作器的检查和调试。有时甚至还包括变送器、调节器在内的检查试验。通常可按以下步骤进行。

① 将电动操作器切换至“手动”，按动上升按钮，电动执行机构及调节阀向上移动，阀位指示表也应从零向100%方向变化；按动下降按钮，电动执行机构及调节阀向下移动，阀位指示表也应从100%向零方向变化。

现场零点调整方法

执行器出厂时输出轴的零点位置不一定和现场所需的零位一致，就需重新调整执行机构的零点位置，先接通执行器电源。将电动机后面的把手板到手动位置，转动手轮使执行器输出轴转到机械零位置，调整电位器使位置输出为4mA，摇动手轮使执行器输出轴移到上端，这时输出应为20mA，否则应调满度电位器。

② 将电动操作器切换至“自动”，电动执行机构及调节阀应向规定的方向移动，如果移动方向相反，则应检查阀位反馈信号的极性是否正确。如果有振荡现象时，可调整伺服放大器的稳定电位器，通过降低放大倍数来解决。

③ 在伺服放大器的输入端加4～20mA电流信号，调节阀的位置应与输入电流成正比。最后到现场观察执行机构及调节阀是否正常，有无异常响声。

使用过程校验仪调校仪表的方法

过程校验仪的输出、测量功能非常丰富，其可输出直流电压、直流电流、电阻、及各种分度号的热电偶和热电阻的模拟信号、频率信号等。其可测量直流电压、直流电流、热电偶和热电阻的输出信号、频率信号等。由于过程校验仪精度高，可代替直流电位差计、标准电阻箱、标准直流电压表和直流电流表。一台过程校验仪就兼有信号源和标准表的功能，可以很方便地用来校准各种仪表，如温度变送器。显示仪等，配合压力模块校准压力及差压变送器等；校准时接线非常简单，在没有 24VDC 电源的环境下，还可使用校验仪的 24VDC 回路电源向变送器供电。

使用过程校验仪校准各种仪表时，其校准原理与上述的传统校准方法是一样的。只要熟悉过程校验仪的各种操作方法，就可以对仪表进行校准了，过程校验仪的使用方法可以参考本书“入门篇 7.5 过程校验仪的使用技能”一节。

10. 仪表故障检查及处理技能

10.1 现场仪表故障判断的思路和方法

当仪表出现故障时，首先是对生产现场仪表的故障处理，当确定是仪表本身出故障，在现场无法处理时，则只能用备用表更换，更换下来的仪表就要送回实验室进行修理，故其涉及现场处理和实验室修理方面的内容。现先介绍现场维修时的仪表故障判断思路和方法。而单台仪表的修理思路和方法详见“提高篇 18 仪表修理技能”部分内容。

生产现场仪表出故障时，尽快找到故障原因，就必须了解生产工艺流程，了解仪表及控制系统的结构、特点、性能及参数，在此前提下，查找仪表故障的思路和方法有以下 7 类。

(1) 先向操作工了解情况，然后再观察仪表故障

操作工是直接使用仪表的，应先向他们了解仪表出故障前后的情况，了解前后工段的生产是否正常，工艺操作指标有没有调整或改变等，来判断是工艺的原因还是仪表的问题。在询问操作工的同时，应观察仪表的显示变化，如出故障之前仪表的记录曲线一直很正常，但之后记录曲线波动很大，使系统很难控制，就连手动操作都难控制，这样的情况有可能是工艺操作或设备的原因。如果流量、液位控制系统波动大，检查变送器又没有发现问题时，可改用手动操作，看流量或液位能否稳定下来，如果波动仍很大，则可能是工艺的原因。

(2) 先看控制室显示仪表，再检查现场仪表

仪表出现故障时，在询问操作工的基础上，应观察仪表的显示状况，大致判断是哪儿的问题。可用数字万用表对仪表盘内的接线端子进行测量，以判断测量元件至仪表盘端子间是否有开路、短路、接地故障。如热电偶有无热电势输出，或用尖嘴钳短接显示仪表的输入端，看仪表能否指示室温。如是热电阻看其电阻值有无变化；用尖嘴钳短接下显示仪表的输入端，看仪表是否指示零下，或者断开端子接线，看其是否指示最大或溢出。如是变送器看其有无电流输出，也可用 HRAT 手操器来判断故障。对于控制系统可检查手、自动开关位置放置正确否，还可用手动操作观察执行器动作是否正常，有没有阀位反馈信号。

(3) 先从简单问题入手，再考虑复杂问题

先观察是单台仪表不正常还是多台仪表不正常，再检查仪表的供电电源、电源

箱正常否，保险丝是否断了；检查相关接线是否有接触不良或断路、短路现象，开关位置是否正确。观察导压管及阀门有没有泄漏现象。对于测量微压的仪表可检查与导压管相连的胶管或塑料管是否脱掉或漏气。压力、流量仪表没有波动和变化，很多时候是由于导压管堵塞所致。

（4）先检查现场仪表，再检查显示仪表

在控制室观察的基础上，如果怀疑现场仪表有问题，可对现场仪表进行检查，如热电偶、热电阻端子接线是否松动，有无进水现象，保护套管及测温元件是否损坏，执行器是否卡死或缺油等，则可针对问题进行处理。

压力、差压变送器不正常时应先排污，吹洗导压管，同时检查三阀组及其他阀门有无堵塞、泄漏现象。对于流量变送器关闭三阀组的正、负压阀门，开平衡阀观察变送器的零位是否正常；然后在开表状态下，快速开关一下正管排污阀，观察输出电流是否向增大方向变化，快速开关一下负管排污阀，观察输出电流是否向减小方向变化，如果电流变化正常则变送器没有大的问题。

对于液位变送器关闭三阀组的正、负压阀门，开平衡阀观察变送器的输出电流是否正常，该电流与迁移有关，如是负迁移则差压为零时，输出电流应为 20mA，如是正迁移则差压为零时，输出电流应小于 4mA。对于负迁移的变送器，在开表状态下，快速开关一下正管排污阀，观察输出电流应向减小方向变化，快速开关一下负管排污阀，观察输出电流是否向增大方向变化，如果电流变化正常则变送器没有大的问题。在做以上检查时，开关排污阀的动作以看到输出电流有变化马上关阀即可，这样是不会把冷凝液排得过多的。

对于显示仪表的故障判断也是有规律可循的，如温度参数滞后大，所以仪表显示值是不可能突变的，如显示突然跑到最大或最小，排除一次元件问题后，通常为显示仪故障。温度控制系统波动大有可能是 PID 参数没整定好，或者执行器有机械问题。如压力指示没有波动，或者变化缓慢，排除导压管及阀门堵塞外，就应该是显示仪表的问题了。如流量记录仪没有波动近似于直线，这可能就是仪表有故障了，因为流量参数的波动还是比较大的，参数或多或少的变化应该在记录仪上能反映出来。对 DCS 或记录仪的显示参数有怀疑时，可以再看现场的其他仪表，如变送器的指示表头等，看两者的显示差别有多大，以此来确定故障。

（5）重点检查仪表外部电路及管路

在现场重点是检查仪表的外部，如供电是否正常；检查导线连接及接线端有没有松动，锈蚀接触不良等问题。对于热电偶可采取短接，对热电阻可采取断开接线端来判断故障部位。还可测量仪表盘端子排或仪表接线端子电压来判断故障。检查仪表导压管有没有泄漏处，导压管或阀门有无堵塞现象；在以上基础上，才能确定是否需要拆下仪表进行处理。

（6）先观察明处，再检查暗处

处理现场仪表故障时，先查仪表盘内的端子及接线，没有发现问题时，但仍怀疑导线有问题时，再检查电缆桥架内、地沟内的导线。对于排污管通入地沟的也放在最后检查。怀疑热电偶、热电阻的保护套管损坏时，也应在检查确定其他部位没有问题后再最后来拆除检查。

(7) 先设定软件，再检查硬件

对于智能仪表，在处理仪表故障时，我们的思路就不能只局限在原来处理模拟仪表的方法上了。智能仪表硬件能发挥作用是依赖软件支持的，离开了软件仪表将无法工作的。因此在检查处理智能仪表时，首先应检查仪表的设定是否正常。

10.2 温度仪表的故障检查及处理

10.2.1 温度仪表故障判断思路

现场使用的温度仪表大致可分为就地和远传两大类：就地的有液体温度计、双金属温度计、压力式温度计，这些温度计有故障是很明显的，通过观察大多能发现问题所在，对症更换或修理即可；压力式温度计及双金属温度计的机芯结构与弹簧管压力表基本相同，可按弹簧管压力表的修理方法进行修理。

远传的有输出热电势信号的热电偶、输出电阻信号的热电阻。其出现故障的可能有断路、短路、接地、接触不良、变质。这两类温度计可用欧姆定律来判断，就很容易找出故障产生的原因。由于温度参数有较大的滞后性，即温度值的变化是要一定时间的，这一特性也有助于我们判断故障。

10.2.2 温度仪表的故障检查及处理

① 温度显示突然指示最大或最小，大多是由仪表故障引起的，因为温度参数是不可能“突变”的，如热电阻元件或连接线路断路；有断偶保护的仪表，当热电偶或连接线路断路时；温度显示值都会突然指示最大。热电阻元件或连接线短路，温度显示都会突然指示最小。显示仪或板卡的放大器出现故障也会出现突然指示最大或最小。

② 温度显示值大幅度波动，大多是由工艺方面的原因引起的。如果工艺没有改变工况，就要检查仪表的原因了。对温度控制系统，可将切换至手动控制，观察温度的变化，如果波动明显减小，可能控制器或调节阀有故障。

③ 仪表记录曲线长时间出现笔直没有波动现象时，应通过检查来判断仪表是否有虚假指示；对纸质记录仪，可用手拨动测量滑线盘，观察上下行程的阻力是否增大，有无机械卡住等现象。

④ 记录曲线快速变化、曲线来回波动像振荡一样，大多是仪表的原因。对温度控制系统有可能是PID参数整定不当造成的。

⑤ 如果温度曲线没有大的变化，但控制器的输出电流突然跑到最大或最小，这时应重点检查控制器，如控制器的放大器及输出回路是否正常。

10.2.3 现场温度仪表故障检查及处理

热电偶、热电阻、一体化温度变送器都是安装在生产现场，其故障率比显示仪表高得多，应该是检查故障部位的重点，现介绍故障检查方法。

(1) 热电偶常见故障及检查处理方法

热电偶常见故障有热电势比实际值大，热电势误差大，热电势比实际值小，热电势不稳定等现象。

热电势比实际值大的故障是不多见的，除有直流干扰外，大多是由热电偶与补偿导线、热电偶与显示仪表不匹配造成的。

热电势误差大，通常大多是热电偶变质的原因，而热电偶变质大多是由保护套管有慢性泄漏造成，保护套管严重泄漏时都会造成热电偶的损坏。

热电偶的热电势比实际值小时，可按图10-1的步骤进行检查及处理。

热电偶的输出热电势不稳定，可按图10-2的步骤进行检查及处理。

(2) 热电阻常见故障的检查及处理方法

热电阻常见故障有热电阻断路或短路。由于热电阻所用电阻丝很细，所以断路故障居多，断路和短路都是比较容易判断的。

① 热电阻及连接导线断路时显示仪表的温度指示跑最大。这时可先在显示仪表的输入端子处测量电阻值来判断故障，检查时要把热电阻与显示仪表的连接导线拆除，否则测得的电阻值含有显示仪表的内阻而造成误判。如果测得的电阻值为无穷大，说明从仪表至热电阻的连线及热电阻有断路故障，然后到现场，把热电阻的两个接线端子短路，如果显示仪表指示最小，则可肯定是热电阻断路。如果显示仪表仍然指示最大，则连接导线有断路处，再分段检查找出断路处。

② 热电阻局部短路时，显示仪表的指示值将偏低，可用数字万用表或直流电阻电桥测量热电阻的电阻值来判断，检查在热电阻接线盒的端子处进行，如果测得的电阻值明显低于实际温度时的电阻值，则可判断是热电阻局部短路。还有一种是严重短路，即显示仪表指示最小，可将连接导线从电阻体的端子处拆开，观察显示仪表是否指示最大，如果指示最大说明热电阻有短路故障，如仍然指示最小，肯定连接导线有短路；用万用表测量电阻就可找出短路点。

③ 对于有短路故障的热电阻可以试着修理，只要不影响电阻丝的粗细和长短，找到短路点进行绝缘处理一般都可以修复再用。对于内部断路则只有更换。

④ 显示仪表指示波动，要通过观察来判断是正常的温度变化引起的，还是非

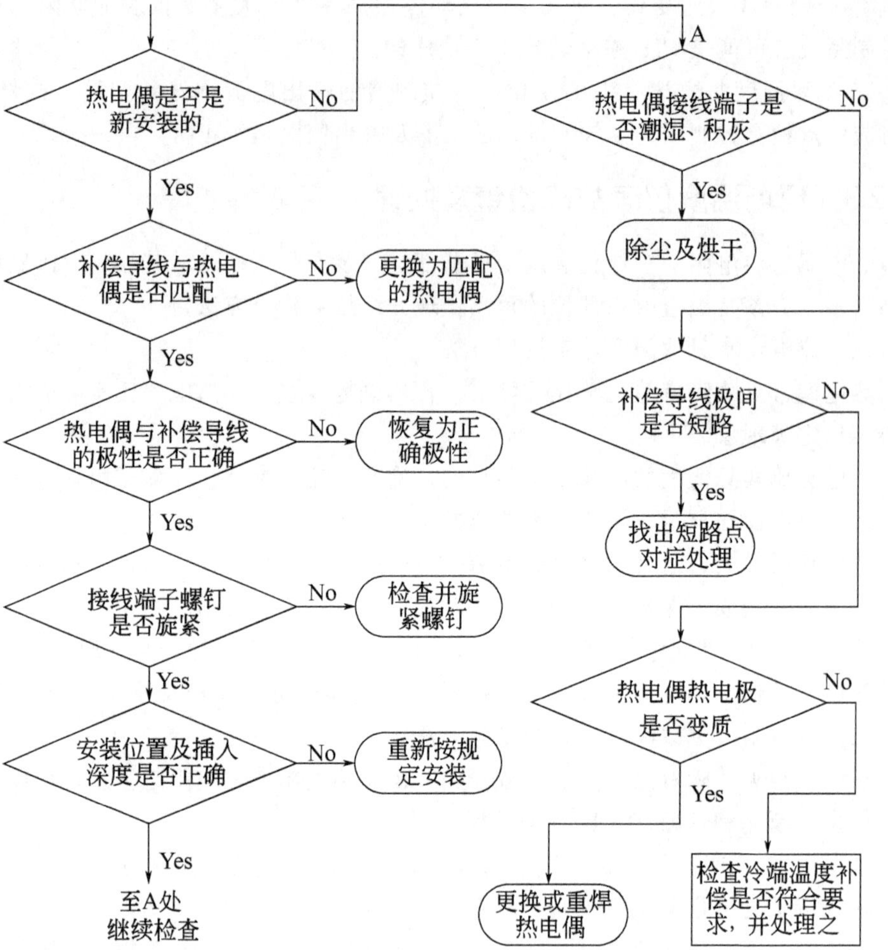

热电偶是否是新安装的
No
Yes
补偿导线与热电偶是否匹配
No
更换为匹配的热电偶
Yes
热电偶与补偿导线的极性是否正确
No
恢复为正确极性
Yes
接线端子螺钉是否旋紧
No
检查并旋紧螺钉
Yes
安装位置及插入深度是否正确
No
重新按规定安装
Yes
至A处继续检查
A
热电偶接线端子是否潮湿、积灰
No
Yes
除尘及烘干
补偿导线极间是否短路
No
Yes
找出短路点对症处理
热电偶热电极是否变质
No
Yes
更换或重焊热电偶
检查冷端温度补偿是否符合要求，并处理之

图 10-1　热电偶热电势比实际值小的检查及处理示意图

热电偶的热电极与接线端子接触是否良好
No
旋紧螺钉
Yes
热电偶安装是否牢固，有无外界振动
No
Yes
找出振动原因并紧固热电偶
补偿导线绝缘有无破损而出现接地、短路
No
Yes
找出故障点并修复
是否有外界干扰
Yes
查找干扰源并采取屏蔽措施

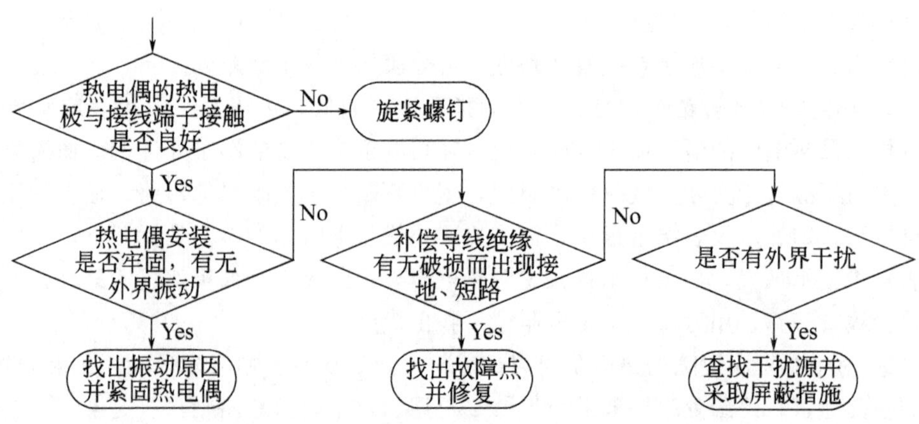

图 10-2　热电偶输出热电势不稳定的检查及处理示意图

正常的温度波动；波动很明显且没有规律，就有可能是热电阻或导线连接处有接触不良现象，尤其是现场条件差或使用年久时，由于氧化、锈蚀常会发生接触不良的故障。通过测量检查发现故障点，上紧螺钉、打磨氧化锈蚀点就可修复。

⑤ 热电阻常见的故障及处理方法如表 10-1 所示。

表 10-1　热电阻常见故障及处理方法

故障现象	可能原因	处理方法
显示仪表指示最大	热电阻或连接导线断路	更换热电阻或处理断线处
显示仪表指示最小	显示仪表与热电阻接线有错	更正接线，找出短路点
	热电阻或导线有短路现象	处理好绝缘
显示仪表指示值比实际值低或示值不稳定	保护管内有水，热电阻受潮	烘干热电阻，清除水及灰尘
	接线柱有灰尘，端子接触不良	找出接触不良点，上紧螺钉

（3）温度变送器常见故障的检查及处理方法

温度变送器是把热电偶的测温毫伏信号，热电阻的测温电阻信号，转换成 4～20mADC 的电流信号，或 1～5VDC 的电压信号，供给显示仪表或温度控制系统使用。

温度变送器主要由输入回路和放大输出回路二部分组成，不同测温元件的放大输出回路都是相同的，不同的测温元件有不同的输入回路。温度变送器有分体式和一体式两种，一体式就是把温度变送器安装在测温元件的接线盒内。

温度变送器的输出信号为 4～20mADC，其故障现象有无电流输出，零点有偏差，输出电流偏高、偏低，输出电流波动等现象。一体化温度变送器用的是模块，其可靠性还是高的，因此，在检查故障时，应该以检查外部的元件为主，如以下 3 类。

① 无电流输出，应检查供电电源是否正常，接线有没有断路；经检查都正常时，可通过更换变送器来确定故障。

② 输出电流有偏差，应先检查测量元件，如热电偶、热电阻是否有误差，可用标准表测量、检查和判断。还应检查接线端子接触是否良好，是否受潮。

③ 输出电流波动，大多是由于线路接触不良及有干扰，这都可以通过检查线路接触情况，以及测量线路上的干扰电压来确定故障原因。

压力仪表的故障检查及处理

10.3.1　压力仪表故障判断思路

现场使用的压力仪表可分为就地和远传两大类，就地的以弹簧管压力表为主。

其次还有膜盒微压计，就地安装的压力表出现故障较明显，通过观察大多能发现问题所在，对症更换或修理即可。其中导压管或取样阀门堵塞、泄漏是最常见的故障。

远传的压力变送器其输出信号大多为4～20mADC，其故障表现有无输出，零点有偏差，输出偏高、偏低，输出波动等现象。远传压力表输出的是电阻信号，其故障表现有断路、短路、接触不良而使压力显示仪表出现无指示、指示最小、指示波动等故障。

压力参数具有时间常数小、变化较快的特性，在判断压力系统故障时需要注意。

10.3.2 压力仪表故障检查及处理

(1) 压力显示值突然下降到零，应该是仪表出故障了，因为工艺压力是不可能突然降为零的。但如果压力波动幅度较大，而变化却很缓慢时，则应先从工艺上查找原因，如负荷、加料、回流、温度等工艺条件的变化，或者工艺操作不当，都会引起工艺压力的变化，这是需要工艺配合共同查找压力变化原因的。

(2) 对于压力控制系统，当出现压力显示曲线波动大，且呈快速振荡状态时，应先观察压力参数是否是真的波动，可将系统切至手动操作，看其变化状态，再采取相应的措施。重点应检查调节器的参数整定有没有问题，再深入对仪表内部查找原因。

(3) 我们强调学习工艺，因此在日常的维护工作中，对每台仪表的压力波动情况要做到心中有数，在关键时刻就可用来分清仪表是异常还是正常了，如果对工艺有所了解，则还可参照其他工艺参数对压力波动做出较可信的判断。

10.3.3 就地安装压力表常见故障及处理

(1) 压力表无指示或不变化

可能是取样阀或导压管堵塞，新安装及不定期排污的压力表常会出现这一故障。振动及压力波动大的场合，如水泵出口压力表，常会把压力表的指针振松，而造成工艺压力变化而仪表不变化的故障。压力表内的扇形齿轮与轴齿轮脱开，大多是由于安装在振动大的设备上会出现的故障。

(2) 去除压力后指针不回零

产生的原因可能有、指针松动、游丝有问题。如游丝力矩不足、游丝变形等，扇形齿轮磨损所致，压力表接头内有污物堵塞。测量介质如是液体或有冷凝液，压力表的位置又低于测压点，则导压管内的液体或冷凝液重度产生的静压力，造成压力表的指针不回零位，这是正常现象，只需排污后就会回零了。

(3) 压力表指针有跳动或停滞现象

压力表反应迟钝不灵敏，可能的原因有指针松动，指针与表玻璃或刻度盘相碰存在摩擦所致，再就是扇形齿轮与中心轴摩擦，或者太脏有污物。导压管堵塞也会使仪表反应迟钝。

10.3.4 电接点压力表不报警的故障检查及处理

当电接点压力表出现不报警的故障时，可按图 10-3 进行检查和处理。

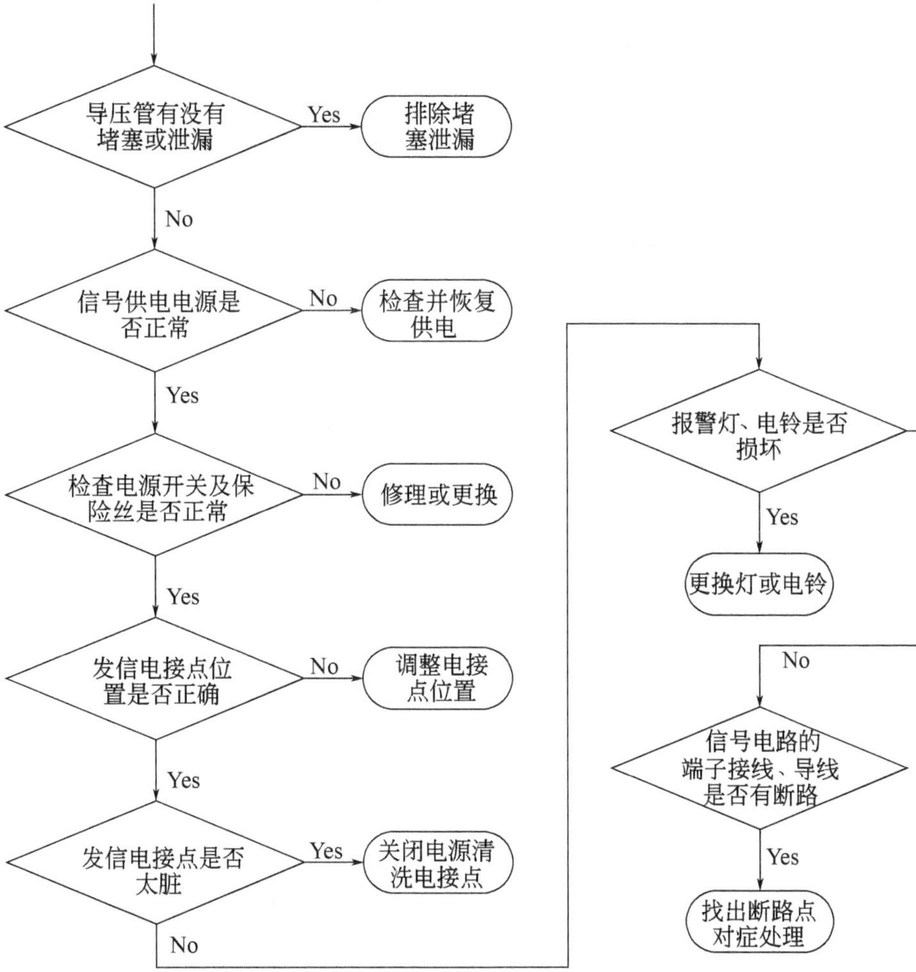

图 10-3 电接点压力表不报警故障的检查处理示意图

10.4 流量仪表的故障检查及处理

10.4.1 流量仪表的故障判断思路

与其他参数相比，流量参数的波动较频繁，为了判断流量参数的波动原因，可将控制系统切至手动观察波动情况，如流量曲线波动仍较频繁，一般为工艺原因，如波动减小，一般是仪表原因或参数整定不当引起的。

流量仪表出现故障时，首先检查现场的导压管及阀门等管路附件，有无堵塞、泄漏现象，然后再检查变送器，如果现场仪表都正常，则为显示仪表有故障。

流量显示值变为最大时，对流量控制系统，可手动操作调节阀，看流量能否降下来，如果流量仍然降不下来，大多是仪表的原因，可先检查现场仪表有无故障。

如果流量测量、控制系统的流量显示值变为最小，除工艺原因外（如停车、停机泵、工艺管堵塞等），通常流量显示值是不应该为最小的，否则故障大多是由仪表原因造成的。

10.4.2 流量仪表故障检查及处理举例

（1）流量显示几乎为零

出现流量显示几乎为零时，最好向工艺操作人员询问并落实原因，如果工艺条件正常时，对流量控制系统，应切换至手动操作状态，然后观察调节阀的动作，如开度为零，则大多为仪表或控制系统的原因，如调节器与调节阀单元有故障。如果上述都正常时，就要检查现场仪表，如变送器导压管的正管堵塞、变送器正压室泄漏。转子流量计转子卡住。椭圆齿轮流量计的椭圆齿轮卡、过滤网堵塞、发讯簧片失效等，都会造成流量显示几乎为零的故障。

（2）流量显示不正常或不变化

检查处理方法如图 10-4 所示。

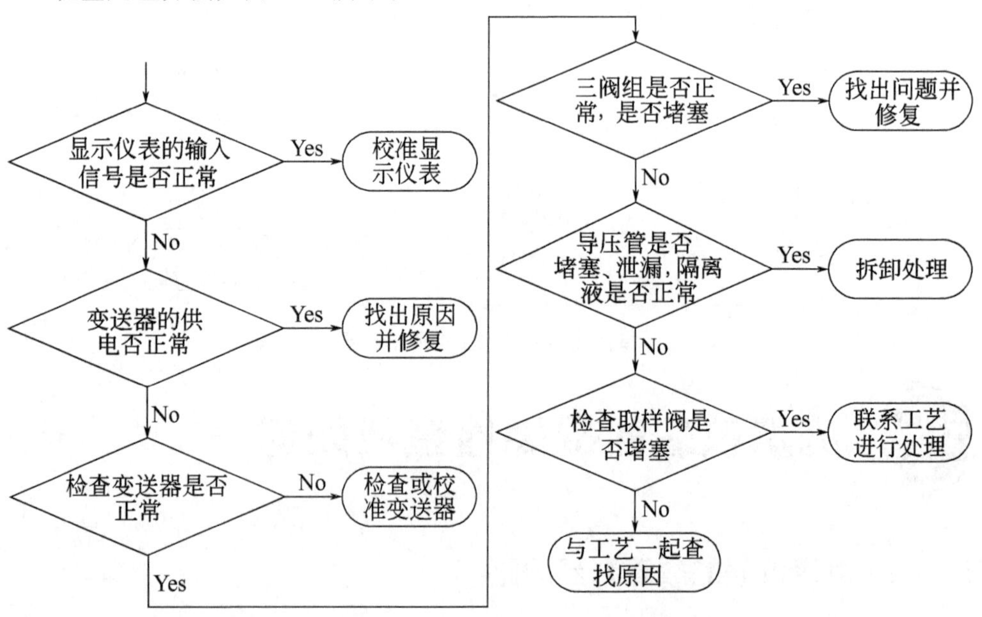

图 10-4　流量显示不正常或不变化的检查处理示意图

(3) 涡街流量计常见故障及处理方法

涡街流量计常见故障及处理方法如表 10-2 所示。

表 10-2 涡街流量计常见故障及处理方法

故障现象	可能原因	处理方法
传感器没有输出	供电不正常	检查原因对症处理
	至显示仪的信号线断路	检查断路点并处理
	管道是否有没有流体	与工艺联系解决
	是否流量过小	检查流量测量下限值
流量显示波动大	管道振动过大	在流量计上游处装减振支架
	放大器灵敏度调得过高，	调低灵敏度
	工况流量波动太大	与工艺联系解决
	小流量时波动频繁	检查小信号切除是否正常
流量测量误差大	仪表常数设定有误	重新设定仪表常数或标定
流量示值波动大或者显示误差大	涡街传感器发生体有附着物	拆卸并清洗传感器

10.5 液位仪表的故障判断及处理

10.5.1 液位仪表的故障判断思路

液位仪表中差压式液位仪表占有很大的比例，因此，本节重点对其进行介绍。液位参数的变化速度与容器的容积有很大的关联，这应根据实际情况来判断它的变化速度是否正常。如锅炉的汽包液位变化就很快，但液体储罐的液位变化就较缓慢。液位显示突然出现大的变化和波动，如指示最大或最小时，则仪表出故障的可能性很大。

当液面显示值达到最大或最小时，应先检查差压变送器，如果变送器正常，则大多为显示仪表有故障。如果变送器的输出与显示仪表的显示一致时，可将液位控制系统改为手动操作，即人工改变调节阀的开度，来观察液位有无变化，液位有变化一般为工艺的原因，没有变化则仪表有故障。

液位记录曲线波动很大且快时，有可能是 PID 参数整定不当，或参数有了改变。变送器的阻尼没有调好，导压管路泄漏都有可能引起液位记录曲线波动。

测量液位最怕的是出现虚假液位，如果怀疑有虚假液位现象时，一定要冷静判断。可将控制系统切换到手动操作，然后对变送器及系统进行检查或校正，并检查所有的导压管路、阀门有没有问题，直到找出问题所在。

10.5.2 液位仪表故障检查及处理

（1）液位显示不正常或不变化故障的检查及处理方法

如图 10-5 所示。

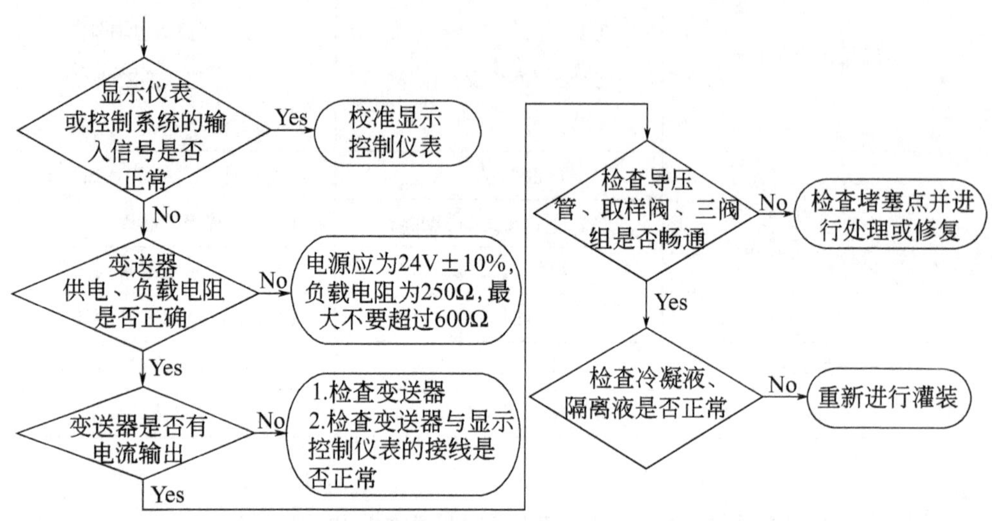

图 10-5 液位显示不正常或不变化故障的检查及处理示意图

（2）差压式液位变送器常见故障及处理

如果液位测量中显示出现异常，应先确定是工艺液位异常还是测量系统问题。如确认是测量系统问题，则应根据故障现象来分析故障原因。差压式液位变送器常见故障及处理方法见表 10-3。

表 10-3 差压式液位变送器常见故障及处理方法

故障现象	故障原因	处理方法
没有输出电流	信号线接触不良或断路，24V 供电有故障	重新接线，处理电源故障
	配电器或隔离器故障	更换配电器或隔离器
	变送器电路板损坏	更换电路板或变送器
输出电流为最大或最小	高、低压侧膜片、毛细管损坏，或工作液泄漏	更换法兰式液位变送器
	导压管或阀门严重泄漏	处理泄漏点或更换阀门
	取样阀没有打开	打开取样阀
	导压管或取样阀堵塞	排污冲洗管道或更换取样阀

续表

故障现象	故障原因	处理方法
输出电流偏高或偏低	高、低压侧的排污阀泄漏 取样阀没有全开 变送器的测量误差过大	紧固或更换排污阀 把取样阀全开 重新校准变送器
电流值不会变化	变送器的电路板损坏	更换电路板
	高、低压侧膜片或毛细管同时损坏	更换法兰式液位变送器

10.6 变送器的故障判断及处理

10.6.1 变送器故障判断思路

在流量、压力、液位参数的测量中使用有大量的压力或差压变送器。对同一型号的变送器而言，尽管测量的参数不相，但它的测量变换原理、电路工作原理、结构基本是相同的；由于变送器具有很多的共性，所以其故障判断方法也有很多相似的地方。其输出都是4～20mADC的电流信号，还具有量程迁移功能。其故障现象最明显的有：无电流输出；或输出电流小于4mA，或输出电流大于20mA；输出电流波动或振荡；输出电流值与参数值的关系不符；输出电流的线性不良等。

10.6.2 模拟变送器的故障检查及处理

(1) 变送器没有输出电流故障的检查及处理方法

如图10-6所示。

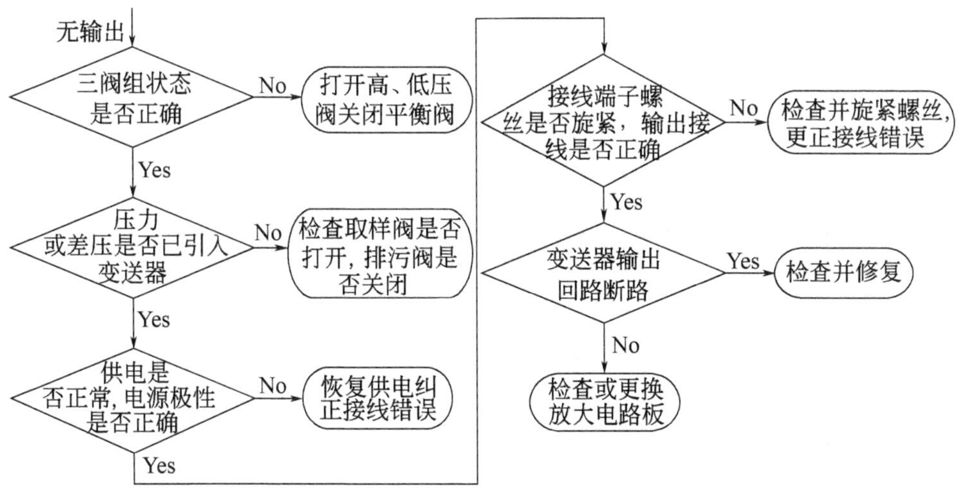

图10-6 变送器没有输出电流故障的检查及处理示意图

（2）变送器测量误差大、输出电流为最大或最小故障的检查及处理方法如图 10-7 所示。

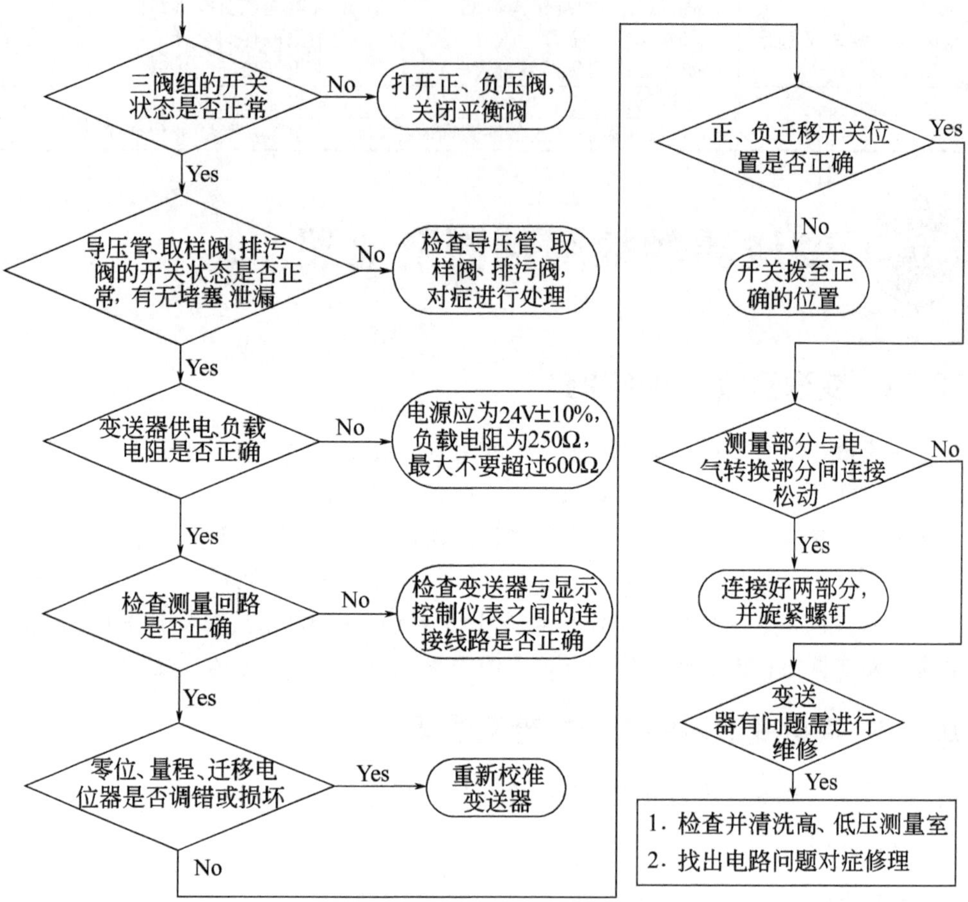

三阀组的开关状态是否正常
No → 打开正、负压阀，关闭平衡阀
Yes ↓
导压管、取样阀、排污阀的开关状态是否正常，有无堵塞泄漏
No → 检查导压管、取样阀、排污阀，对症进行处理
Yes ↓
变送器供电、负载电阻是否正确
No → 电源应为24V±10%，负载电阻为250Ω，最大不要超过600Ω
Yes ↓
检查测量回路是否正确
No → 检查变送器与显示控制仪表之间的连接线路是否正确
Yes ↓
零位、量程、迁移电位器是否调错或损坏
Yes → 重新校准变送器
No ↓
正、负迁移开关位置是否正确
No → 开关拨至正确的位置
Yes ↓
测量部分与电气转换部分间连接松动
Yes → 连接好两部分，并旋紧螺钉
No ↓
变送器有问题需进行维修
Yes ↓
1. 检查并清洗高、低压测量室
2. 找出电路问题对症修理

图 10-7 变送器测量误差大、输出电流为最大或最小故障的检查及处理示意图

（3）变送器输出电流不稳定故障的检查处理方法

如图 10-8 所示。

10.6.3 智能变送器的故障检查及处理举例

智能变送器由于具有自诊断功能，因此，检查、排除故障简单方便。

（1）EJA 变送器用自诊断功能检查故障的方法

①“Self Test”自诊断

依次在手操通信器上进行以下操作：1. Device Setup→2. Disg/Service→1. Test Status。然后选择“Self Test”进行检测，如显示“Self test OK”，表示没有故障。如果有故障，将会出现错误信息，且自诊断结果会出现在 Status 项目中。继

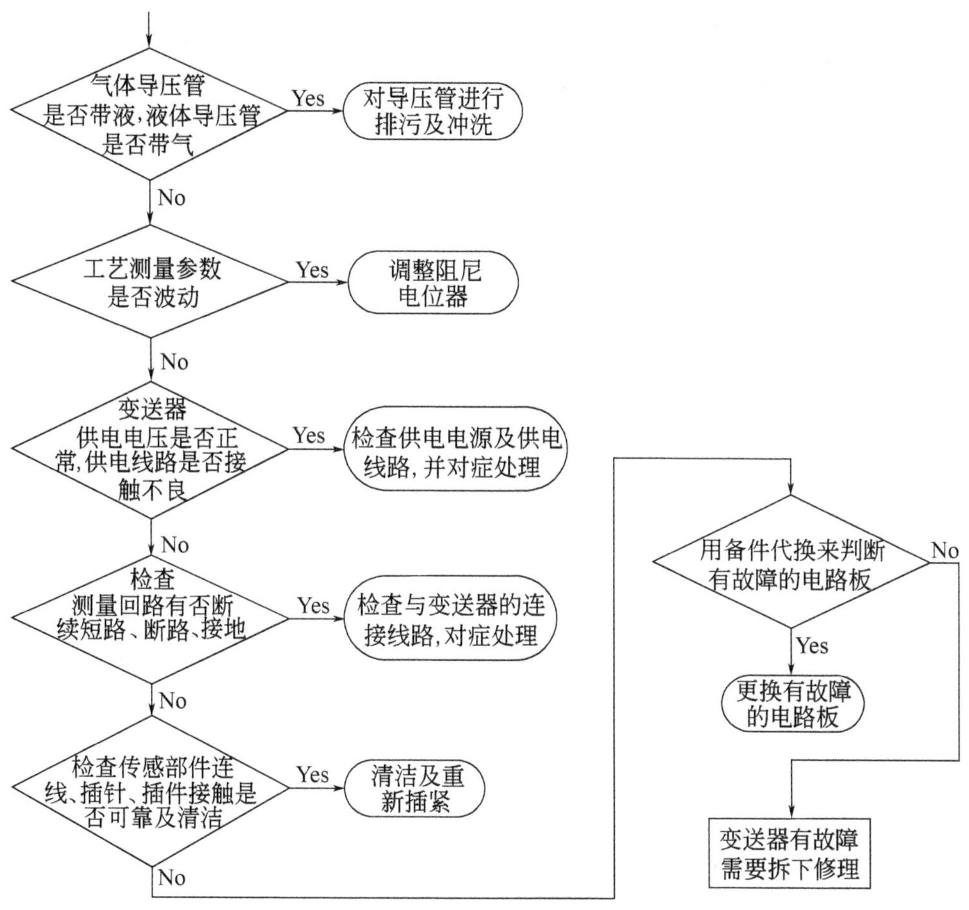

图 10-8 变送器输出电流不稳定故障的检查处理示意图

续在 Test Status 下，按“VWX2”键→Status→F3（NEXT），如果没有故障，自诊断结果显示“OFF”。如果显示“NO”，就需要研究解决故障的对策了。

自诊断的错误信息如表 10-4 所示。

表 10-4 EJA 变送器自诊断在 HART 手操通信器上的错误信息显示表

错误信息	原因	对策
Pressure sensor error Temp(Cap) sensor error EEPROM(Cap) failure Sensor board not initialized	膜盒故障	更换膜盒
Temp(Amp) sensor error EEPROM(Amp) failure Dev id not entered CPU board not initialized	放大板故障	更换放大器

续表

错误信息	原因	对策
Invalid Selection		
Parameter Too High	设置值过高	变更设定
Parameter Too Low	设置值过低	
Incorrect Byte Count		—
In Write Protect Mode	设定为写保护运转	—
Set to Nearest Possible Value	数值设定为最接近的值	—
Lower Range Value too High	LRV 设定点过高	变更量程
Lower Range Value too Low	LRV 设定点过低	
Upper Range Value too High	URV 设定点过高	
Upper Range Value too Low	URV 设定点过低	
Span too Small	设定量程过小	
Applied Process Value too High	加压过高	调整加压
Applied Process Valued too Low	加压过低	
New LRV pushed URV Over Sensor Limit	根据新的 LRV 设定值，URV 的偏移超过 USL	在 USL 范围内变更设定
Excess Correction Attempted	补正量过大	调整补正量
In Proper Current Mode	要求是恒流源方式，未设定为此方式	设定为成固定电流方式
In Multidrop Mode	运转中设定成多路挂接方式	

② 使用内藏指示表显示故障

由自诊断检测出错误，内藏指示表会显示错误代号，错误数在 1 个以上时，错误号会以 2s 间隔变化。错误代号见表 10-5 中。

表 10-5 内藏指示仪表显示的错误信息

内藏指示表	概 要	原 因	错误期间的输出	对 策
无	GOOD			
Er. 01	CAP MODULE FAULT	膜盒故障	使用参数 D53 设定的模式输出、信号(保持高或低)	更换膜盒
Er. 02	OUT OF RANGE	放大板故障		更换放大板
Er. 03	OUT OF RANGE	输入超过膜盒测量量程极限	输出上限值或下限值	检查输入

续表

内藏指示表	概 要	原 因	错误期间的输出	对 策
Er. 04	OUT OF SP RANGE	静压超过规定的范围	显示现在的输出	
Er. 05	OVER TEMP (CAP)	膜盒温度超过范围(−50～130℃)		为了使温度保持在量程范围内，使用隔热材料或保温材料
Er. 06	OVER TEMP (AMP)	放大器温度超过范围(−50～95℃)		
Er. 07	OVER OUTPUT	输出超出上限值或下限值	输出上限值或下限值	检查输入和量程设定，更改为与规定一样
Er. 08	OVER DISPLAY	显示值超过上限值或下限值	显示上限值或下限值	检查输入和显示条件，变成与规定相同
Er. 09	ILLEGAL LRV	LRV 超出设定量程范围外	在产生错误之前，输出保持	检查 LRV，变更成规定值相同
Er. 10	ILLEGAL URV	URV 在设定量程外	检查 URV，变更成规定值相同	
Er. 11	ILLEGAL SPAN	范围在设定量程之外	错误发生之前，输出保持	检查范围，变成与规定值相同
Er. 12	ZERO ADJ OVER	零点调整值过大	显示现在的输出	再调整零点

(2) 手操通信器与变送器不能通信的原因

在现场检查或调校智能变送器，就要用到手操通信器，但有时会遇到手操通信器与变送器不能通信的问题。其原因大致有 5 个方面。

A. 变送器的外接线路有问题，如接触不良引起负载电阻过大，或者负载电阻小于 250Ω；或者是信号线正、负极接错；供电电源的极性接错及供电线路受到干扰。

B. 变送器有故障也会使手操通信器与变送器无法建立通信，如变送器的输出电流超出了 4～20mA 范围。

C. 手操器接入电路的位置不当，这是新手常犯的错误。手操通信器与变送器的连接如图 10-9 所示，连接在 A、B 处都能正常通信，但如果把手操通信器接在 C 处就不行了；还有就是单元地址有错。

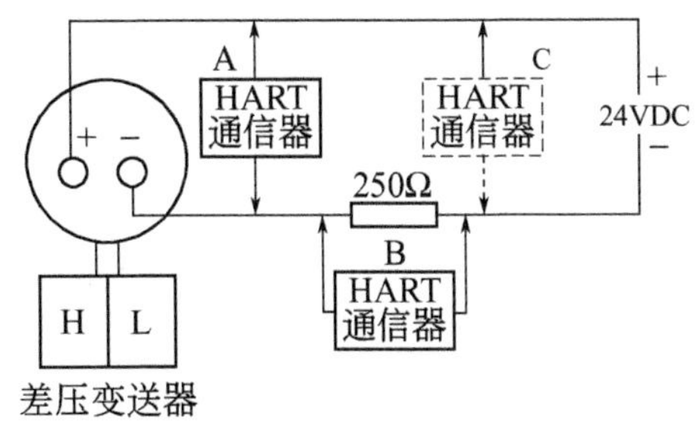

图 10-9 手操通信器与变送器连接示意图

D. 把手操通信器混用了，有的手操

通信器只能用在本厂的产品上，不兼容其他厂的产品，就是同一厂商的手操器，有时对不同年份、不同批次的产品都可能存在不兼容的问题；所以最好配套使用，免去一些不必要的麻烦。

E. 对现场变送器的通信协议不了解，大多时候变送器用的是 HART 协议，但有时也有例外，由于通信协议不符也会出现无法通信的现象。如果无法通信时，可根据现场变送器的型号来确定是什么通信协议。如 3051 在它的主型号后是量程代码的阿拉伯数字，而量程代码后的大写英文就是通信协议了，如：“A”、“M”表示 HART 协议，“FF”表示 FF 现场总线，“W”表示 Profibus 总线。如 EJA 在它的主型号后的大写英文就是通信协议了，如：“E”表示 HART 协议，“D”表示 BRAIN 协议，“F”表示 FF 现场总线。确定了变送器的通信协议后，采用对应的手操通信器即可。

10.7 显示仪表的故障检查及处理

10.7.1 显示仪表的故障判断思路

对温度、压力、流量、液位等参数进行测量时，大多是用显示仪表来显示和记录测量结果。在以上介绍各种仪表的故障检查及处理时，实际上大多也包括了显示仪表在内。鉴于此，在这仅介绍显示仪表本机的故障检查及处理。

显示仪表本机出故障时，其故障现象有仪表不会动作，显示最大或最小，显示误差大，指示指针动作迟钝，显示大幅度波动等。

仪表不会动作的原因有电源中断或输入信号中断。这是比较容易检查和判断的。显示最大或最小值，就需要检查输入信号是否正常，如热电阻断路，仪表已会显示最大，如果显示仪表有断偶保护电路时，则当热电偶断路时仪表已会显示最大或设定的某个温度值。如果是与变送器配合使用的显示仪，则当变送器没有信号输出时，显示仪大多显示为最小值。对于显示误差大，如果排除了测量元件引起的误差后，则应对显示仪表本机进行校准。当显示值大幅度波动时，首先应检查接线是否松动，线路接触是否良好，如果确定线路没有问题时，则应考虑是不是有干扰。指示指针动作迟钝，有可能是仪表的指示传动机械有摩擦、卡滞，滑线电阻太脏等原因。

当显示仪表出现没有显示、不能正常工作等现象时，对数字显示仪及无纸记录仪首先要考虑参数的设定（即程序设置）问题。尤其是新用的仪表，对于在用的仪表也有必要检查参数的设定问题。如果没有对测量或控制参数进行正确的设定，仪表是无法正常工作的。所以在分析、判断故障时应先检查参数的设定是否正确，然后再检查硬件的问题。

10.7.2 显示仪表的故障检查及处理举例

(1) ER记录仪指示最大(100%)或最小(0%)故障的判断及处理

如图10-10所示。

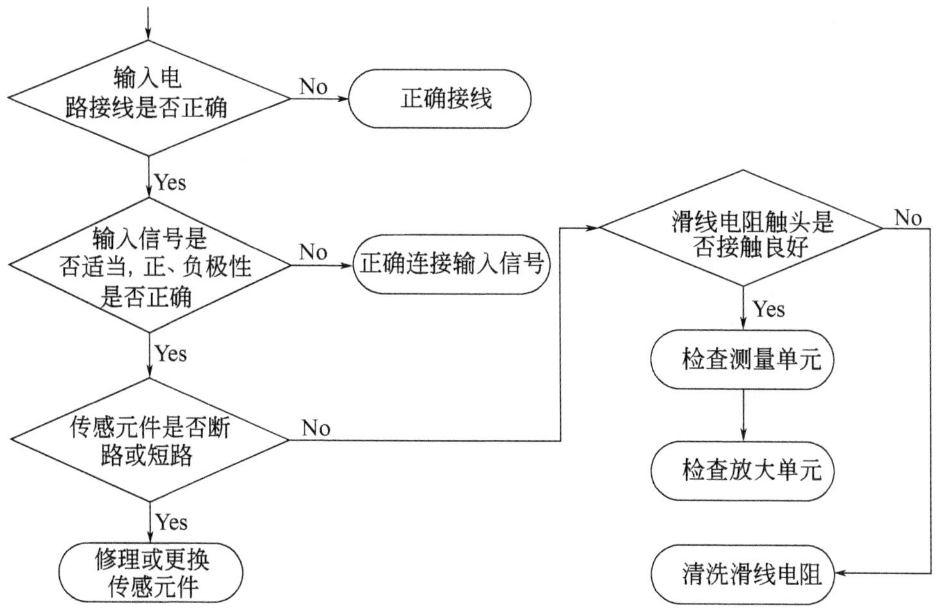

图10-10 ER记录仪指示最大或最小故障的检查处理示意图

(2) ER记录仪指针动作迟钝故障的判断及处理

如图10-11所示。

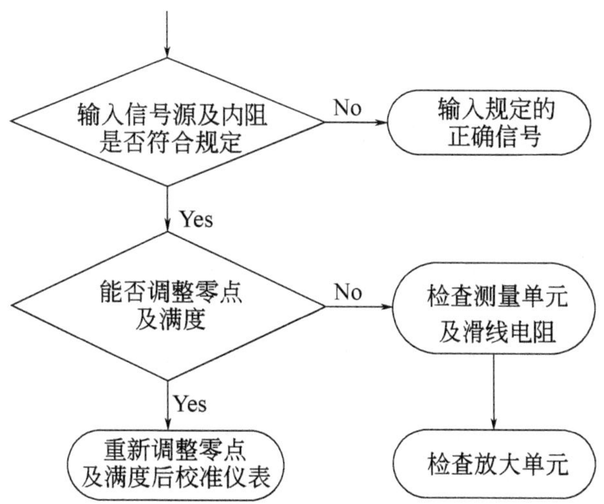

图10-11 ER记录仪指针动作迟钝故障的检查处理示意图

(3) 数字显示仪的故障检查及处理

① 数字显示仪的参数设定

现在使用的数字显示仪大多使用了微处理器，厂家称其为智能仪表。与传统的数字显示仪相比，最大的区别就是智能仪表的使用是依托参数设定为基础的。因此，在判断和处理这类仪表故障时，一定要搞清楚仪表所处的工作状态，因为，其工作状态将决定你是否可进行某种操作。正常使用的仪表通常处于基本状态；而基本状态或程序运行状态可通过按键切换来实现。

数字显示仪由于厂家不同、型号不同，其参数设定方法也是不同的，但由于仪表的面板尺寸有限，数字显示仪表较流行的按键通常有以下四个，如表 10-6 所示。

表 10-6　数字显示仪表流行的四种按键及作用

按键图形／字母	↻ SET	∧	∨	＜
按键作用	设置、确定、转换键	增加键	减少键	移位键

以 AI 系列数字显示仪为例，在基本状态下，按住↻键保持 2 秒钟，即进入参数设定状态。在参数设定状态下，再按↻键，仪表将依次显示各参数；用∧、∨、＜等键可修改参数值。按住＜键并保持不放，可返回显示上一参数。先按＜键不放再按↻键可退出参数设定状态。如果在 30 秒钟后没有按键操作，则仪表将自动退出参数设定状态，返回基本状态。

② 数字显示仪的故障判断及处理

现在的数字显示仪表由于使用了微处理器及集成块，又采用了软件零点校正技术，其可靠性还是较高的，仪表本机出现故障的几率还是低的。很多故障都是由外部原因及参数设置有误引起的，以下是 AI 系列数字显示控制仪故障判断及处理的例子。

A. 仪表不工作，显示值不会随测量信号变化

应先检查仪表的输入接线是否正确。在此基础再检查参数设定有没有问题。如仪表输入类型设定是否与传感器匹配；输入上、下限、小数点位置，主输入平移修正等参数设定是否正确。常见的问题是把热电偶与热电阻混错了或把线接错等。

B. 仪表能工作，但没有输出信号

应先检查仪表输出的接线是否正确，仪表输出模块的安装是否正确。然后再检查参数设定，如控制方式，输出方式，输出上、下限的设定是否正确。

C. 仪表显示“OrAL”并闪烁

“OrAL”表示输入信号超过仪表量程范围。应先检查输入传感器是否损坏；输入接线是否正确；仪表输入类型设定是否与传感器匹配；仪表输入量程设定是否

和传感器量程一致；主输入平移修正等参数设定是否正确。

D. 仪表的显示值波动大

从常识来看仪表显示波动大的原因有：一是输入接线接触不良，或是热电偶的保护套管已漏气即将损坏；二是可能有干扰。排除导线的接触问题及热电偶保护套管的原因后，则应重点考虑干扰问题。如现场来的信号线是否采用了屏蔽线，或是采取了屏蔽措施。对于热电偶应检查其内部绝缘如何，热电偶电极是否与金属保护套管相碰等。对于电炉测温场合，还应注意保温材料在高温下漏电对热电偶产生影响导致测量值波动的原因。

E. 仪表的给定值 SV、内部参数无法修改

这是仪表的参数锁起了作用，使你对仪表的给定值 SV、内部参数无权修改。为了控制系统的安全，不让无关人员乱动仪表，所以数字显示仪大多具有参数锁功能；如 AI 系列仪表的参数锁“LOC”的设定是有级别的。当而“LOC”参数设置为“0”时只可以修改 SV 参数及定义现场常用参数。把“LOC”设置为“808”就可以修改全部参数；但参数修改完后“LOC”不能保留在“808”，避免意外操作改变仪表内部的重要参数。

10.8 控制系统的故障检查及处理

10.8.1 控制系统故障判断思路

从控制系统的原理知道，反馈调节器安装在生产过程上并置于自动后，闭环回路就形成了。调节器的输出会影响测量值，而测量值的变化又会影响调节器的输出，闭环回路实现了通过反馈进行控制的目的。因此，在判断和处理控制系统故障时，可基于“闭环回路”这一原理来查找问题。如果“闭环回路”被破坏了，控制系统就成开环状态，这时反馈控制就不存在了。而使反馈回路成为开环的原因可能有以下 4 个方面。

① 调节器出现故障；或者调节器被置于手动，即使调节器的输入测量值有变化，但调节器的输出就不会随偏差变化了。

② 传感器或变送器出现故障，使调节器失去了测量输入信号。

③ 调节器输出在 0 或 100%处饱和，使调节器失去对过程的控制作用。

④ 执行机构出现故障；调节阀有机械摩擦或卡死等问题，使调节阀不能按调节器的输出动作。

当发现控制回路工作不正常时，首先可按以上的原因进行检查，重点就是检查控制回路没有形成“闭环回路”的原因。

根据控制系统故障判断思路，可以看出反馈回路成为开环，实质是信号流中断造成的。因此，判断和查找故障时，可采取测量电流信号的方法，即以调节器为中心，先检查调节器至执行器的所有电路是否有问题，如调节器供电正常否，调节器有无输出电流，电线连接是否正常等；然后再检查调节器的输入信号是否正常，各单元的电线连接是否正常，变送器有无信号输出等；通过检查电流信号，来判断变送器至调节器间所有电路是否有问题。以上检查是通过信号电流的有无来判断故障范围或部件的。当控制系统失灵时，可将调节器切换至手动状态，通过手动操作来观察调节阀能否动作，如果执行机构及调节阀能正常动作，说明从调节器到调节阀之间是正常的；故障部位在调节器内或调节器之前。再把调节器切换至自动状态，改变给定值，观察调节器的输出电流是否会变化，如果输出没有变化，则故障在调节器；如果有变化说明调节器基本是正常的；这时再检查调节器的输入信号。以上只是谈了一些故障检查的思路和方法，而具体的操作步骤是可以交叉进行的。

10.8.2 控制系统故障判断及处理

控制系统出现故障，其表现形式大致有控制系统失灵，控制偏差增大，控制反应迟滞，控制曲线波动大，手动正常而自动失控，调节阀动作失灵等。

检查调节器是否正常，可以人为地改变给定值造成一个新的偏差，然后观察调节器输出电流的变化情况，来判断调节器是否正常，进而观察调节阀的动作是否正常。

控制系统不正常的原因很多，本着先易后难的原则，可先检查调节器是否正常，调节阀是否正常，变送器或传感元件是否正常，信号传输回路是否正常。可按图 10-12 的步骤和方法进行检查和处理。

控制系统大致由传感元件及变送器、调节器、调节阀三大部分组成。因此，在判断控制系统故障时，可以以调节器为中点，对前后两大部分进行排查，如果在调节器的输入端能测量到信号，说明调节器前的传感元件及变送器、连接电路基本是正常的，如果调节器的输出端有输出信号，但执行器不会动作，则大致可判断调节器至执行器的连接电路或执行器有故障，再通过观察有没有阀位反馈信号，又可把故障范围再缩小。

传感元件及变送器、执行器出现故障时，将会影响过程控制系统的正常工作。在本章的相关章节中已对涉及这两部分的故障检查及处理方法进行了介绍，在此不再赘述。现仅对调节器的故障判断方法做一介绍。

当怀疑调节器有故障时，可以采用闭环的方法来检查其是否正常。闭环检查可在仪表盘上进行，只需把调节器的输出信号反馈到输入端即可，这样调节器就自成闭合回路，无需信号源，输出已不用接电流表，这对检查判断调节器故障是很方便的。闭环检查就是使调节器在自动状态下给定、测量、阀位三者是否能够在全刻度

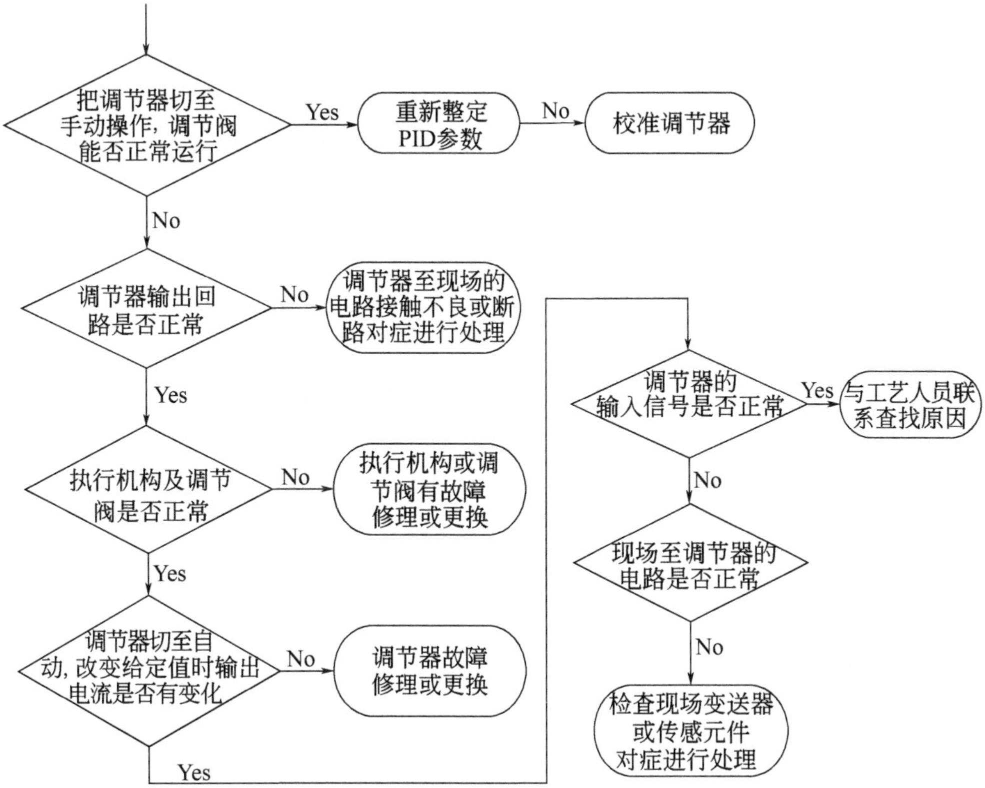

把调节器切至手动操作，调节阀能否正常运行
Yes
重新整定PID参数
No
校准调节器
No
调节器输出回路是否正常
No
调节器至现场的电路接触不良或断路对症进行处理
Yes
执行机构及调节阀是否正常
No
执行机构或调节阀有故障修理或更换
Yes
调节器切至自动，改变给定值时输出电流是否有变化
No
调节器故障修理或更换
Yes
调节器的输入信号是否正常
Yes
与工艺人员联系查找原因
No
现场至调节器的电路是否正常
No
检查现场变送器或传感元件对症进行处理

图 10-12　控制系统故障判断的步骤和方法

范围内同步变化，来确定调节器是否正常。具体操作可参照本书“入门篇 9.10.3 调节器的闭环调校”一节。

对智能调节器，如可编程调节器、数字显示智能控制仪等仪表，已可参照以上的故障判断方法进行。但此类仪表失常时，应首先检查其控制程序是否丢失，参数组态设定是否不正确，在此基础上才有可能来判断仪表是否有故障。特别应注意的是，对于此类仪表，当怀疑仪表有故障而用另一台仪表代换检查时，千万不要忘了对换上去的仪表进行设定或组态，否则可能认为换上的仪表有问题。

10.9 执行器的故障检查及处理

在过程控制中常用的执行器有电动和气动两类，由于执行器与调节阀门是密不可分的，因此，这儿说的执行器是把调节阀包括进去的。

10.9.1 执行器的故障判断思路

过程控制系统的作用最终是体现在调节阀门的动作上，因此在判断控制系统故障时，经常是观察调节阀门的动作是否正常。如果自动控制不正常时，可改用手动控制来操作调节阀，阀门不能正常的打开和关闭，也就可以确定是调节阀的故障了，这是一种最常用的检查方法。

常见的调节阀故障有阀门不会动作、阀门动作不灵敏迟钝、阀门动作不稳定或产生振荡、阀门泄漏、机械部件磨损或缺油卡死等，这些故障还是比较容易观察和判断的。

执行器由于有电气和机械部件，因此，有其一定的故障特征，了解这些特征有助于判断或处理故障。新安装使用的执行器常见故障有泄漏、油污使传动机构卡涩或动作失灵，或动作不平稳、速度难控制、定位不准确等。这时的主要工作是认真细致地进行调试，对出现的故障逐一排除。运行到中期的执行器，通过调试和转动磨合，其电气、机械零部件将处于最佳工作状态，其故障率是很低的，但是由于运行了一段时间，有的薄弱环节也会出现故障，如间隙加大导致漏油、原来沾附在管道上的污物、铁锈、杂质脱落会导致阀门出问题。运行后期，执行器的各类电气元件、机械零部件由于工作时间长了，元件老化及零部件的磨损，常会出现位置反馈接触不良，定位精度低、稳定性下降等故障。这时就需要进行检修和更换失效的零部件，即对其进行全面的检查和修理。

10.9.2 执行器的故障检查及处理

(1) 气动调节阀不动作的检查及处理方法

如图 10-13 所示。

(2) 气动调节阀动作不稳定的检查及处理方法

如图 10-14 所示。

(3) 电动执行器的故障检查及处理

电动执行器在通电前必须检查电路连接是否正确；减速器要定期检查、清洗加油。

① 通电后电动机不转动的检查方法：用万用表测量电机绕组端是否有电压，如有电压仍不转动，应进一步检查电机绕组是否断路。如果电机绕组端无电压，则应检查限位开关是否良好。

② 阀位信号无输出或输出信号不正常的检查：用万用表检查差动变压器绕组是否有开路或短路故障；否则应对电源变压器中的谐振电容器进行检查，看其是否正常。最后再检查位置发送器电路板上的电流输出电路是否有故障，如三极管是否损坏，其他元件是否损坏，对症处理即可。

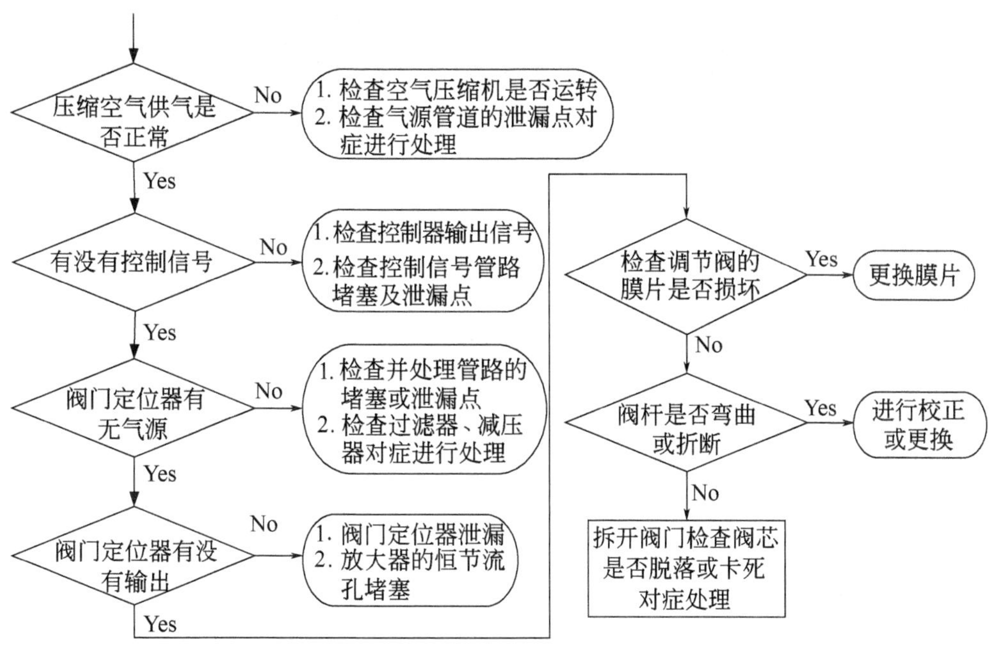

图 10-13　气动调节阀不动作的检查及处理

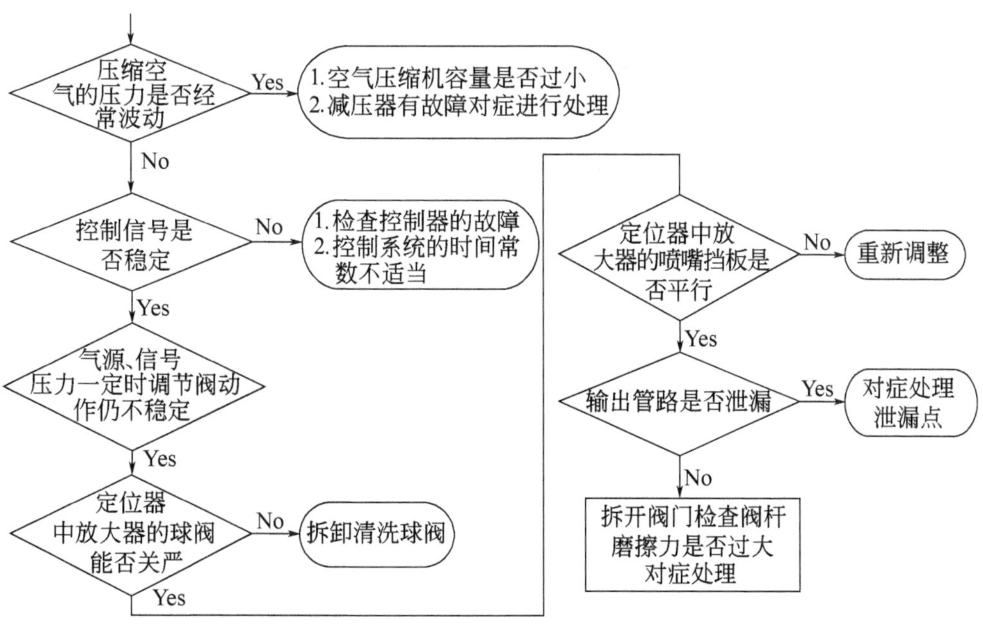

图 10-14　气动调节阀动作不稳定的检查及处理

③ 电动执行器常见故障与处理方法如表 10-7 所示。

表 10-7 电动执行器常见故障与处理方法

故障现象	故障原因	处理方法
电机不转	火、零线接错	对调接线
	分相电容损坏	更换分相电容
	制动器失灵或弹簧片断裂	修复或更换损坏件
	减速器的机械部件卡死	清洗、加油或更换损坏件
无位置反馈信号	差动变压器损坏，谐振电容损坏	更换或修理
	位置发送器电路板有故障	查出有故障元件，进行更换
无输入信号，前置放大器不能调零，放大器有输出	电源变压器有问题，使输出电压不相等	重绕或更换电源变压器
	校正回路两臂不平衡	检查或更换电位器或二极管
有输入信号，伺服放大器无输出	磁放大器的绕组或焊点断路	磁放大器的绕组或焊点断路
	触发级三极管、单结晶体管损坏	检查出故障元件，进行更换
	SCR 可控硅损坏	
无输入信号，伺服放大器有输出	主回路元件损坏	检查出故障元件，进行更换
	触发级三极管损坏	

④ 智能电动执行器常见故障与处理方法如表 10-8 所示。

表 10-8 智能电动执行器常见故障与处理方法

故障现象	故障原因	处理方法
执行器不动作或只能进行短时动作	电压不足、无电源或缺相	检查主电源
	不正确的行程、力矩设置	检查设置
	电机温度保护被激活	检查电机温度保护开关是否正常
	电机故障	进行维修
	阀门操作力矩超出执行器最大输出力矩	检查配套的阀门是否正确
	执行器到达终端位置仍旧向同一方向转动	检查执行器的运转方向是否正确
	超出温度指定范围	观察温度范围是否合乎要求
	动力电源线上的电压降过大	检查电源线的线径是否用小了
不能进入调试状态	操作步骤是否正确	参考用户手册进行正确的调试
	操作板故障	更换操作板

续表

故障现象	故障原因	处理方法
送电后跳闸	固态继电器或交流接触器故障	更换固态继电器
	电源线是否破损碰壳或接地	检查电源线的绝缘电阻
操作跳闸	空气开关配置容量太小	更换空气开关
	电机绕组短路或接地	检查电机的绕组及绝缘电阻
反馈信号波动	电位器或组合传感器故障	检查电位器或更换传感器

(4) 执行器振荡现象的检查及处理

当控制系统处于“自动”状态时，有时会发现执行器会产生有规律或无规律的振荡现象，就需要进行检查和处理。通常引起执行机构振荡的原因有：

① 由于生产工况发生变化，PID 整定参数选择不当，都会引起执行器振荡，可以通过修改 PID 参数值，如加大比例带来增加系统的稳定性，以消除执行器的振荡故障。

② 串级控制回路的输出值比较稳定时，执行器有时还会出现反复的振荡现象。可能是副环回路引起的，可试着降低输出值的变化幅度，来提高稳定性。

③ 执行器使用时间过长，由于机械磨损，新更换的调节阀，其特性与原来有了较大的变化，也会产生振荡现象，就需要考虑改换阀门，或者改写应用软件模块中的对应数据来改变特性，或按特性要求对输出值的上、下限进行必要的限幅。

④ 执行器的刹车制动不良，阀门连杆松动、阀门连杆轴孔间隙的增大，电动执行机构磁放大器的灵敏区选用范围不当等，也会引起执行器出现振荡现象。这就要调整传动机械和连接部件的配合位置，调整刹车片位置，调整磁放大器的不灵敏区的范围，来提高执行器的稳定性，以消除振荡现象。

在线分析仪表的故障检查及处理

10.10.1 在线分析仪表的故障判断思路

在线分析仪表与其他仪表不同，它用来对生产过程的成品或半成品进行质量分析。而我们测量的温度、压力、流量、液位等参数，都属于化工生产中不同的化学反应过程所表现出来的物理特性。但要看到温度、压力、流量、液位等参数，如果符合工艺控制指标时，通常分析参数也会符合工艺指标，因此，我们在判断在线分析仪表故障时，可以借此来间接判断在线分析仪表有无故障及故障来源。

在线分析仪表的取样与预处理装置，对仪表能否正常运行具有非常重要的作用。在故障处理过程及日常维护中，应将其作为重点来考虑。

在线分析仪表大多配有记录仪表，在检查和处理故障时，可充分利用记录仪的记录曲线来分析、判断故障，但前提是记录仪必须是正常的。

10.10.2 在线分析仪表的故障检查及处理举例

（1）充分利用仪表的检查校正功能

在线分析仪表出现指示不正常时，首先应利用仪表的“校对开关”、“检查按钮”、“职能开关”等开关的功能，对仪表进行检查或校正。如RD型分析仪，可将它的开关切至“校对”位置，通“零样气”，观察显示仪的显示是否在红线位置，否则应进行电流调整，如果电流调整无变化则可能放大电路有问题了。如有的红外分析仪有三挡开关，在A挡时，可用来检查放大器的前置电路，来确定检测器有无漏电或短路现象；在B挡时，可进行切光及同步调整工作，以判断干扰来源；在C挡时，可调整“相位”使参比电压的相位与信号电压的相位一致。同时还可检查仪表的灵敏度，来判断检测器有无漏气，光源或电子管是否衰老。在很多在线分析仪表上都有类似的开关，其作用和操作方法都可以通过阅读相关仪表的说明书来获得。

（2）利用记录曲线来分析、判断故障

① 仪表分析值的记录曲线突然上升，或者突然下降，然后又慢慢下降或上升至工艺控制指标的范围内，可能是工艺生产加量，减量引起的，这不是仪表的问题。

② 有样气正常通入仪表，记录曲线能随工艺的工况变化而变化，且示值符合标准气校准值和工艺控制指标值时，说明整套仪表工作正常。

③ 记录曲线一直走直线，有可能是分析器内有样气，但无流量，可能是管道内残余的样气从而出现一条不变化的直线，应检查取样管路及取样装置是否堵塞。

④ 记录曲线有不规则的波动，或者波动时有、时无，有可能是干扰、机械振动的原因；也有可能是电路板插件接触不良、接线接触不良引起的，可通过测量干扰电压，和检查插件、电线的接触状态来判断故障。记录曲线上下波动很大，有可能是干扰引起的，如高压电场及交变电磁场干扰，高频干扰，地电流干扰等。可通过测量干扰电压来判断干扰源，并采取相应措施来克服干扰。

⑤ 记录曲线快速波动，应检查记录仪或分析仪表的灵敏度是否太高或有振荡现象。

⑥ 记录曲线跑最大或最小，可能是分析仪表的测量桥路断路或检测器元件损坏。有时电位差计记录仪的滑线电阻接触不良也会出现上述现象，可对症进行检查处理。

记录曲线慢慢向零下漂移，直至零位以下，这样的故障，大多是分析仪零点漂移产生的现象，尤其是质量不好的红外线气体分析器常出现该故障。

(3) 红外线气体分析器常见故障及处理方法

红外线气体分析器常见故障及处理方法如表 10-9 所示。

表 10-9 红外线气体分析器常见故障及处理方法

故障现象	故障原因	处理方法
仪表显示突然到零	切光片停转	检查有无摩擦，更换电机
	光源灯丝断或其电源断路	更换光源灯丝，或排除电源故障
	作用开关置 A、B 挡都正常，但 C 挡为零，则参比电机回路断线	检查参比电机回路
	主放大器有故障	检查主放大器
记录曲线无异常，但与实际值不符	零点漂移	用零气样校正零位
	灵敏度变化	用标准气调正灵敏度
	记录仪与指示表不同步	调整主放大器输出同步电位器
仪表运行中，显示变为正向直线上漂，并且与实际值不符	被测气样中断	排除气路故障
指示值无规律乱跑	电缆线接头接触不良	检查电线是否腐蚀、虚焊
	接插件接触不良	检查电路板是否松动，重插
记录曲线毛刺大或小幅度摆动	记录仪有故障	清洗滑线电阻或重调灵敏度
	稳压电源有故障	更换稳压管或修理
	光路平衡失调	重新调整光路平衡
	主放大器的放大倍数过高	提高检测灵敏度以降低放大倍数
	电容器质量差或性能下降	更换电容器
通被测气后，显示连续正漂	工作室漏气	查漏并采取措施密封
	新表测量腐蚀性气体时会有连续正漂过程	使用并稳定一段时间该形现象就会消失，但对样气要严格进行干燥

10.11 报警、联锁系统的维修

使用中的报警、联锁系统进行维修时，必须严格遵守技术规程的规定。维修前必须办理相关会签手续，还要征得相关岗位操作人员的同意；必须在切断或解除联锁后才能进行维修。检查、维修报警、联锁系统时，必须有两人参加；维修完成后应及时通知操作人员，并且要经过操作人员的核实和复原，要做好维修记录，请有关人员签字认可。

报警、联锁系统最严重的故障就是不会动作或误动作，其原因很多，但最容易引起的原因是关键输出点的触点粘连在一起或开路，还有就是元件故障、发信仪表故障。

（1）报警、联锁系统误动作的故障原因及处理

在生产中报警或联锁系统有时会出现错误动作。这样的情况虽然不常出现，可是一旦发生，对生产的影响是很大的。所谓误动作是指生产过程及工艺设备正常、工艺参数都没有达到自动报警、保护性动作、自动停车设定值的情况下，而出现报警或联锁动作。引起误动作的原因很多，但有的隐患是可以提前发现和消除的。

① 供电电源中断，供电方式及备用电源的切换时间设计不合理，个别元器件、导线短路或接地而使熔断器熔断，都有可能引发误动作。对于双回路供电系统，并定期检查切换电路的动作是否正常，测试相关电路的绝缘电阻，使用年久的熔断器应定期更换。

② 电气设备安装环境的温、湿度太大，会使设备的绝缘电阻下降，使继电器线圈烧毁，信号灯的灯座触点氧化或接触不良，灯泡烧毁使信号灯报警状态时不亮等，也可用LED灯代替白炽灯泡。

③ 连接导线由于接线端子没有压牢而造成导线接触不良或开路；端子接线标记丢失或字迹模糊，而造成检修时接线错误，如短路而发生误动作。

大检修时把所有的接线端子再旋紧一次，并更换生锈的螺钉；重新制作接线标记。检修接线认真按图施工，接线完成应检查一遍，必要时要有专人进行检查。

④ 发信仪表出故障，如电接点压力表导压管或阀门泄漏，致使压力指示值偏低；发信仪表的电接点由于氧化、锈蚀而接触不良。校验发信仪表时，或对压力、差压变送器排污或检查零点时，没有切换解除报警、联锁的开关都会导致误动作的发生。

因此，应加强现场的巡回检查，以便即时发现问题；定期校验发信仪表，并检查调校其发信触点的动作是否灵敏可靠。排污、检查仪表零点时，严格按操作规程进行，一定要把报警、联锁状态解除了才能进行。

（2）报警、联锁系统不动作故障的原因及处理

除误动作外，报警、联锁系统会出现应该动作的时候不动作的故障，即当工艺参数已越限或设备运行参数已达到自动报警或自动联锁的设定值，但报警联锁系统却没有反应而不动作。报警、联锁系统不动作的危害是很大的，但只要在维修中加强检查，有的隐患也是可以提前发现和消除的。

① 当发信仪表失常或发信装置有故障时，在工况越限时不能正常显示和发信。

因此，应定期校准和检查调试发信仪表。对于关键的工艺参数可使用两台或三台仪表来监测同一个参数，组成多取一回路来冗余。

② 触点发信元件的触点表面易氧化或被污染，这将影响正常导通，除应定期检查维修外，还可适当增加流过触点的负载电流来提高可靠性。发信触点使用时间久了，由于多次打火会粘接在一起，或接触不良导致不能断开或接通。应在触点电路中采取消除火花的措施，对于表面烧坏的触点应及时更换。

③ 执行元器件出现回路断线、短路、绝缘不良、接地等故障，也会造成不动作。连接电线断路、短路或接地，可用万用表检查线路的导通情况，用兆欧表检查线路及设备的绝缘电阻情况，经过检查可采取措施来消除隐患。因此，定期对报警、联锁电气回路进行绝缘电阻测试是一项很重要的工作。

(3) 报警、联锁系统的投运步骤

报警、联锁系统开车前都必须进行空投试验，所谓空投试验，就是模拟生产中报警、联锁系统的工作状态，以此来检查仪表、执行元件和中间元件能否正常工作。试验合格才能正式投运，一般投运步骤有：

① 按规程办理有关审批手续，并且与工艺，电气、设备专业相关人员取得联系；

② 检查并校准发信仪表的指示误差、控制误差；确保其指示准确，动作可靠。系统送电后，要观察相关仪表及元器件有无发热现象，如正常就可以进行空投试验了；

③ 有多个工艺参数的系统，则每个参数都要做模拟试验，并且试验数值应尽量接近设定值，每个参数最少要做两次试验，对于重要的联锁系统，还应增加试验次数；

④ 空投试验全部正常，才能办理投运审批手续，并要在工艺、电气、设备专业人员的配合下，将系统投入运行，并观察一段时间。

仪表故障检查及处理总结

判断仪表或控制系统故障时，首先要比较透彻地了解系统的设计意图、结构特点、控制参数的要求，以及有关系统的工艺条件与特殊要求。当仪表或控制系统发生故障时，能够明确故障产生的各种因素，然后再作具体判断、处理，做到及时、准确、快速地排除故障，保障仪表或系统正常运行。从以上的仪表及控制系统故障处理中，我们可看出，仪表或控制系统产生故障的现象有可能是固定性的，或是重复性的，也有可能是偶发性的，如图 10-15 所示。因此，处理仪表或控制系统故障还要善于总结经验，并以此来指导维修工作。

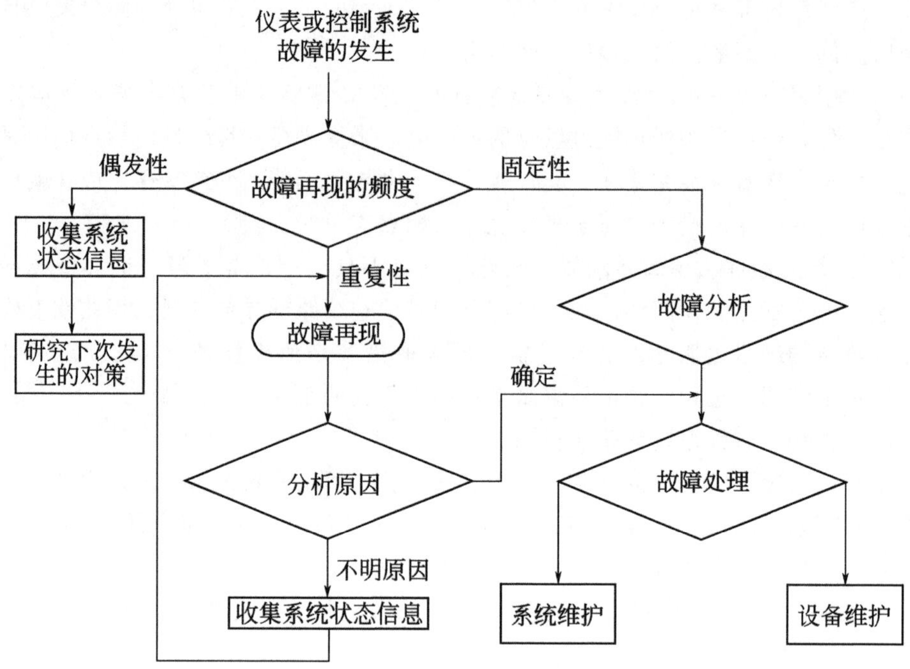

图 10-15　仪表或控制系统故障分析处理流程示意图

发挥智能手机在仪表维修中的作用

① 阅读功能：在手机中安装阅读软件，再将电子版的仪表说明书、仪表书籍安装至手机，就可随时进行阅读和查资料了。

② 软件功能：可在手机上使用的仪表常用软件很多，且在网上都可下载到。将软件安装至手机，维修时就很方便，如热电偶、热电阻分度表，单位换算，过热蒸气、饱和蒸气密度查询，线性转换计算器、函数计算器等。

③ 拍照功能：需要拆动仪表的接线或拆开仪表检修时，可在拆前或拆的过程中，用手机进行拍照，通过对比可确定拆前与复原后是否一致，可避免出现错误。甚至还可将不懂的问题，如零部件发到网上求助。

④ 学习功能：网上有很多在手机使用的电子电路软件，如电子电路模拟器、电路专家等，可根据各人的工作实际，把相关软件下载并安装至手机进行学习或仿真。

11. 需要掌握的钳工技能

凡是在台虎钳上用手工工具或电动工具对金属进行冷加工的工作，叫做钳工工作。仪表工需要掌握的钳工技能有划线、锉削、锯割、钻孔、攻丝及套丝、錾削等。并不要求仪表工掌握全部的钳工技能，大致掌握上述技能就可应付仪表维修工作了。由于仪表加工的零件大多较小、要求较高，在学习钳工技能时，除掌握基本的钳工操作技能外，还要注意工作中的清洁，并能在体积小、不同材料的工件上进行钳工工作。

台虎钳是一种安装在钳桌上供钳工用的夹持工件的夹具，台虎钳主体是用铸铁制成的，分固定和活动两部分。固定部分用螺钉固定在钳桌上，可动部分通过手柄摇动螺杆来固定被夹持的工件。虎钳的大小是以钳口宽度来表示的，钳口宽度在60～150mm之间。仪表维修和零件加工常用到桌虎钳和手虎钳。

11.1 划线操作

按图纸的尺寸和形状，在待加工的零件毛坯或板材上，用划线工具划出图形，就叫做划线。仪表工接触较多是在板材上的平面划线工作。划线常用工具有划针、角尺、圆规、冲子等。

平面划线的步骤及方法如下。

先分析图纸，确定划线内容，再确定划线的基准线；先把基准线划出来，然后再划其他直线和斜线，再划圆或弧线；用冲子点击标记点，通常直线在其两端及中间点击，圆和弧形的点击数不能少于4点，击点位置应在各线的交点和接点上，其余线上的点击点以相等的间隔点击。

由于仪表加工中小孔较多，击点位置正确与否，在钻孔时起决定性的作用。大孔在开始钻偏后还可以纠正，而直径很小的孔，一旦钻偏就无法改正了，所以正确的击点在加工小孔时是很重要的。孔距击点位置决定于划线是否准确，而划线的准确决定于划规的正确调整。划规可按以下方法调整检查，先参照钢皮尺调整划规两脚尖的距离，然后把划规的两脚尖沿着钢皮尺重复几次，就很容易看出来调整得是否正确了，因为0.1mm的错误在重复5次后就已经显出0.5mm的错误了。先在已划好线的十字线上用冲子轻轻点击一个点，然后用调整好的划规在直线上取另一个点，然后观察两线的交点位置，再用尖锐的冲子击点后，再对两点进行检查。

11.2 锉刀及锉削操作

锉削就是用锉刀从工件表面上锉去一层金属，使工件具有需要的尺寸、形状和表面光洁度。用各种不同规格的锉刀可以锉削各种金属，如铁、钢、铜、铝等，还可以锉削塑料等非金属材料。各种不同形状的锉刀可以加工不同形状的物件，如锉削内外平面、复杂表面、内外角、通孔和内孔等。常用锉刀的名称和用途如表 11-1 所示。

表 11-1 常用锉刀的名称和用途

名称	用途	形状截面图
平锉	平面加工	
方锉	平面加工	
齐头扁锉、尖头扁锉	平面和凸起的曲面加工	
三角锉	三角形通孔或三角槽加工	
圆锉	圆孔和圆槽加工	
半圆锉	圆面用于通孔和圆槽，平面用于平面加工	
刀锉	通孔和凹槽加工	
什锦锉	精密、细小的金属件加工	各种形状

（1）锉刀使用和保养方法

每把锉刀应单独平放在工具箱内，不要把所有锉刀堆放在一起。新使用的锉刀，要先在软金属上锉一段时间，再在硬性金属上使用。不能用手擦已经锉过的面，否则会使锉刀打滑。锉刀上不可以沾水、沾油。铸件的表面和起氧化皮的零件，只可用旧的锉刀；淬过火的零件不能锉；锉刀要及时清刷嵌在齿隙里的金属屑。

（2）锉刀的握法

锉削质量的好坏，除正确的选择锉刀外，还与操作姿势、锉削过程中力的掌握正确与否有关。这只有在实际操作中去体会，通过一定时间的练习和操作，才能达到要求。新手可参考以下锉刀握法进行练习，但最好多看看师傅的实际操作，印象就深刻了。

① 粗锉平面的握法。用右手握锉刀柄，大拇指放在锉刀柄的上面，其余四指放在下面，手心抵住锉刀柄的端面。左手掌部拇指根部压在锉刀尖上，用食指、中指捏住锉刀尖。

② 细锉平面的握法。右手同上，左手拇指、中指及食指尖端捏住锉刀的尖端。

③ 小锉刀的握法。右手食指伸直，左手除拇指外，其余四指压在锉刀的中部。

新手在用锉刀时，最常出现的问题是锉刀上下摇摆，这是由于在锉削的过程中，从开始到结束没有保持住锉刀的总压力不变。要保持锉刀的总压力不变，两手各自对锉刀的分压力在锉削的过程中要注意适当的进行调整。因为开始推锉刀时，左手与工件的距离短，右手与工件的距离长，对工件各自施加的压力，左手要大些，右手要小些。锉刀推动到中间位置时，两手与工件距离相等时，两手对工件的压力也相等，锉刀推动到最后位置时，与开始时正好相反。只要反复的练习和实践，自然就会调整好两手的压力，也就可以克服锉刀上下摇摆的问题了。

钢锯的使用

（1）钢锯的操作方法

手锯操作时右手握紧钢锯架的锯把，左手握紧钢锯架前部弯弓处。用力要平稳，并注意两手的用力要相等。锯割形状不同、硬度不同的工件时，要注意以下要点。

① 钢锯片的安装。一般情况下，钢锯片是直装的；当锯缝很深时，钢锯片应该横装。且钢锯片锯齿方向是向前的。

② 掌握推锯速度。锯割较软金属，如软钢，铜合金等，推锯速度可以快些，每分钟可 30～40 次；锯割硬金属时，如工具钢等，每分钟 20～30 次；速度过快锯齿容易磨损。

③ 适度的锯割压力。锯割硬性金属时，压力应该大些，防止打滑现象产生。锯割软性金属时压力应小些，防止咬剁现象产生。

④ 工件装夹方法，锯实心材料，如钢棒，工件在虎钳上装夹一次，就可以从头锯到底。可是锯割管壁较薄的钢管时，要装夹多次，使锯条从多个方向锯入，以

防锯条折断。

（2）锯条折断和锯齿脱落的原因及预防

开始学手锯操作，最易出现的问题就是锯条折断和锯齿脱落。通常是由以下问题所致。

① 钢锯片安装时上得不紧。锯割工件时锯片松弛，锯片被扭歪而阻塞在锯缝中，很容易折断，所以锯片必须要上紧。

② 工件抖动或松动。在锯割的过程中如果工件抖动或松动，锯片突然被阻刹，很容易折断锯片。所以工件装夹在虎钳上应该十分牢固，且要使锯缝尽量靠近虎钳口。

③ 锯片的锯齿选择不当。如果用大锯齿锯割薄的工件，锯齿就会在工件上嵌住，在推锯时易造成锯齿脱落，锯割薄工件时要选择细的锯齿进行锯割。

④ 锯割中途换用新的锯片，而仍旧从原有锯缝锯割。由于旧的锯片锯缝比新的锯片狭，新的锯片会在旧锯缝中刹住而折断，因此，换用新的锯片时应选择新的方向进行锯割。

⑤ 推拉锯弓的力不适当。如锯割较软的金属时，用力过大会发生锯片咬刹现象，易折断锯片。所以，在锯割软的金属时推拉锯弓的力要小，如锯割薄壁紫铜管时，只能轻轻地锯，才能避免咬刹现象的发生。

11.4 螺纹攻丝及套丝方法

仪表零部件中的螺纹件，使用日久后螺钉拆卸起来有时是很困难的，究其原因，大多是锈蚀造成的。为了方便下次维修拆卸最好进行换新，没有条件更换时，可以考虑采用攻丝或套丝的方法，来进行修复继续使用。有时新加工的零部件，已会涉及到螺纹攻丝及套丝工艺。因此，仪表工掌握螺纹攻丝及套丝的方法是很有必要的。

（1）螺纹知识

螺纹可分为外螺纹和内螺纹。外螺纹通常是指圆杆上的螺纹，如螺钉或螺杆，而内螺纹是指圆孔内的螺纹，如螺母。平时我们称螺钉、螺杆为螺丝；称螺母为螺帽。螺纹是仪表重要的紧固零件，仪表中常用的螺纹有以下 4 类。

① 公制螺纹：即米制螺纹，其应用最广泛。螺纹各部分的尺寸都是以毫米计算的；它的规格以 M 表示，即用螺纹的外径 d 和螺距 S 来表示。按螺距可分为粗牙和细牙两种，螺纹牙型角为 60°。

② 美制统一螺纹：由美国、英国、加拿大三国共同制订，是目前常用的英制螺纹。规格是以每英寸（25.4mm）内的螺纹牙数表示。此种螺纹可分为粗牙

(UNC)、细牙(UNF)、特细牙(UNEF)。螺纹牙型角为60°螺纹中的$\frac{1}{2}$、$\frac{1}{4}$、$\frac{1}{8}$是指螺纹尺寸的直径，单位为英寸，如一寸等于8分，$\frac{1}{4}$寸就是2分。

③ 管螺纹：主要用来进行管道的连接，我国的管螺纹基本延用国际标准，采用英寸制。它各部分的尺寸是以英寸计算，它与英制螺纹的主要区别是螺纹较细。它的规格是以每英寸内的螺纹牙数和管子内径表示。螺纹牙型角为55°。

④ 美制锥管螺纹：属于美国标准的密封管螺纹，具有1∶16的锥度，不加填料或密封材质就能防止泄漏，其规格是以每英寸长度内的牙数和管子内径表示，螺纹牙型角为60°。

常用螺纹标注如表11-2所示。

表11-2　常用螺纹标注举例

螺纹名称	规格标注	规格说明
公制螺纹	M20	M表示米制普通螺纹，20表示螺纹的公称直径为20mm
公制细牙螺纹	M20×1.5	M表示米制普通螺纹，20表示螺纹的公称直径为20mm，1.5表示螺距
美制统一螺纹	$\frac{1}{2}$-10UNF	$\frac{1}{2}$表示螺纹直径，10表示1in内有螺纹10牙，UNF表示细牙
管螺纹	G$\frac{1''}{2}$	G表示非密封圆柱管螺纹，$\frac{1}{2}$表示管子内径等于$\frac{1}{2}$in
美制锥管螺纹	$\frac{1}{2}$-14NPT	$\frac{1}{2}$表示螺纹尺寸代号，14表示1in内有螺纹14牙，NPT表示一般密封圆锥管螺纹

(1) 公制和英制螺纹的区分方法

最简单的方法就是拿螺钉或螺母试拧一下，根据能否拧进去来判断公、英制螺纹。也可用游标卡尺测量螺纹的外径，看其尺寸与公制还是英制相吻合。还可用螺纹规测量螺纹，普通公制螺纹的牙型角是60°，而英制螺纹一般为55°，但要注意的是英制也有60°的螺纹。也可通过测量螺距来判断，如公制的尺寸一般是整数或可以被5整除，而英制的大多除不尽。

(2) 左旋和右旋螺纹的区分方法

螺纹的旋转方向有左旋和右旋之分，按顺时针方向旋进的螺纹称为右旋螺纹，按逆时针方向旋进的螺纹称为左旋螺纹，从图纸看：螺纹代号中有“LH”标注的，则为左旋螺纹。从实物看：把螺钉竖立起来，观察螺旋体，左边高即为左旋螺纹，右边高即为右旋螺纹。

(2) 用丝锥攻螺纹的方法

用丝锥攻螺纹俗称攻丝。采用的工具有：手用丝锥、机用丝锥、管子丝锥。通常仪表工用的是手用丝锥。

手用丝锥如图 11-1 所示，工作时把丝锥紧固在丝搬或小搬手内用手攻丝。手用丝锥由两支组成一套，切削工作分为二次来完成，这样切削力小、不费力，螺纹也较光洁，丝锥也不容易折断。

图 11-1 手用丝锥

要在孔内切削出很完整的螺纹来，与孔直径的精确度有很大的关系；特别是在仪表维修中，攻小直径的螺钉时更显得重要。底孔直径必须符合螺纹直径的要求，如果底孔过大，攻出的螺纹不完整，底孔过小，会滑丝或折断丝锥。一般底孔直径应稍比螺纹内径大一些，因为丝锥对工件材料有挤压作用，具体底孔直径大多少应根据工件材料来确定。因此，攻丝前，要对底孔直径和底孔深度进行一定的计算。本书仅介绍攻公制螺纹时的计算方法。

① 攻公制螺纹时底孔直径的计算

根据材料被挤压的情况不同，可用下列经验公式估算：

A. 在韧性材料上攻丝时：$d=0.8d_0$

B. 在脆性材料上攻丝时：$d=d_0-0.669S\times 2$

式中 d——底孔直径；

d_0——螺纹外径；

S——螺距。

② 攻公制螺纹时钻孔直径的经验值

在一般的钢制工件上攻制公制螺纹时，钻孔直径可按表 11-3 的经验值进行选择。

表 11-3 攻公制螺纹时钻孔直径选择表

螺纹	M3	M4	M5	M6	M8	M10	M12	M14	M16
钻孔直径	ϕ2.5	ϕ3.3	ϕ4.2	ϕ5	ϕ6.7	ϕ8.5	ϕ10.2	ϕ11.9	ϕ14

③ 底孔深度的计算

在进行不通孔攻丝时，要求底孔深度大于螺纹长度、丝锥切削部分的长度、钻头切削部分的长度三部分的总和。

(3) 攻丝操作

先使丝锥中心线与底孔中心线保持一致，然后两手用轻而均匀的力量，把丝锥旋入孔内，当丝锥开始切削后，就不能再加压了。丝锥转动至半转或一转后，要反旋回来半转，以切断金属屑，防止金属屑咬住丝锥，把丝锥扭断了。先攻头锥，再用二锥扩大及修光螺纹。为了减少丝锥与孔壁之间的摩擦及降温，在攻丝时一定要加适量的润滑液，可用机油或煤油。

(4) 用板牙套螺纹的方法

用板牙在圆杆上切削螺纹叫套丝，又叫板丝。用板牙套丝时，圆杆直径应比螺纹外径小 0.2～0.4mm，这样可板出质量很好的螺纹，还可保护板牙不损坏。为便于切削，应在圆杆端头进行 15°以上的倒角。在套丝的过程中，转动至半转或一转后，要常反旋回来半转，以切断金属屑。

(5) 自攻螺钉

自攻螺钉又称为自攻螺丝，其牙螺纹是自攻型的。螺钉头部有盘头、沉头、带垫头等。自攻螺钉是尖的，其牙距比较大，可直接旋进金属与非金属中，靠其自身的螺纹，将被固结体攻、钻、挤、压出相应的螺纹，使之相互紧密接合。自攻螺钉施工方便还节省了螺母。

11.5 常用铁皮弯制件的制作

在仪表维修、安装中常会用到直角形、S 形、Π 形、U 形等铁皮夹子。制作方法如下。

(1) 直角形的折弯方法

先剪好所用尺寸的薄铁皮，然后在要弯的地方划线，在台虎钳上弯制。如图 11-2 所示，把铁皮要弯折的线对齐虎钳口并夹紧，然后用橡胶锤敲打铁皮即可。

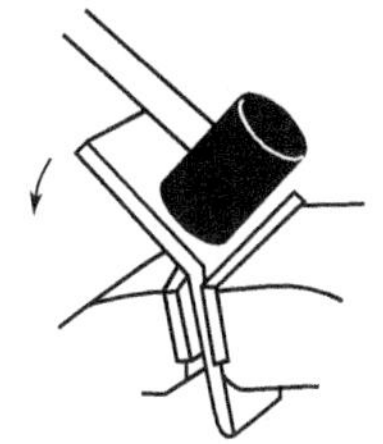

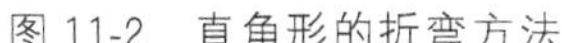
图 11-2 直角形的折弯方法

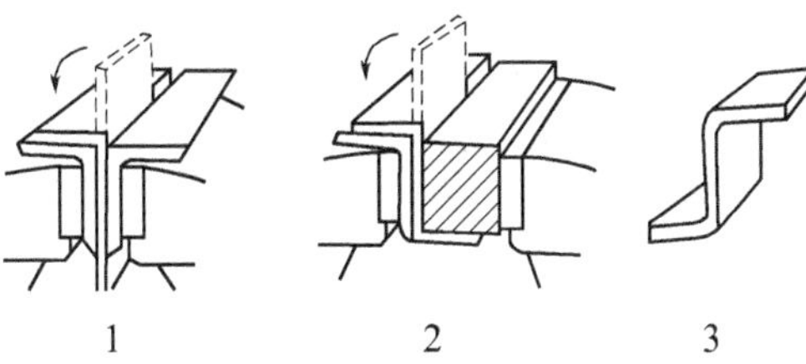

图 11-3 S 形的折弯方法

(2) S 形的折弯方法

剪好薄铁皮、划好线，在台虎钳上弯制。折弯 S 形板的步骤可按图 11-3 进行，按第 1 步骤先折出一个直角弯，然后再按第 2 步骤折第二个直角弯。

(3) Π 形的折弯方法

剪好薄铁皮、划好线，在台虎钳上弯制。折弯 Π 形板的步骤可按图 11-4 进行。按第 1 步骤先折出一个直角弯，然后把铁皮夹在一块方木块上，再弯第二个直角弯，使其成为一个两边对称的 Π 形弯，再换用另一块木块，按第 3 步骤把 Π 形弯的两边折为直角。木块也可以用角钢或槽钢来代替。

(4) U 形的折弯方法

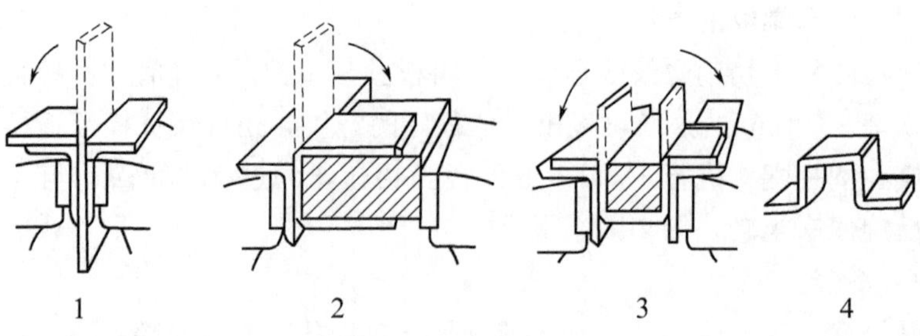

图 11-4 Ⅱ形的折弯方法

剪好薄铁皮、划好线，在台虎钳上弯制。折弯 U 形板的步骤可按图 11-5 进行。先把铁皮一头夹在台虎钳上，用一截圆钢管垫着，用锤打钢管，使铁皮变形成一定的圆弧状，然后按第 2 步骤换夹铁皮另一头，继续用钢管垫着打至变形，最后折弯即成。

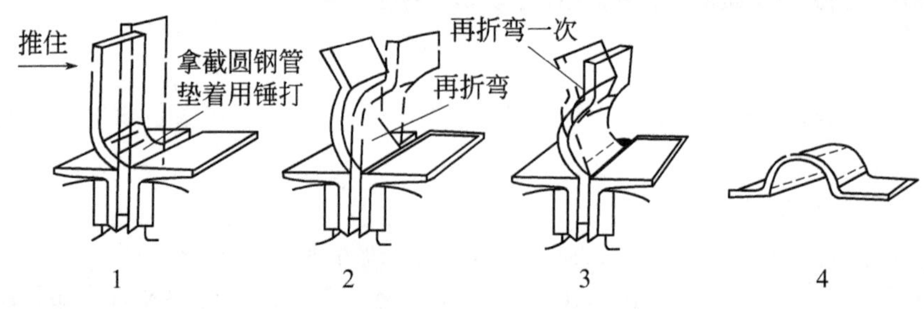

图 11-5 U 形的折弯方法

11.6 手电钻及冲击电钻的使用

手电钻及冲击电钻是仪表维修中常用的电动工具。此类工具由于人的手直接接触并带电进行操作的；此类工具流动性大、振动也大，并靠人手紧握来使用，极易发生漏电、短路等故障。为了防止手持电动工具造成伤亡事故，国家制订了《GB 3738—93 手持式电动工具的管理、使用、检查和维修安全技术规程》。因此，仪表工要认真学习和遵守本规程，以保护自身的安全。

（1）手电钻及其使用

手电钻主要用来在金属和非金属材料上打孔。常用的为最大钻孔直径 6mm 和 13mm，额定电压为 220V AC 的。

万能电钻属一机多用，可钻孔、磨削、攻丝、坚固螺纹等，其最大钻孔直径：钢材为 10mm，木材为 15mm，坚固螺纹和攻丝为 6mm，额定电压为 220V AC。现大多为进口产品。

钻孔前先在孔的位置打上中心冲眼，钻孔时要双手紧握电钻，尽量不要单手操作，掌握正确的操作姿势，进钻时用力不要太大，防止打断钻头，尤其是小直径的钻头更应注意用力要适当。只能在手电钻断开电源时夹紧和取下钻头。不要使用有裂纹或损伤的钻头，有问题的钻头应立即更换。钻完孔后不要马上碰触钻头，以免钻头过热灼伤皮肤。

操作中发现钻孔位置偏移或歪斜时，要停止操作，找出原因。问题一般是由工件与钻头不垂直，工件没有固定紧，进钻的力太大，中心眼冲偏等原因引起的。

(2) 冲击电钻及其使用

冲击电钻是在普通电钻的基础上增加了冲击功能。它既可以作为普通电钻使用，又可以调节为冲击电钻使用。其工作状态是通过调节手柄实现的。当手柄调到纯旋转位置时，装上普通钻头就可钻孔。当手柄调到冲击位置时，装上镶有硬质合金的冲击钻头，就可以对砖墙、混凝土、瓷砖等进行钻孔。

冲击电钻的冲击力是借助操作者的轴向施加压力而产生的，应根据钻头的大小给予适当的压力。压力过大会降低冲击频率和减小冲击幅度，从而降低工作效率，并且会引起电机过载。打孔时先将冲击钻头抵在工作面上，然后再启动电钻；冲击钻头要垂直冲钻，不允许冲击钻头在孔内左右摆动。钻孔时旋转速度突然降低，应立即放松压力；发现有不正常杂音时应停止检查，钻孔时应注意避开混凝土中的钢筋；钻孔时突然刹停时要立即切断电源。拿冲击电钻时，必须握持手柄，不能拖拉电源引线，防止电源线擦破。使用时要轻拿轻放，防止碰撞，以避免损坏外壳或其他零件。

膨胀螺栓施工要点

打孔深度通常是选择膨胀管的长度，但在施工中发现这个深度往往不够，可能与孔内有杂物残留有关，所以，打孔深度要比膨胀管长 5mm 左右。只有打孔深度大于膨胀管长度时，膨胀管才有可能全部进入被打孔内。膨胀螺栓对打孔安装点的要求是越硬越好，如安装在混泥土中，其受力强度比在砖体中大五倍。施工时先把整套膨胀螺栓放入打好的孔中，把螺母拧紧几扣，感觉膨胀螺栓比较紧并且已不再松动了，然后拧下螺母，把被固定件的孔对准螺栓装上，再装上垫片及弹簧垫圈，最后把螺母拧紧即可。

(3) 手电钻使用的安全事项

钻头放入钻夹头后，要用钻夹钥匙轮流插入三个钥匙定位孔中用力旋紧，保证钻孔时钻头不抖动，以确保安全作业。工作中钻夹钥匙最容易丢失，在现场常见没有钻夹钥匙，而用锤敲打钻夹头来夹紧钻头的现象。因此，一定要养成工作完毕收拾好钻夹钥匙的习惯。

操作手电钻不得戴手套，更不可用手握手电钻的转动部分或电线，使用过程中要防止电线被转动部分绞缠。女仪表工的长发一定要扎紧并挽在工作帽内，以防出现被转动部分绞缠的事故。钻孔时精力一定要集中，手不要离开电钻开关，以便随时关闭电源；高空作业时，除要有安全保护措施外，还要设专人保护，电源开关要在保护人旁边，一旦发生电击时可迅速切断电源。不要在雨中、潮湿的环境和有防爆要求的现场使用手电钻。手电钻电源一定要有可靠的接地线。

每次使用前都要对手电钻进行外观检查和电气检查。如外壳、手柄有无裂缝和破损，紧固件是否齐全有效；电缆或电线是否完好无损，保护接地是否正确、牢固，插头是否完好无损；开关动作是否正常、灵活、完好；电气保护装置和机械保护装置是否完好；转动部分是否灵活无障碍。通电后手电钻能否正常转动，用试电笔测试外壳是否漏电，观察电刷火花和声音是否正常。

手电钻必须由班组统一保管，并严格履行借用手续，手电钻借出和收回时，要严格检查插头、导线等有无破损、变形和松动，不得带病使用。

手电钻的检修应由专业人员进行。修理后的手电钻，不应降低原有的防护性能，其内部的绝缘衬垫、套管，不得任意拆除或调换。检修后手电钻的绝缘电阻，可用500V兆欧表测试，其绝缘电阻不能低于2MΩ。

钳工安全技术知识

钳工工作环境要保持整洁，车间的地面有油污或其他液体如果不打扫干净，就可能在行走时滑倒而碰到设备或其他机件上；一些加工材料、钢管、已加工的成品或半成品堆放在过道上时，如不加整理倒塌是很危险的。

工作环境要保持通风，否则灰沙、尘土吸到肺里，或粘在皮肤上对身体是有害的，同时要保持车间的整洁和个人的清洁卫生。在工作中，如遇到有毒有害的工艺介质，要认真执行安全操作规程，防止中毒。

在钳工操作中，如錾削、锯削、钻孔，以及在砂轮机上打磨时，会产生很多的金属屑，清除时不能用手掏，也不以用嘴吹，必须用刷子扫掉，否则割破手指，吹到眼睛里或者会被烫伤。

使用砂轮机、手电钻、冲击电钻等电动工具时，必须按照师傅的指导，严格地执行安全操作规程，正确地学会使用方法，细心地加以维护和保养，凡是自己尚未学过的设备和工具不要随便使用和启动，以避免设备事故和人身事故的发生。

11.7 仪表管道敷设技能

11.7.1 手工弯管器的制作

在仪表维修中，会涉及到仪表管道及电气保护管的敷设工作，尽管工作量不会太多，仍会遇到钢管的冷弯加工，钢管的冷弯制就需要弯管器。对于工作量不大或一些小型企业，专门购置电动、机械的弯管器并不划算，如果能自己动手制作一副弯管器是很方便且实用的。现介绍一种手工弯管器的制作方法，先按图 11-6 加工好滑轮，然后按图中的垂直线将滑轮锯割为四块，把锯下的四块铁分别焊接在两根钢管上，如图 11-7 所示，一个滑轮可以制作一副弯管器。焊接时拿一截对应直径的钢管比着焊两铁块的间距，这样焊好后空隙比较合适，如果空隙小了，无法从侧面放到要弯制的管子上，操作起来不方便。图中加工序号 1 制作的弯管器可用来弯 1/2in 的水煤气管，锯割的铁块焊接在 1in 的钢管上，钢管长度为 1.2m 左右。用加工序号 2 制作的弯管器可用来弯 $\phi14$ 的无缝钢管，锯割的铁块焊接在 1/2in 的钢管上，钢管长度为 1m 左右。

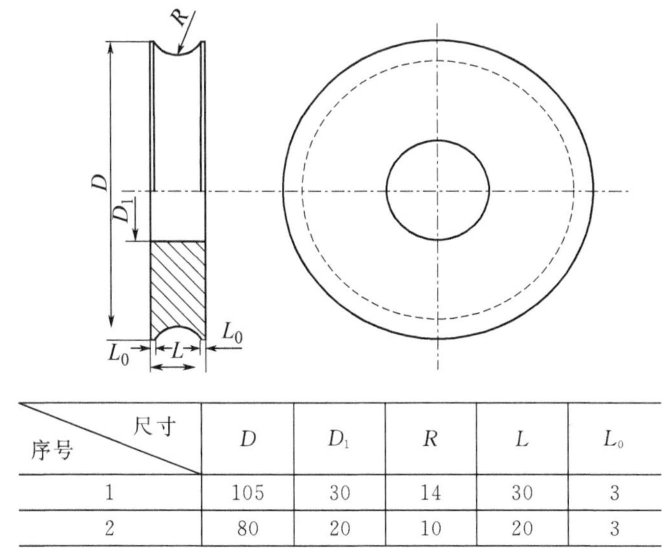

序号＼尺寸	D	D_1	R	L	L_0
1	105	30	14	30	3
2	80	20	10	20	3

图 11-6　手工弯管器滑轮加工图

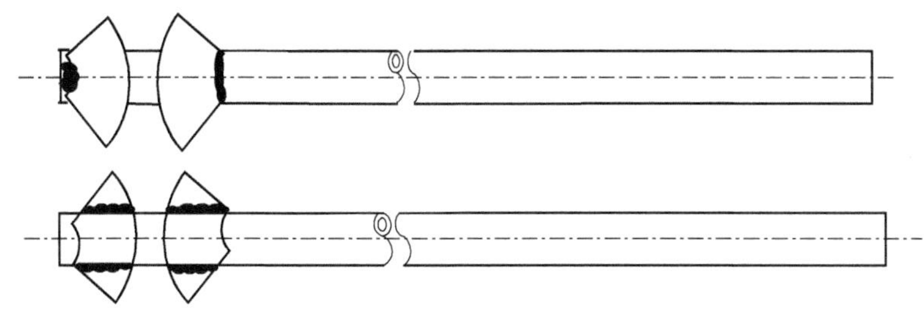

图 11-7　手工弯管器焊接示意图

11.7.2　钢管的冷弯方法

用手工弯管器弯钢管时，先在钢管需要弯曲处划上记号，然后把弯管器套在被弯制的钢管上，弯管器要分别放在被弯制钢管的两侧，如图 11-8 所示。弯管时需要两个人共同操作，其中一个人使用 2 号弯管器，作用是固定被弯管，另一个人使用 1 号弯管器，由其来进行弯管，两人的用力方向正好相反，如图 11-8 中的箭头所示。弯制质量取决于操作 1 号弯管器的人，如要弯制图 11-9 所示的直角弯时，2 号弯管器固定在 c 处不动，1 号弯管器从 a 处用力向箭头方向弯动，并逐渐向 b 端移动，直至弯成直角弯，这样还可保证 L 的尺寸。钢管弯制时要一次弯成，管子弯曲后，应检查有无裂纹和凹陷处。仪表管的弯曲半径在《GB 50093—2002 自动化仪表工程施工及验收规范》有规定，即“高压钢管的弯曲半径宜大于管子外径的 5 倍，其他金属管的弯曲半径宜大于管子外径的 3.5 倍，塑料管的弯曲半径宜大于管子外径的 4.5 倍”。

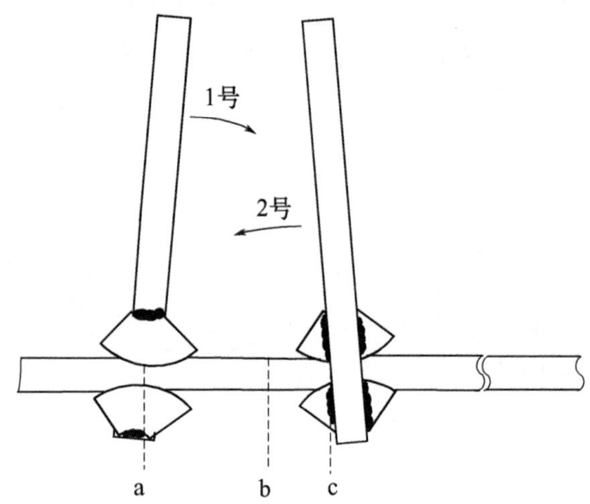

图 11-8 钢管冷弯示意图

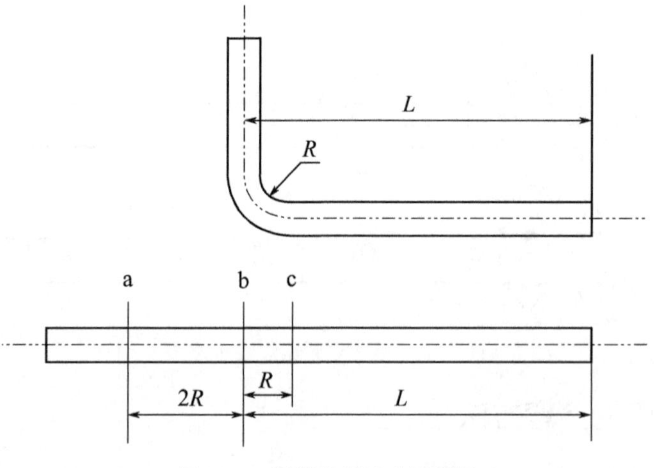

图 11-9 钢管弯制尺寸示意图

11.7.3 仪表管道敷设知识

仪表管道是导压管（又称为测量管道）、取样管道、排污及冷却管道、电气保护管路、保温伴热管道、气源管道的总称。在仪表维修中，都会涉及到仪表管道的维护、修理、更换工作，就会遇到仪表管道的敷设工作，因此，仪表工有必要掌握以下的相关知识。

① 仪表工常接触的是导压管，它与工艺管道直接连接，引入工艺管道中的介质，所以对导压管在压力等级、管道材质、焊接及管道试压等的要求与工艺管道是一样的。测量无腐蚀性的工艺介质时，导压管材质可用20号钢或不锈钢；测量腐蚀性介质时，导压管的材质应采用与工艺管道、设备相同或高于其防腐性质的材质。

仪表常用的钢管有：工作压力低于6.3MPa时，用ϕ14×2、ϕ18×3的无缝钢管；工作压力低于16MPa时，用ϕ14×3、ϕ18×4的无缝钢管；工作压力低于32MPa时，用ϕ14×4、ϕ18×5的无缝钢管；分析仪表常用ϕ10×1的不锈钢管做取样管。电气保护管大多采用镀锌水煤气管，作用是保护电线、电缆免受外界机械损伤及防电磁干扰。仪表气源系干净的压缩空气，一般用ϕ6×1的紫铜管，也有用尼龙管的。

② 仪表的导压管都需要安装取样阀门及切断阀，但对于低压力测量且没有腐蚀介质时可以不用阀门。为减少测量的时滞，提高灵敏度，导压管敷设时应尽量缩短其长度，但对于蒸汽导压管，为了使导管内有足够的冷凝水，管道不能过短。

③ 差压式液位计的正、负导压管的环境温度应保持一致。以避免正、负导压管有温度差，使介质密度不一致而产生测量误差。

④ 导压管不宜直接敷设在地面上，如必须敷设时，要有专门的地沟。

⑤ 导压管水平敷设时，应保持一定的坡度，一般为1∶12～1∶10。其倾斜方向应能保证导压管内不存有气体或冷凝水，并要在导压管管的最高或最低点设置排气、排液容器或阀门。

⑥ 测量蒸汽和液体流量时，节流装置的位置最好比变送器高。气体流量管道从取压装置引出时，应先向上引500mm左右，以减少水分流入仪表导压管的机会，避免管子堵塞。

⑦ 仪表管道敷设应整齐、美观、牢固，尽量减少弯曲和交叉，不能有急弯和复杂的弯。成排敷设的管路，其弯头弧度应尽量保持一致。

⑧ 测量黏性或腐蚀性液体的压力或差压时，应使用隔离容器，在隔离容器及导压管、变送器内应充满隔离液，以保护变送器。若介质凝固点高、黏性大，隔离容器及导压管应有伴热保温，以防介质凝固。

⑨ 测量管道应严密无泄漏。被测介质为液体或蒸汽时，取样阀门及取样装置

应参与工艺管道的严密性试验。对测量低压气体的管道，可用肥皂水进行严密性试验，因为压力低不易发现泄漏，如有泄漏将影响到测量准确性。

⑩ 仪表管道应采用管卡固定在支架上。仪表管道敷设完毕后，应在所有管道两端挂上标明编号、名称及用途的标牌。

11.8 压力表附件的制作技能

现场仪表的附件很多，大多属于标准加工件，可以采购使用。在此仅介绍用途很广的压力表接头及环形弯管的制作方法。但有一些企业的压力表就直接安装在阀门上，或安装在固定接头上，这样安装的压力表根本没有调整方向的余地，在安装时为了兼顾压力表表面的方向，只有依靠在仪表接头上缠绕生料带或调整垫片的数量来解决。而有的企业由于对环形弯管的用量不大，采购时买少了不划算，买多了又用不完，如果能自行制作，是很方便的。现介绍制作方法。

11.8.1 压力表接头的加工

压力表接头可按图11-10加工，该接头比较通用，适合大多数弹簧管压力表使用。在使用时一定要放垫片。垫片材质要根据所测量的介质来定，如普通介质、压力又不太高时可用石棉垫片，压力较高用铜垫片，有腐蚀的介质可用铝或四氟垫片。用这样的活接头压力表的表面可以任意改变方向后再上紧。

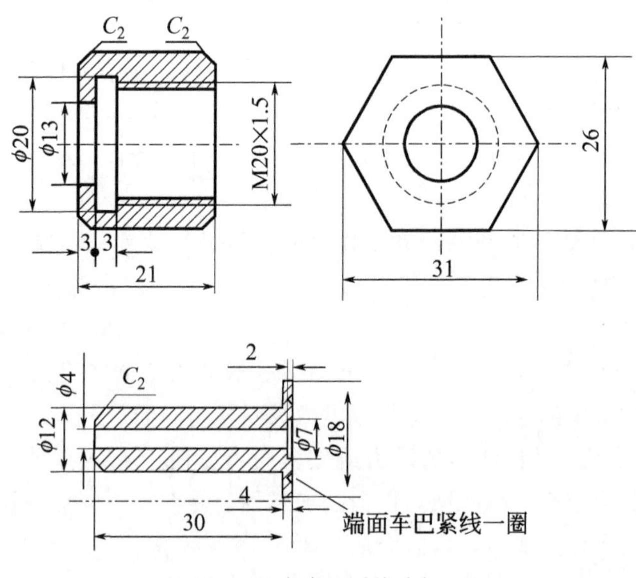

图11-10 压力表用活接头加工图

11.8.2 环形弯管的制作

测量蒸汽或介质温度超过 85℃的场合都应当使用环形弯管，以保护压力表。常用的环形弯管如图 11-11 所示。自己制作环形弯管，必须先做一个模具，找一截 ϕ86 的钢管及一小截 4 分管，都用车床车平整，没有同规格钢管时可用相近的来代替，只是制作出来的圆环与图纸尺寸有点出入，但并不影响使用。再准备一块 350mm×250mm 左右的钢板，一截 40mm×40mm 长 250mm 左右的角钢。按图 11-12 焊接成制作模具，焊接大、小两截钢管时，要在钢管的里边焊，这样外面是平整的。把模具固定在台虎钳上，把 ϕ14×2 的无缝钢管下好料，就可进行弯制工作了。

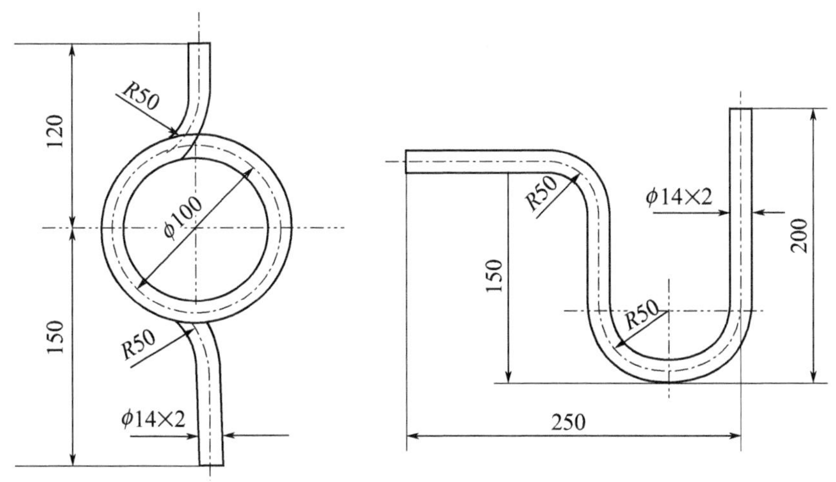

图 11-11 压力表用环形弯管

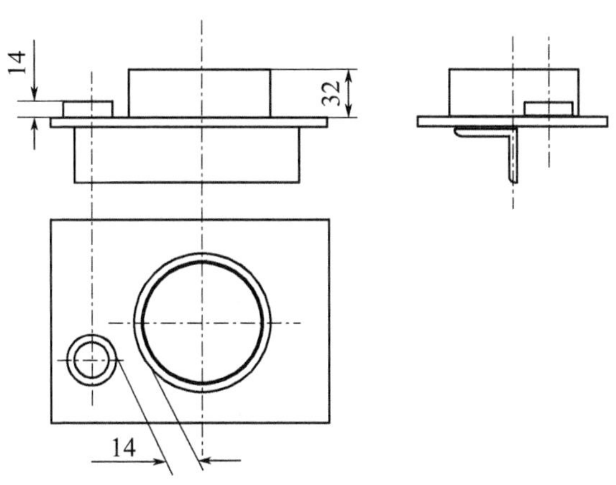

图 11-12 压力表用环形弯管制作模具示意图

（1）U 形弯管的制作

先找一截长度合适的钢管，用来套在 $\phi14$ 的无缝钢管上，其作用是用来弯管时助力。然后按图 11-13 中的 1～3 步骤进行操作。在弯制过程中，套在 $\phi14$ 管上的助力管在弯制的时候，可多接近要弯的部位，这样可使作力点处变形，其他部位不变形。弯管时用力要均匀，并要保持平行，不要上、下晃动，随着管子的变形，助力管要慢慢向后退出，先按第 1、2 步骤弯制出 U 形弯，再按第 3 步骤弯制直角弯，最后检查下两个弯的平行度，必要时进行校正。

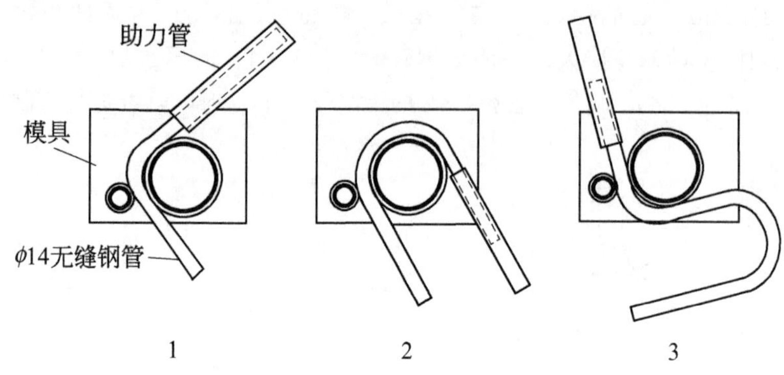

图 11-13　U 形弯管的制作步骤图

(2) 环形弯管的制作

仍需要用一截长度合适的钢管套在 $\phi14$ 的无缝钢管上做助力。然后按图 11-14 中的 1～4 步骤进行操作。操作方法基本同 U 形弯一样，第 1 步骤先弯出一个直角

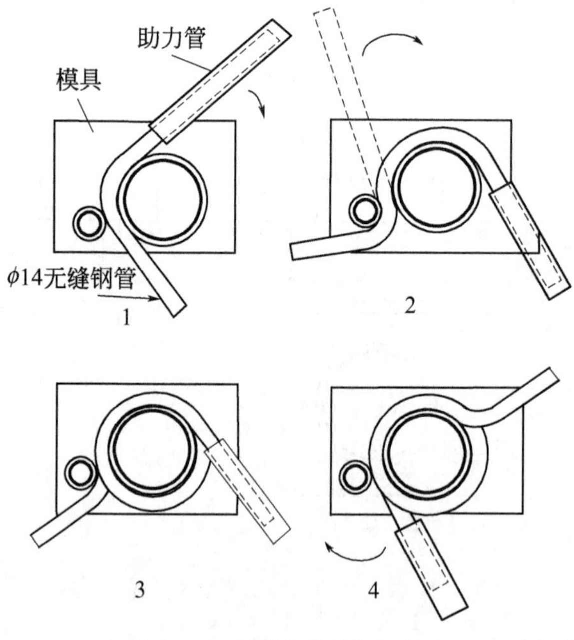

图 11-14　环形弯管制作示意图

弯，然后把其反转一面如步骤 2 的虚线所示，把助力管套入进行弯制，随着管子的变形，助力管边弯边移动慢慢向后退出，一直弯到第 3 步骤的环形状，弯曲过程中用力要均匀，但不要保持平行要稍微向下用力，这样弯出来的环形将紧紧靠在一起，比较美观。然后把环形弯取出，反转一面再套回模具，如第 4 步骤所示，按箭头方向弯制最后一个弯，然后进行平行度的校正，一个环形弯管就制作好了。对于用于垂直管道的环形弯管，可以在下料时把长度考虑好，制作时再弯上一个直角弯就行了。

12. 锡焊技术及电烙铁使用技能

12.1 锡焊工具及材料

锡焊是仪表维修的一个重要环节，修理仪表电路板时就需要用到锡焊技术。把电子元器件焊接到印刷电路板上，除掌握锡焊技术外，选择好电烙铁。焊锡丝及助焊剂也很重要，现介绍相关知识。

（1）电烙铁的种类

电烙铁的品种较多，按电烙铁发热方式分类有内热式、外热式；按电烙铁功率分类有20～300W等多种功率；按功能分类有恒温电烙铁、防静电电烙铁、吸锡电烙铁等。

① 内热式电烙铁

内热式电烙铁的烙铁芯安装在烙铁头的里面，烙铁芯用镍铬电阻丝绕在瓷管上制成，其发热快，热效率高，20W内热式电烙铁的功效与40W的外热式电烙铁的功效相当。其具有价格便宜、重量轻、体积小、发热快、耗电低等优点，很适合焊接小型电子元器件和印制电路，所以在仪表维修中得到广泛应用。

② 外热式电烙铁

外热式电烙铁的烙铁头是安装在烙铁芯内，烙铁头由铜为基体的铜合金材料制作。烙铁头的长短可以调整，烙铁头越短，烙铁头的温度就越高。其功率有25～300W多种规格。大功率的外热式电烙铁常用于铁皮构件的焊接。

③ 恒温电烙铁

恒温电烙铁具有温度传感器和控制器，可手动改变烙铁头的温度，使烙铁头温度达到设定值时停止加热，既提高了焊接质量，还可延长烙铁头的寿命。其控温范围为100～400℃。恒温电烙铁种类不多，简易式的温度控制电路就安装在烙铁手柄中。结构较复杂的被称为焊台，其烙铁芯都采用PTC发热元件，改变设定温度后，烙铁头很快就能达到新的设定温度。烙铁头不仅能调温和恒温，而且可以防静电、防感应电，很适合焊接CMOS器件。有的产品还具有温度数字显示。功率大多为60W。

（2）焊锡的种类

焊锡有焊锡丝和焊锡条两种，本书仅介绍电子元器件手工焊接使用的焊锡丝。焊锡丝作为填充物的金属加到电子元器件的表面和缝隙中，并用来固定电子元器件，所以要选择质量好的产品。仪表维修应首选松香焊锡丝，即有铅焊锡丝，其熔点在183℃，焊点光亮，湿润性好，易上锡。

焊锡丝常用的线径有0.6mm、0.8mm、1.0mm、1.2mm等。FLUX表示焊锡丝的松香含量，常见的有2.0％、2.2％、2.5％等。有铅焊锡丝的标签上通常会有：Sn表示含锡量，Pb表示含铅量，但在行业内常将含锡量称为“度数”，度数是指有铅焊锡丝中含锡量的多少。如63度则表示含锡量为63％，含铅量为37％；45度则表示含锡量为45％，含铅量为55％。

（3）助焊剂的种类

焊锡没有助焊剂是无法进行焊接的，因为助焊剂可除去焊件的氧化膜；防止焊接面的氧化；增加焊锡流动性，有助于焊锡湿润焊件。助焊剂性能的好坏决定了焊接的质量。

焊接电子元器件最好的助焊剂是松香或松香酒精溶液。松香是中性物质，对电子元器件没有腐蚀作用。特别要指出，焊锡膏用后会有残留物在焊件附近，容易沾染尘污，残留物属酸性，对元件有一定的腐蚀作用。所以，除用来焊铁皮等机械焊件，焊锡膏不能用来做仪表电路维修时的助焊剂。

配制松香酒精溶液的方法

把松香研碎成为粉末状，加上无水酒精，就可制作出松香酒精溶液了。找个瓶口能密封的玻璃瓶，把松香粉末放入瓶中，加入分析纯酒精，拧上瓶盖，放置几小时后，摇动玻璃瓶使松香末溶解，看有没有松香沉淀物，必要时再加入一定的松香粉末，以看到有沉淀即可。

12.2 电烙铁使用方法

（1）电烙铁的握法

① 握笔法。适用于小功率和直形烙铁头的电烙铁，适合焊接散热量小的被焊件，如焊接仪表里的印刷电路板等。握笔法是仪表工最常用的方法。

② 正握法。适用于比较大和弯形烙铁头的电烙铁。可用于电路板垂直桌面情况时的焊接。

③ 反握法。就是用五指把电烙铁的柄握在掌内。此法适用于大功率电烙铁，焊接散热量较大的被焊件。

（2）按用途选择电烙铁

焊接印刷电路板上的常规元器件，如二极管、三极管、阻容元件、集成电路时，宜采用20～30W的内热式电烙铁。新手由于焊接速度较慢，建议使用20W的。焊接引脚粗大的器件或印刷电路板上的大面积接地点、功率型的接插件时，宜使用45～75W的电烙铁，以保证焊接元器件与印刷电路板或导线之间的牢固性。不能用小功率电烙铁焊接大型电子元器件的焊点，由于散热快烙铁头温度下降快，会形成焊锡堆积，外观看是焊起了，实际上是虚焊。用大功率电烙铁在印刷电路板上焊接一般的电子元器件，常会烫坏铜箔线条或电子元器件。

(3) 掌握正确的焊接步骤

焊接水平的高低决定了所维修仪表的稳定性、可靠性。小小焊点的质量问题，可能会造成整套仪表或控制系统不能正常工作的情况，且故障点一般极为隐蔽。所以掌握正确的焊接步骤，是保证焊接质量的关键，现做一介绍。

① 将烙铁头放置在要焊接的元件引脚处，先加热焊点。当焊点达到适当温度后，及时将松香焊锡丝放在焊接点上熔化。

② 锡熔化后，应将烙铁头根据焊点形状稍加移动，使焊锡均匀布满被焊点，并渗入被焊面的缝隙。焊锡熔化适量后，应迅速拿开焊锡丝。

③ 当焊点上焊锡已近饱满，焊剂尚未完全挥发，温度适当，焊锡最亮且流动性最强时，将烙铁头沿元件引脚方向迅速移动，快离开时，快速往回带一下，同时离开焊点，以保证焊点表面光亮、圆滑、无毛刺。最后用斜口钳将过长的元件引脚剪掉，元件引脚稍露出焊点即可。

上述第①～②步操作过程的时间要控制在2～3s，初学者通常焊接时间都偏长，加热时间长可能会使印制电路板上的铜箔损坏而无法修复。第③步骤对焊点的质量起决定作用，要多多练习领会其要领。

(4) 烙铁头的保护方法

新买的电烙铁使用之前烙铁头要上锡，对铜烙铁头可用砂纸或锉刀先把烙铁头打磨干净，接上电源数分钟烙铁头的颜色就会有变化，说明烙铁发热了，待烙铁头温度升至焊锡熔点时，再用它去蘸松香焊锡丝，烙铁头表面就会蘸上一层光亮的锡，烙铁头就能使用了。没有蘸上锡的烙铁头，焊接时不会上锡，是无法进行焊接的。

烙铁头要保持清洁，不清洁的烙铁头会很快氧化而上不了锡，日久之后会造成烙铁头被腐蚀的坑点，使焊接工作更加困难。电烙铁长时间处于待焊状态，温度过高，也会造成烙铁头"烧死"。不焊接时应立即关断电烙铁电源。烙铁头上的残余焊剂所衍生的氧化物和碳化物会损伤烙铁头，并使其导热功能下降。所以要经常用耐温的湿海绵清洁烙铁头，防止烙铁头受损。每次使用完毕，应抹净烙铁头，蘸上一层锡以保护烙铁头。

电烙铁是手持工具，使用时一定要注意安全。新使用的电烙铁要先检查电源线与烙铁金属外壳之间的绝缘电阻，正常时才能使用。有的生产厂为了节约成本，电烙铁的电源线不用花线，而用塑料线，很不安全。建议更换为花线，因为花线的织物不容易被烫坏、破损。电烙铁应放在烙铁架上，不能随便乱放，并注意导线不要碰着烙铁头，避免烫坏物品引发火灾。电烙铁要保持干燥，使用中不要敲击电烙铁以免损坏。要定期检查电烙铁的电源线有无破损，电烙铁手柄内的接线柱有没有松动等现象，绝缘电阻是否合格等。

12.3 电子元器件焊接、拆卸技巧

（1）焊接电子元器件的技巧

① 选择助焊剂很重要。仪表维修焊接使用松香焊剂即可。焊接时松香和焊锡要加到焊点上去，不要用热的烙铁头去蘸松香；使用松香酒精溶液更方便。

② 重视元器件引脚的清洁工作。电子元器件的金属引脚常有氧化物，氧化物导电性差，而且很难上锡，焊接前要把焊接处的金属表面用橡皮擦打磨光洁。为使电子元器件引脚易于焊接，元件出厂时都是经过表面处理的。对于氧化严重的元件，可用刀或砂纸来清除元件引脚上的氧化层。清除氧化层后在光洁的元件引线上镀锡，使引线均匀地镀上一层很薄的锡层。只有经过认真清洁和镀锡后的电子元器件引脚，焊接之后才不会出现“虚焊”问题。

③ 焊接操作要点。焊接元件时宜选用低熔点的松香焊锡丝。焊接时要用镊子夹持元件的引脚，一是可固定元件不动，二是可以散热以保护元件。焊接时烙铁头的温度要适当，被焊元件和烙铁的接触时间也要适当，焊接时间过短会造成虚焊，但焊接时间过长又会烫坏元件。一般元件的焊接时间以 2～3s 为宜。焊点处焊锡未凝固前，不能摇动元件或引线，否则会造成虚焊。焊接元器件过程中烙铁头不要移动，否则会影响焊点的质量。对特殊器件的焊接应按元件要求进行，如 CMOS 器件要求电烙铁金属外壳不带电并应接地。有条件时最好使用防静电电焊台，没有条件时，可先加热电烙铁，待焊接时把电烙铁从电源插座上拔下来，利用余热进行焊接。焊接完成后，要用无水酒精把电路板上残余的助焊剂清洗干净。

焊接技术是仪表工必须掌握的一项基本功，也是保证仪表可靠工作的重要环节，仪表工要争取多焊接，多操作，才能在实践中不断提高焊接技术。

电烙铁焊接经验

烙铁头温度要适当，一般以松香溶化，但又不冒浓烟为度。焊锡用量要适当，以刚好包裹并布满拟焊元件脚为宜。对于元件密度高的焊接，可先暂时移开妨碍焊接的元器件，待焊完后再恢复原位。焊接完毕后应及时消除焊锡渣等杂物，避免可能引发的短路故障。建议用无水酒精清洗焊点及焊点周围。

(2) 拆卸电路板上元器件的技巧

只要是修过仪表电路板的人，都有体会，电路板上的元件焊上去容易，拆卸下来困难。从电路板上拆卸元件的关键是：除锡及散热。只有把元件引脚上的锡去除了才能取下元件；有良好的散热条件才不会烫坏电路板的铜箔及元件，当用代换法检查元件时，不烫坏元件尤为重要。

通常拆卸元件用镊子夹住元件引脚根部，待焊点熔化时，迅速将引脚拔离焊点，镊子兼有夹持和散热作用，拔离时可配合烙铁头熔锡等动作。为了拆卸方便，可在焊点上加助焊剂促进锡的熔化。拆卸元件使用的电烙铁可选择比焊接时大 5～10W，烙铁功率大热量也大，熔锡的时间快取下元件时间就短，如果烙铁功率偏小，熔锡的时间长反倒容易烫坏元件。

拆卸元件也可以采用以下的方法。

① 空心针头分离法。选择兽用注射针头一个，当元件引脚焊锡熔化时，用注射针头斜口套住元件引脚，并插入电路板孔内稍稍转动，元件引脚便与电路板分离了。

② 熔锡清扫或吹除法。当元件引脚焊锡熔化时，用小毛刷清扫熔锡，使元件引脚脱离电路板。或者选择一只圆珠笔杆，用嘴含住笔杆大头，小孔对准元件引脚焊锡熔化点，吹上一口气，同时移开烙铁，锡大部分会被电烙铁带走，除锡不净则再重复操作即可，本法的缺点是，对于乱跑的废锡要进行清扫，以避免焊点间出现短路。

③ 导线除锡法。用一段已剥外皮的多股导线或屏蔽线的金属屏蔽层，覆盖在元件脚上，涂上松香酒精溶液，用电烙铁加热并使导线移动，元件引脚上焊锡就被导线吸附。重复几次，元件引脚就与电路板分离了。多股导线的线越细，线的股数越多，除锡效果越好。

④ 导线拉拆法。用于拆卸贴片元件。用一根粗细适当，有一定强度的漆包线从贴片元件引脚内侧空隙处穿入，漆包线一端焊在电路板上适当位置作固定，另一端用左手拿住。当焊锡熔化时，拉动漆包线来切断焊点，元件引脚便与电路板分开即可取下。

⑤ 集成块的拆卸方法。集成块的拆卸，可使用专用烙铁头，拆集成块的专用

烙铁头呈“Π”形或“丄”形，“Π”形适于拆双列集成块，“丄”形适用拆单列集成块，专用烙铁头有多种尺寸以适应不同的集成块。专用烙铁头可使集成块各引脚的焊锡同时熔化，因而可方便地取下集成块。有动手能力时，专用烙铁头也是可以用紫铜板自制的。

⑥ 用增加焊锡熔化来进行拆卸。该方法使用得当效果很好，具体操作是在待拆卸的集成块引脚上再增加一些焊锡，使每列引脚的焊点都连接起来，拆卸时用75～100W的电烙铁，通过有效传热进行拆卸；每加热一列引脚，就用尖头镊子撬一撬，对两列引脚轮流加热，直到拆下为止。

此外，还可用吸锡电烙铁或吸锡器吸去熔化的锡，使集成块引脚与电路板分离。吸锡器也可自制，在医用注射器内放一根弹性强度适中、大小尺寸合适的弹簧并将针头截去一段就构成简易吸锡器了。

12.4 虚焊产生的原因及检查方法

（1）产生虚焊的原因

电子元器件引脚表面处理不认真，没有在元件引线均匀的镀上一层锡，刚焊接的电路还可正常工作，但随着时间的推移，元件的氧化层逐步加重而形成虚焊故障。

焊接技术差是产生虚焊的重要原因。如焊点上锡不足，抗振动能力就差，搬动、运输的碰撞，会使焊点产生圆圈状裂痕。初学者焊接时还未等到锡凝固，就拿开了夹持元件的镊子，而造成元件引脚虚焊；害怕烫坏元件而快速拿开电烙铁，结果焊接时间不够而没有把焊点上的锡熔化而形成虚焊。

发热量大、引脚粗的元器件，如果焊点上锡不足时，由于传热及氧化的影响，时间一长会使焊点产生圈状裂痕而出现虚焊故障。

（2）虚焊的检查方法

焊接结束后，摇动一下被焊元器件，如可摇动则为虚焊。观察焊接点时，如发现被焊元件的脚没有与焊锡熔成一个整体，看起来元件的脚像插入锡中似的，如图12-1所示，这也是虚焊。看整个焊点的光亮，如焊点不一样光亮、有小麻点大多也是虚焊。焊锡与电路板没有熔成一个整体，焊点边缘呈弧形，如一个圆球，这也是虚焊，如图12-2所示。

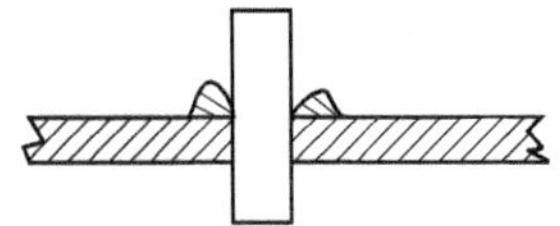

图 12-1　虚焊现象之一

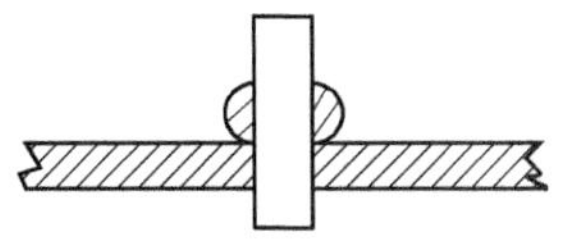

图 12-2　虚焊现象之二

当仪表出现指示“时有时无”，输出信号“忽大忽小”等现象时，可用一定力度拍打仪表外壳，当有上述故障现象出现时，可断定仪表有虚焊。

打开仪表外壳，仔细观察各焊点是否有松脱，元件引脚是否氧化和有圈状裂纹，电路板是否烧焦变色；必要时给仪表通电，用绝缘起子敲动元件来观察，看有无故障现象出现，但对高电压操作时应注意安全。

对于大的焊点及发热量较大的元件，应仔细查看其引脚有无圈状裂纹，对有怀疑的虚焊点，最好重新补焊。使用年久的电路，必要时可把所有的大焊点补焊一遍。

印刷电路板正、反面连线通过穿孔点连接时，也应进行虚焊的重点检查；尤其是不采用导线穿线连接，而是用元件引脚来进行连接时，更是需要注意。

检查虚焊点看似简单，却是个很棘手的问题。只有通过实践才会有体会和收获。

三、提高篇

13. 如何处理好工作中的人际关系

经过一段时间的工作和学习，在提高自己的仪表专业知识的同时，对所在现场及班组环境已所熟悉时，还要尽量学会与人相处，构建一个良好和谐的人际关系，是很重要的。有了一个良好的人际环境，你才有可能不断地增强自身的综合素质，来提高相应的知识和技能水平，以强化个人特质和工作动机。因此新仪表工在工作中要严格要求自己，努力建立和谐的人际关系，要做到：尊重他人，谦虚好学；平易近人，谦虚随和；平等待人，主动随和；宽以待人，严于律己，诚实守信；学会和处理好与上级和同事之间的关系。学会倾听和理解他人的观点，这是很难能做到的，但一定要努力学会，尤其是比较自信的人，自信心强固然有好处，但可能也就很难接受别人的观点，所以要尽量学会控制自己的情绪，理性地处理和解决问题。

在生活和工作中要善于观察和发现问题；学会安排时间和计划工作任务；努力运用你所掌握的知识、技能、经验解决工作中的问题；要有自信心，敢于尝试新任务，迎接挑战，要有一定的冒险精神。

在工作理想与工作现实有较大差距时，有的仪表工不会理性地处理这一关系，而影响了思想情绪并波及到工作。甚至有的仪表工在工作中产生了严重的心理偏差或心理障碍。大多数仪表工的心理状态都比较健康，能够对现实所的环境较快的适应，并能以一种平和的心态面对工作中的各种问题。但可能有个别仪表工对工作顾虑重重，他无法对自己的人生进行正确定位，而会产生一些情绪，因此仪表工应注意自我心理调节，努力提高心理适应能力和承受能力。

在搞好本职工作的同时，还要多向工艺、设备的工程师、设备管理维修人员、操作工、电工学习，以提高相关知识，通过和别人的交流及沟通，你的知识面宽了，工作氛围好了，干起活来顺手，心情愉快工作效率也高，精神集中就不会出事故。再就是通过和这些人员的交谈，使他们知道你和你们班组的工作性质和工作内容，你和你们班组每天都在做的事情。在工作和生活中遇到困难和问题要及时向师傅或领导反映，和有关部门沟通，使他们知道原因，这是很重要的一个环节，如果没有人知道你在做什么，你等于是在白忙。如果没有人知道你的困难，那谁会帮你考虑和解决问题呢？因此要学会表白，表白的目的是让同事和领导知道，一是实事求是地讲你的工作及工作成绩，二是有问题时要说出来，有看法时也要提出来。

在工作中出现失误时，一定要冷静的思考问题出在哪儿，是自己的责任就要勇于承担，不要推诿和说谎，勇于面对问题才是明智之举。

一个人在工作中总是会遇到失败和挫折的，这也是客观存在的，要用乐观的心态去对待。对失败和挫折要认真分析产生的原因，找出问题的过程也就是提高的过程。在工作中遇到不顺心的事情，而产生不良情绪时，最好能向自己的朋友、师傅、家长倾诉自己的苦恼，以获得他人的理解、支持、和帮助，让你压抑的心情得到缓释。自己有情绪时，切记一定不要带着情绪去工作，更不能把情绪发泄给同事。

14. 过程控制系统知识

14.1 过程控制实质是模拟人工调节

通过分析一个例子，看看过程控制是怎样在人工操作的基础上发展起来的。蒸汽加热器是一种常用设备，如图 14-1 所示。它通过控制蒸汽阀门的开启度，来保持热水温度在规定的数值上。但水的温度不仅取决于蒸汽阀门的开启度，还取决于水的流量、水的进口温度、蒸汽的温度、蒸汽加热器的结构形式及换热条件、环境温度等影响因素。

当蒸汽释放的热量与冷水吸收的热量相等时，热水温度保持在规定的数值上（即给定值）。如生产中需要的水流量增加时，热水温度就会下降，或者加热蒸汽的压力变化，也会影响到热水温度的变化，当操作工发现热水温度与给定温度之间出现偏差时，就会马上调节蒸汽阀门开度的大小，使水温恢复到给定值。在人工手动调节时，操作步骤有三步。

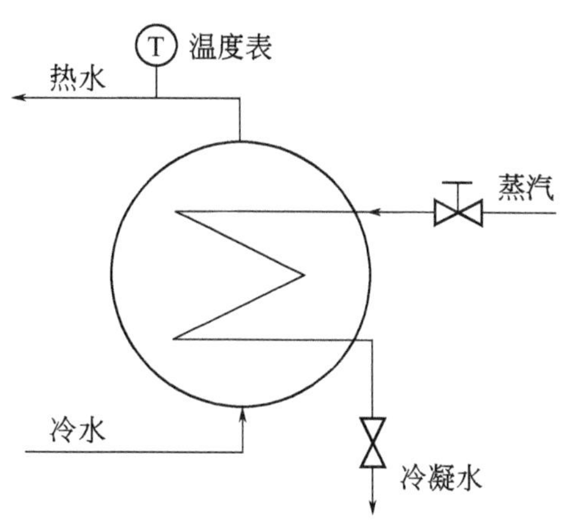

图 14-1 蒸汽加热器示意图

① 观察。观察热水温度的变化及变化的趋势，即观察被控参数的数值变化情况。

② 比较。把观察值与给定值进行比较，根据观察值与给定值的偏差大小及方向，或偏差随时间变化的趋势，来决定如何进行调节，是将阀门开大，还是关小；是动作快一点，还是慢一点。

③ 调节。调节阀门开启度，来改变加热蒸汽的流量。

人工操作是十分紧张和繁忙的，而且不可疏忽大意。为此，人们总结了人工手动调节时的操作步骤及经验，创造了自动控制装置，并用其来模拟和实现人工操作的规律。参照图 14-2 来看看自动控制装置是怎样代替人工操作的。自动控制装置也是由三部分组成。

（1）检测和变送

检测出水温的高低，并将温度信号转变为电流信号送到调节器去。用来检测温度高低的装置叫做测量元件。用来将测量元件发出的信号变换为电流信号的装置叫做变送器。检测和变送代替了人工的观察过程。

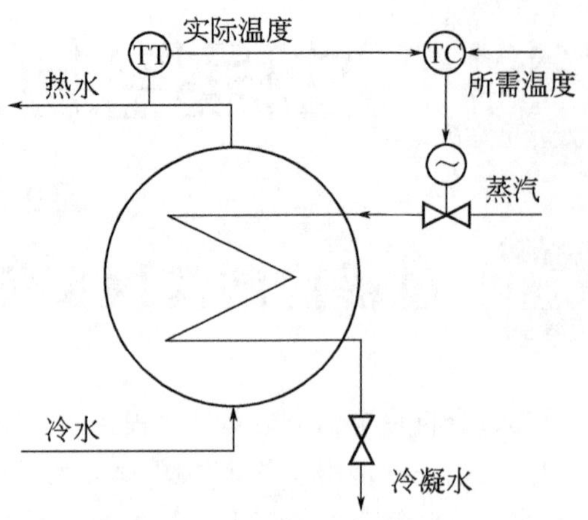

图 14-2 蒸汽加热器自动控制系统示意图

被控对象是一个蒸汽加热器，要控制的工艺参数是热水的温度，在人工操作时，热水温度是通过人眼的观察，来了解水温的高低和水温变化趋势的。现在，我们用了热电阻和温度变送器来代替人的观察，温度变送器能根据水温的高低变化发出对应的电流信号。

(2) 调节器

将变送器送来的测量信号与给定温度相比较，从而决定按怎样的规律进行控制。调节器代替了人工的比较过程。

由温度变送器发出的测量信号，反映了水温的高低，而水温的高低是否符合要求，那就要和给定的温度值进行比较，比较环节装在调节器内。当测量和给定信号一样时，说明现在的实际水温正好在给定值上。当两个信号不一样时，说明实际水温和给定温度有偏差，就要进行调节。

调节器将测量信号与给定信号进行比较后，得到一个偏差信号，然后按偏差信号的大小和预定的控制规律发出控制信号，这就是调节器的作用。按什么样的方式和什么样的规律去进行调节？人们在长期实践的基础上，摸索出许多经验，按照这些经验来决定是把阀门开大一些还是关小一些，是动作快一点还是慢一点等等，调节器就是在总结人工调节经验的基础上发展起来的。调节器能按照预定的比例，积分、微分控制规律发出控制信号，去操纵执行机构，执行调节任务。

(3) 调节阀

根据调节器送来的信号，产生调节动作，自动地改变阀门的开启度。调节阀代替了人工调节阀门的动作。

从调节器送来的控制信号作用在执行器上，当控制信号变化时，调节阀门的开启度也跟着变化。这样用调节阀代替了手动操作阀门，从而实现了自动控制之目的。

从上述可见，过程控制并不神秘，过程控制是在人工调节的基础上发展起来的。一个好的控制系统一定是现场运行经验的生动体现。当然，这只有在人们知道了对生产过程应该如何控制，并实现了用仪表装置来模仿人的操作时，过程控制才能实现。因此，仪表工必须深入现场，了解工艺及设备的实际运行情况，善于总结经验，才能做好过程控制系统的运行与维修工作。

14.2 反馈与闭环系统的再认识

对于图 14-2 的蒸汽加热器过程控制系统，为了更直观地看出这个过程控制系统各个组成环节之间的相互影响和信号联系，一般都用图 14-3 的方块图来表示控制系统的组成。图中每个方块代表组成系统的一个环节，方块之间联线的箭头是代表信号作用的方向。

从方块图可以看出，过程控制系统中任何一个信号沿着箭头的方向前进，最后又会回到原来的起点。从信号的角度来看，图 14-3 是一个闭合的回路，所以叫做闭环系统。系统的输出参数 y 是被控参数，但是它经过测量变送器后，又返回到系统的输入端，与给定值相比较。这种把系统的输出信号又引回到输入端的做法叫做反馈。从图可看出，在反馈信号 z 旁有一个负号“－”，而在给定值信号 x 旁有一个正号“＋”，这里正和负的意思是在比较时，以 x 作为正值，以 z 作为负值，也就是到调节器的偏差信号是 $e=x-z$。图中的反馈信号 z 总是按其值的负数来考虑的，所以叫做负反馈，在过程控制系统中都采用负反馈。因为当被控参数 y 受到干扰影响而升高时，反馈信号 z 将高于给定值 x，经过比较而到调节器去的偏差信号 e 将为负值，此时调节器将发出信号使调节阀动作，其作用方向为负，促使被控参数下降，以达到控制之目的。

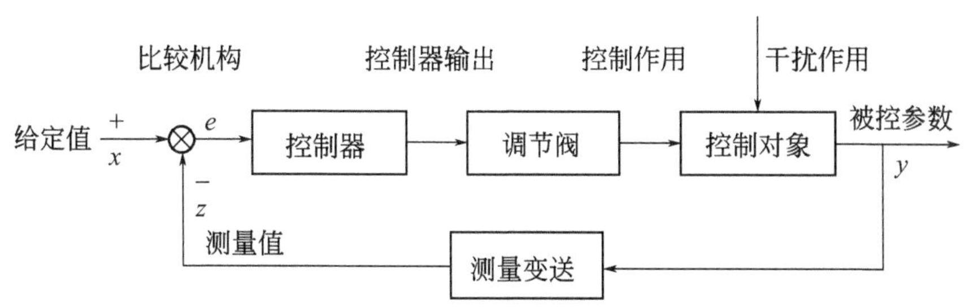

图 14-3　过程控制系统方块图

假如采用了正反馈，控制作用不仅不能克服干扰的影响，还会出事故，即当被控参数升高时，z 也会增加，调节阀的动作方向为正，使被控参数上升，这样只要有微小的偏差信号，控制作用就会使偏差越来越大，被控参数严重偏离工艺指标而导致生产事故的发生。因此，过程控制系统是绝不能单独采用正反馈的。

14.3 调节器的控制作用对过渡过程的影响

定值控制系统在动态时，被控量是不断变化的。它随时间而变化的过程称为控制系统的过渡过程。也就是系统从一个平衡状态过渡到另一个平衡状态的过程。具体说就是在外界干扰发生后，看被控参数偏离给定值的变化情况；如果偏离以后能很快平稳地回复到给定值，就认为该系统是好的。如果偏离的时间过长，距离过大，或回复不够平稳，则认为该系统是差的。故控制系统在整定和运行中，衡量系统质量的依据就是系统的过渡过程。

当系统的输入为阶跃变化时，系统的过渡过程表现有发散振荡、等幅振荡、衰减振荡、单调过程等形式。在多数情况下，都希望得到衰减振荡的过渡过程，且认为如图 14-4 所示的过渡过程最好，并把它作为衡量控制系统质量的依据。

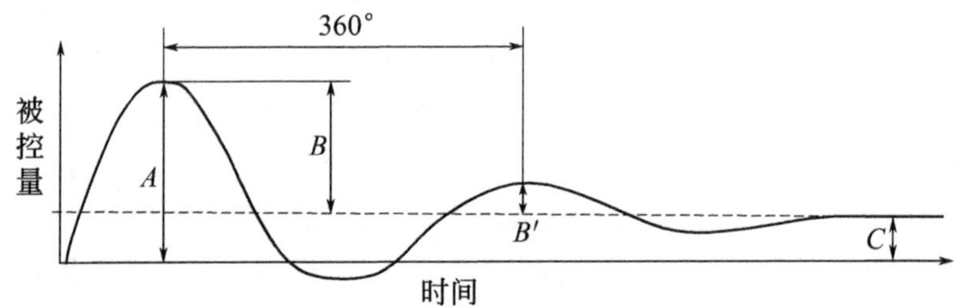

图 14-4 过渡过程质量指标示意图

选用该曲线作为控制系统质量指标的理由是：它第一次回复到给定值较快，以后虽然又偏离了，但偏离不大，并且只有极少数几次振荡就稳定下来了。定量地看，第一个波峰 B 的高度是第二个波峰 B' 高度的 4 倍，所以这种曲线又叫做 4∶1 衰减曲线。在调节器工程整定时，以能得到 4∶1 的衰减过渡过程为最好，这时的调节器参数可叫最佳参数。

正确判断过渡过程曲线，对使用经验法、临界比例度法、衰减曲线法进行调节器参数整定时具有重要作用。这些方法都需要根据曲线是否达到临界状态和 4∶1 状态，来调整比例度 δ、积分时间 T_i、微分时间 T_d 参数。因此，就需要弄清楚比例度 δ、积分时间 T_i、微分时间 T_d 对过渡过程产生什么样的影响。

（1）比例度 δ 对过渡过程的影响

比例度越大，比例增益越小，过渡过程曲线越平缓，余差也越大；比例度越小，比例增益越大，则过渡过程曲线越振荡，原因是比例度与放大倍数成反比关系。

若被控对象是较稳定、滞后较小、时间常数较大、放大系数较小时，调节器的比例度可以选得小一些，以提高系统的灵敏度，使反应快一些，这样可以得到较好的过渡过程曲线。如果被控对象的滞后较大、时间常数较小、放大系数较大时，调节器的比例度应选得大些，才能达到稳定的要求。比例调节器虽然简单，但应用得当是可以满足很多使用要求的。通常比例度的选择范围是：温度控制 20%～60%，压力控制 30%～70%，流量控制 40%～100%，液位控制 20%～80%。调节器的比例度 δ 对过渡过程质量指标的影响如表 14-1 所示。

表 14-1　比例度 δ 对过渡过程质量指标的影响

放大倍数 Kc	小 ⟷ 大	最大偏差 A	大 ⟷ 小
比例度 δ	大 ⟷ 小	超调量 B	小 ⟷ 大
衰减系数 ξ	大 ⟷ 小	上升时间 t_r	大 ⟷ 小
衰减比 B/B'	大 ⟷ 小	振荡周期 T_p	大 ⟷ 小
稳定程度	更稳定 ⟷ 不稳定	余差 C	大 ⟷ 小

（2）积分时间 T_i 对过渡过程的影响

积分时间越大，积分作用越弱，过渡过程越平缓，消除余差越慢；积分时间越小，积分作用越强，会使过渡过程振荡加强，消除余差就快。但积分时间对过渡过程的影响具有双重性，即积分时间过大和过小都不合适，如果积分时间选大了，积分作用不明显，消除余差会慢；但积分时间选小了，积分作用又不明显，会使过渡过程的振荡太强烈，稳定程度也会降低。

调节器的积分时间应根据被控对象的特性进行选择，对于管道压力、流量等滞后不大的对象，积分时间可选小些，对温度控制由于其滞后大，积分时间应选得大些。通常积分时间的选择范围是：温度控制 3～10min，压力控制 0.4～3min，流量控制 0.1～1min，液位控制不用积分作用。调节器的积分时间 T_i 对过渡过程质量指标的影响如表 14-2 所示。

表 14-2　积分时间 T_i 对过渡过程质量指标的影响

积分时间 T_i	小 ⟷ 大	上升时间 t_r	小 ⟷ 大
积分作用	强 ⟷ 弱	振荡周期 T_p	小 ⟷ 大
稳定程度	不稳定 ⟷ 更稳定	余差 C	全部消除
最大偏差 A	小 ⟷ 大		

（3）微分时间 T_d 对过渡过程的影响

微分时间增大，微分作用越强，过渡过程趋于稳定，最大偏差越小。但微分时间太长，微分作用太强，又会增加过渡过程的波动。因此，微分时间应取适当的数值。一般温度控制系统常需要微分作用，而其他控制系统则很少使用微分作用。因此在现场很难见到使用比例微分作用的场合。

微分作用的实质是不管偏差的大小及方向如何，它都能阻止被调参数的一切变化。因此微分作用加得恰当时，是能够大大改善控制系统质量的。因为微分作用可以在被调参数突然剧烈变化一出现的时刻，立即产生一个较大的控制作用，即微分作用具有预先控制的性质，也就是人们常说的“超前调节”。

对于一般的控制系统而言，常见的是把比例、积分、微分三种规律结合，组成PID三作用调节器使用，这样可以得到较满意的控制质量。三种控制规律可概括如下：

① 比例作用的输出是与偏差成正比的；

② 积分作用输出的变化速度与偏差值成正比；

③ 微分作用的输出与偏差的变化速度成正比；

④ 三种作用的总结果是上述三者之和，可以从图形上相加而得。

同一对象在各种不同控制规律作用下的过渡过程曲线如图14-5所示。

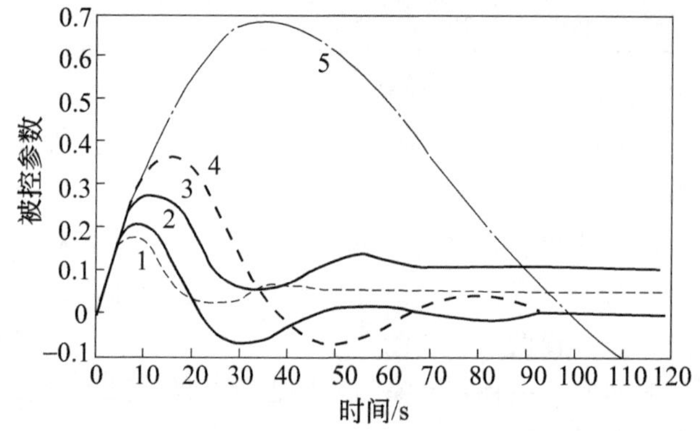

图14-5 各种控制规律比较图

1—比例微分作用；2—比例积分微分作用；3—比例作用；4—比例积分作用；5—积分作用

从图14-5中可看出，微分作用可减少过渡过程的最大偏差值和控制时间，可从曲线1与曲线3做比较，曲线2与曲线4做比较。

积分作用能够消除余差，可从曲线4与曲线3做比较，但它会使过渡过程的最大偏差及控制时间增大。如果系统的滞后很大，积分作用更易引起振荡。

三作用调节器由于有比例度、积分时间、微分时间三个可供选择的参数，改变这些参数便可以适应生产过程的不同要求。对于现场使用的控制系统，主要是通过调整调节器的参数来改善控制质量，所以调节器的参数整定工作是很重要的。

14.4 PID参数常用整定方法

整定控制系统PID参数的方法有很多种，现介绍三种常用的工程整定方法，即经验法、临界比例度法、衰减曲线法。这些方法不需要获得被控对象的动态特性，而是直接在现场投运的控制回路中整定。具有操作简单、计算简便、容易掌握等优点。对于基本入门的仪表工，可先从工程整定方法入手，来解决一般工作中的实际问题。为方便参数整定，表 14-3 列出了常见控制系统的特点及调节器参数范围，供参考。

表 14-3　常见控制系统的过程特点及调节器参数范围

参数	流量，液体压力	气体压力	液位	温度及蒸汽压力	成分
时滞 容量数 周期 噪声	无 多容量 1～10s 有	无 单容量 0 无	无 单容量 1～10s 有	变动 3～6 min～h 无	恒定 1～100 min～h 往往存在
比例度/% δ/% I 作用 D 作用	100～500 50～200 重要 不用	0～5 不必要 不必要	5～50 少用 少用	10～100 用 重要	100～1000 重要 可用

常用的工程整定方法是对系统加入适当的外作用，即对给定值作些变动或者施加一些干扰；然后通过观察过渡过程曲线，在取得相关数据的基础上，对调节器的参数进行整定。有的仪表工会问：在现场使用的控制系统中，影响控制过程的因素不应该是给定值的变化，而是外界的干扰或对象参数变化在起作用。这两种情况对过渡过程的影响结果如何呢？理论证明两种情况的稳定程度是一样的，衰减比和周期也是一样的。而干扰作用和给定作用对过程有不同的影响，但并没有改变过渡过程的本质。这就是工程参数整定方法普遍适用的原因。

14.4.1　经验法

经验法是老仪表工们几十年经验的积累，到现在仍得到广泛应用的一种整定方法。此法是根据生产操作经验，再结合调节过程的过渡过程曲线形状，对控制系统的调节器参数进行反复的凑试，最后得到调节器的最佳参数。经验法的整定口诀说：

参数整定寻最佳，从大到小顺次查。
先是比例后积分，最后再把微分加。
曲线振荡很频繁，比例度盘要放大。
曲线漂浮绕大弯，比例度盘往小扳。
曲线偏离回复慢，积分时间往下降。
曲线波动周期长，积分时间再加长。
理想曲线两个波，调节过程高质量。

这是一首流传广泛、影响很大的调节器参数工程整定方法的口诀，该口诀最早出现在1973年11月出版的《化工自动化》一书中，流传至今已有几十年了。现在网上流传的口诀，大多是以该口诀作为蓝本进行了补充和改编而来的，如“曲线振荡频率快，先把微分降下来，动差大来波动慢。微分时间应加长”。还有的加了“理想曲线两个波，前高后低4比1，一看二调多分析，调节质量不会低”。等。为便于理解和应用，现对该口诀进行较详细的分析。以下的分析及结论对临界比例度法、衰减曲线法也是有参考价值的。

先谈谈口诀“参数整定寻最佳，从大到小顺次查”中的“最佳”问题。很多仪表工都有这样的体会，在现场的调节器工程参数整定中，如果只按4∶1衰减比进行整定，那么可以有很多对的比例度和积分时间同样能满足4∶1的衰减比，但是这些对的数值并不是任意地组合，而是成对地，一定的比例度必须与一定的积分时间组成一对，才能满足衰减比的条件，改变其中之一，另一个也要随之改变。因为是成对出现的，所以才有调节器参数的“匹配”问题。而在实际应用中只有增加一个附加条件，才能从多对数值中选出一对适合的值。这一对适合的值通常称为“最佳整定值”。“从大到小顺次查”中“查”的意思就是找到调节器参数的最佳匹配值。而“从大到小顺次查”是说在具体操作时，先把比例度、积分时间放至最大位置，把微分时间调至零。因为需要的是衰减振荡的过渡过程，并避免出现其他的振荡过程，在整定初期，把比例度放至最大位置，目的是减小调节器的放大倍数。而积分放至最大位置，目的是先把积分作用取消。把微分时间调至零也是把微分作用取消了。“从大到小顺次查”就是从大到小改变比例度或积分时间刻度，实质是慢慢地增加比例作用或积分作用的放大倍数。也就是慢慢增加比例或积分作用的影响，避免系统出现大的振荡。最后再根据系统实际情况决定是否使用微分作用。

“先是比例后积分，最后再把微分加”是经验法的整定步骤。比例作用是最基本的控制作用，口诀说的“先是比例后积分”，目的是简化调节器的参数整定，即先把积分作用取消和弱化，待系统较稳定后再投运积分作用。尤其是新安装的控制系统，对系统特性不了解时，我们要做的就是先把积分作用取消，待调整好比例度，使控制系统大致稳定以后，再加入积分作用。对于比例控制系统，如果规定4∶1的衰减过渡过程，则只有一个比例度能满足这一规定，而其他的任何比例度都不可能使过渡过程的衰减比为4∶1。因此，对比例控制系统只要找到能满足4∶1衰减比时的比例度就行了。

在调好比例控制的基础上再加入积分作用，但积分会降低过渡过程的衰减比，则系统的稳定程度也会降低。为了保持系统的稳定程度，可增大调节器的比例度，即减小调节器的放大倍数。这就是在整定中投入积分作用后，要把比例度增大10%～20%的原因。其实质就是个比例度和积分时间数值的匹配问题，在一定范围内比例度的减小，是可以用增加积分时间的方法来补偿的，但也要看到比例作用和积分作用是互为影响的，如果设置的比例度过大时，即便积分时间恰当，系统控制效果仍然会不佳。

在有的场合，也可不强求以上步骤，而是采取先按表 14-4 的 PID 参数凑试范围，把比例度、积分、微分时间选择好，然后由大到小的改变比例度进行凑试，直至调节过程曲线满意为止。积分时间和微分时间预置后用比例度凑试，其体现的是经验，如果没有经验就成为盲目调试了。此方法的缺点是当同时使用比例、积分、微分三作用时，不容易找到最合适的整定参数，由于反复凑试会费很多时间。

表 14-4　经验整定法 PID 参数凑试范围一览表

控制系统	参　数		
	δ / %	T_i / min	T_D / min
温度	20～60	3～10	0.5～3
压力	10～70	0.4～3	
流量	40～100	0.3～1	
液位	20～80		

“曲线振荡很频繁，比例度盘要放大”说的是比例度过小时，会产生周期较短的激烈振荡，如图 14-6 所示。且振荡衰减很慢，严重时甚至会成为发散振荡。这时就要调大比例度，使曲线平缓下来。

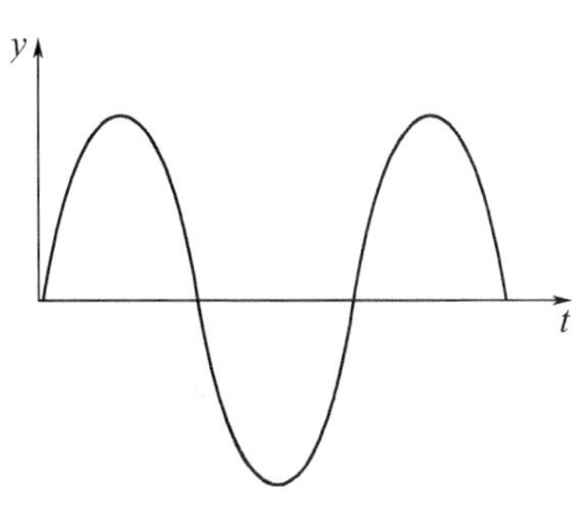

图 14-6　比例度过小时的过渡过程曲线

“曲线漂浮绕大弯，比例度盘往小扳”说的是比例度过大时会使过渡时间过长，使被调参数变化缓慢，即记录曲线偏离给定值幅值较大，时间较长，这时曲线波动较大且变化无规则，形状像绕大弯式的变化，如图 14-7 所示。这时就要减小比例度，使余差尽量小。

“曲线偏离回复慢，积分时间往下降。曲线波动周期长，积分时间再加长”说的是积分作用的整定方法。当积分时间太长时，会使曲线非周期地慢慢地回复到给定值，即“曲线偏离回复慢”，如图 14-8 所示。则应减少积分时间。当积分时间太

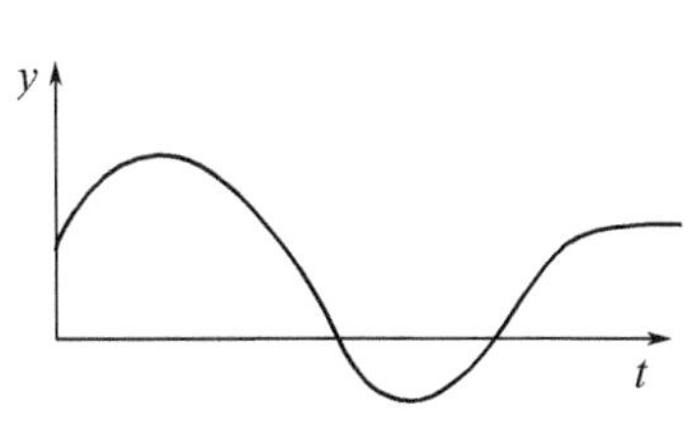

图 14-7　比例度过大时的过渡过程曲线

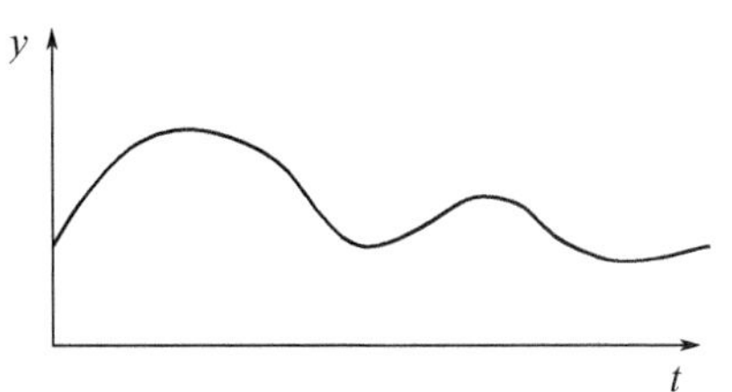

图 14-8　积分时间太长时的过渡过程曲线

短时，会使曲线振荡周期较长，且衰减很慢，即“曲线波动周期长”，如图 14-9 所示。则应加长积分时间。

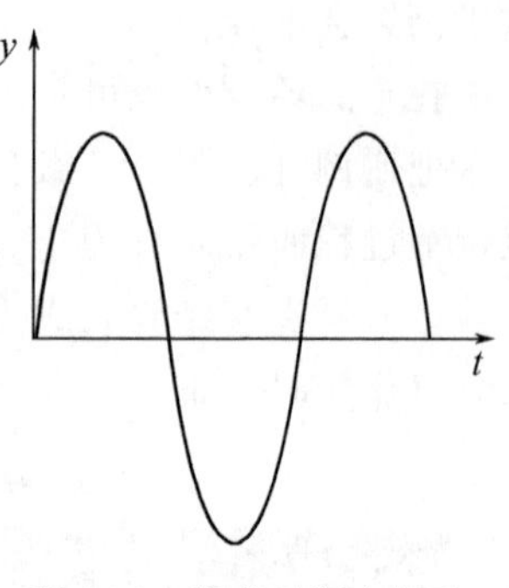

图 14-9 积分时间太短时的过渡过程曲线

调节器的参数按比例积分作用整定好后，如果需启用微分作用时，则“最后再把微分加。”由于微分作用会增强系统的稳定性，故使用微分作用后，调节器的比例度可以在原来的基础上再增大一些，一般以增大 20%为宜。微分作用主要用于滞后和惯性较大的场合，由于微分作用具有超前调节的功能，当系统有较大滞后或较大惯性的情况下，才应启用微分作用。

以上说的是孤立的调试方法，在实际调试中，由于比例、积分、微分作用的相互影响，所以要互相兼顾才能调试好。要掌握的是：振荡过强则应加大比例度，加大积分时间；恢复过慢则应减小比例度，减小积分时间。加入微分作用后，要把比例度和积分时间在原有的基础上减小一些；通过调微分时间的凑试，使过渡时间最短，超调量最小。

为方便理解几十年前的口诀，现对口诀中的有关问题作点说明。

(1) 什么是比例度盘

由于历史的原因，当时仪表工接触的大多是气动调节仪表，20 世纪 70 年代初电动仪表的应用也是有限的。气动仪表调整比例度就是改变一个针形阀门的开度，为便于观察阀门的开度，阀门手柄上有个等分刻度盘；电动仪表调整的是电位器，同样也有一个等分刻度盘；这就是口诀中说的“比例度盘”。

(2) 过程曲线的观察

经验法的实质就是看曲线，调参数。现在使用的 DCS 功能强大，想观察什么曲线就可观察什么曲线，只要把测点引入 DCS 即可，非常方便。但以前由于条件所限，当时用得最多的是气动三针记录仪，还有电子电位差计记录仪。口诀中所说过程曲线大多指仪表的记录曲线，通常要设置较快的走纸速度和选择合适的量程，才有可能较好地观察到记录曲线。有的对象由于调节过程较快，从记录曲线读出衰减过渡过程是很困难的，只能凭经验观察，如调节器的风压或电流来回波动两次就达到稳定状态时，就可认为是 $n:1$ 的衰减过渡过程。口诀中所说的过程曲线形状，是形象化、直观化、被放大了的曲线，其目的是为了便于理解。

(3) 振荡周期和频率

过渡过程从一个波峰到第二个波峰之间的时间叫振荡周期，一个振荡周期是 360°；振荡周期的倒数称为振荡频率。在衰减比相同的条件下，周期与过渡时间成正比，通常希望周期短一些为好，但各种被控对象的振荡周期相差是很大的，且周期的长短取决于所整定的对象，及不同的整定参数。口诀所说的“理想曲线两个波”，指的是在过渡时间内被调参数振荡的次数，如果说过渡过程振荡两次就能稳定下来，这就是很好的过渡过程。引入振荡周期和频率的概念是为了理论上分析问题的方便，与交流电的波形和频率相比，两者差别是很大的；过程控制的振荡周期是极缓慢的，大多长达数分钟至数十分钟，而所谓的频率看到的也仅只是很慢的波动次数而已。

（4）关于衰减比

在多数情况下，都希望得到衰减振荡的过渡过程，恒量衰减程度的指标是衰减比，即图 14-4 中 B 与 B' 两峰值的比，通常表示为 $n:1$，一般 n 在 4～10 之间较妥。口诀中说 4∶1 的衰减过渡过程好，是如何定出来的？这其实是工艺操作人员多年的经验总结。因为在生产现场投用自控系统的时候，被控工艺参数在受到干扰和调节器的校正后，能比较快地达到一个高峰值。然后又马上下降并较快地达到一个低峰值。如果工艺操作人员看到这样的曲线，心里就比较踏实，他知道被调工艺参数再振荡几次就会稳定下来了，是不会出现大的超调现象的。但是如果过渡过程是非振荡的过程，则工艺操作人员在较长的时间内只看到过程曲线在一直上升或下降，操作人员害怕出事故的心理，就会促使他调动相应地阀门改变工艺物料的大小以求指标稳定，由于人为的干扰会导致被调参数大大偏离给定值，这一恶性循环严重时，可能会使系统处于不可控制的状态，所以说选择衰减振荡的过渡过程，并规定衰减比在 4～10∶1 之间，是根据工艺操作人员的实践经验得来的。

（5）最大偏差与超调量

最大偏差表示控制系统偏离给定值的程度，也就是当干扰产生，经过调节待系统稳定后，被调量与给定值的最大偏差。对于衰减振荡的过渡过程，最大偏差就是第一个波的峰值，即图 14-4 中的 A。一个整定好的调节系统，一般第一个波波动最大，经一大一小两个波后，就应趋于稳定了。如果不能稳定就谈不上控制质量，也就无所谓最大偏差了。

有时也用超调量来表示被控参数的偏离程度，超调量是衡量被控参数在过渡过程中振荡超出最终静态值的程度，即图 14-4 中的 B。在实际应用中，超调量大多是用余差的百分数来表示，即图 14-4 中的$\frac{B}{C}\times100\%$。

14.4.2 临界比例度法

（1）临界振荡过程

控制系统在外界干扰作用后，不能恢复到稳定的平衡状态，而出现一种既不衰减，也不发散的等幅振荡过程，这样的过渡过程就称为临界振荡过程，如图 14-10 所示。我们在临界比例度法整定中，首先需要得到的就是临界参数，即在临界状态下，被控量 y 来回振荡一次所用时间，称为临界周期 $T_{k,}$；被调参数处于临界状态时的比例度，称为临界比例度 δ_k。

用临界比例度法整定调节器参数时，要在纯比例作用下，在控制系统中由大到小的改变调节器的比例度，来诱发出过程控制回路中的等幅振荡，得到如图 14-10 所示的临界振荡过程，以得到我们所需要的临界比例度 δ_k 和临界周期 T_k 的数值。然后再根据经验公式，计算出调节器各参数的具体数值。

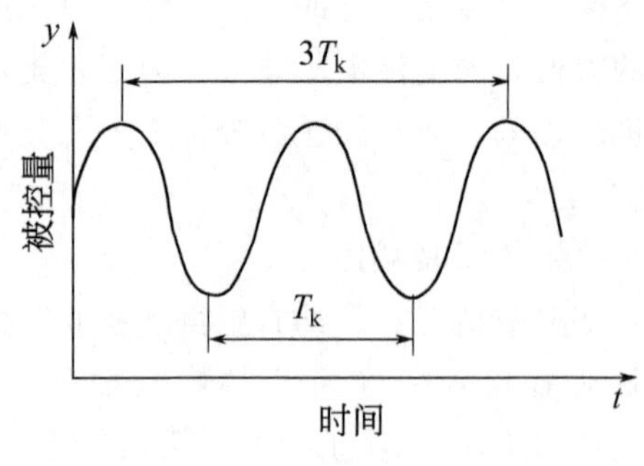

图 14-10　临界振荡过程示意图

(2) 临界比例度法整定口诀

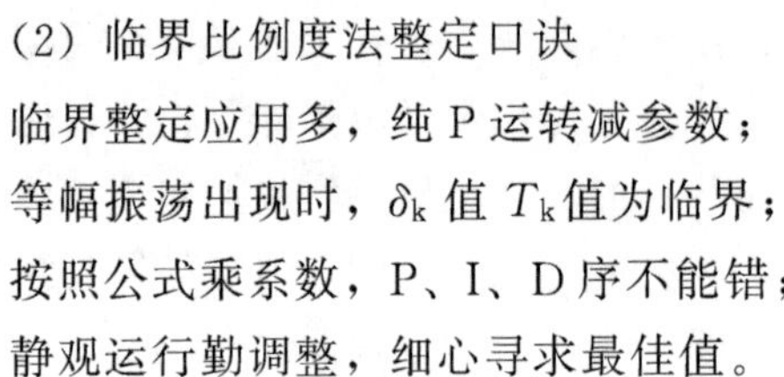
临界整定应用多，纯 P 运转减参数；
等幅振荡出现时，δ_k 值 T_k 值为临界；
按照公式乘系数，P、I、D 序不能错；
静观运行勤调整，细心寻求最佳值。

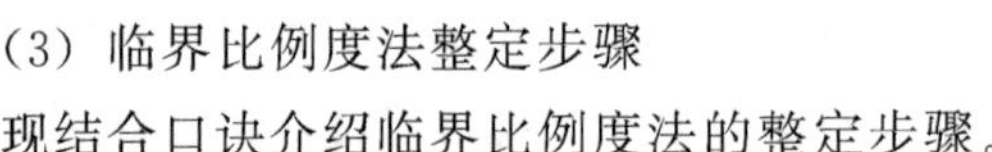
(3) 临界比例度法整定步骤

现结合口诀介绍临界比例度法的整定步骤。

① 先把积分时间放至最大，微分时间放至零，比例度放至较大的适当值，“纯 P 运转减参数”，就是使控制系统按纯比例作用的方式投入运行。然后慢慢地减少比例度，在外界干扰的作用下，细心观察调节器的输出信号和被调参数的变化情况；如果控制过程的曲线波动是衰减的，则把比例度继续调小，如果控制过程的曲线波动是发散的，则应把比例度调大些，直到曲线波动呈等幅振荡为止，以此得到临界振荡过程，从而得到临界比例度 δ_k 和临界周期 T_k 值。即口诀说的“等幅振荡出现时，δ_k 值 T_k 值为临界。”

②“按照公式乘系数，”即根据得到的 δ_k 和 T_k 值；按表 14-5 临界比例度法参数计算公式表，来计算调节器的各参数值。

表 14-5　临界比例度法参数计算公式表

调节器参数 / 调节规律	比例度 δ/%	积分时间 T_i/min	微分时间 T_d/min
P	$2\delta_k$		
PI	$2.3\delta_k$	$0.85T_k$	
PID	$1.7\delta_k$	$0.5T_k$	$0.125T_k$

③ 求得具体的数值后，将比例度调在比计算数值大一些的刻度上，然后，把积分时间放至计算值上，然后从大到小地调整积分时间，最后把微分时间放至计算值上，从小到大地调整微分时间。这样的调整次序就是口诀中的“PID 序不能错”。

④ 最后把比例度减小到计算值上，通过观察曲线，也就是："静观运行勤调整，细心寻求最佳值"。即适当地进行各参数的微调，以达到满意的控制效果。

(4) 注意事项

① 临界比例度很小时将近似于位式控制，这时应注意并观察调节阀门的开、关状态，因为调节阀一会全开，一会全关这对生产是不利的，如燃油锅炉熄火可能会导致爆炸事故的发生。这样的场合尽量把比例度调大一点，而且在寻找临界状态时，要格外小心。否则只有改用其他整定方法。

② 工艺对生产参数有严格要求时，如果被调参数出现等幅振荡，可能会影响到生产或安全。这样的对象最好改用其他的整定方法。

③ 有的对象在整定中，可能会遇到系统临界比例度很小，已把比例度调至10%以下了，但还是不出现临界状态，这时，可采取在5%～10%之内选定一个比例度作为 δ_k 的参考值，来进行整定。

④ 观察临界振荡过程曲线用 DCS 操作站的显示是很方便的，对于没有使用 DCS 的场合，可使用记录仪的记录曲线。可采取缩小仪表量程，加快仪表走纸速度，读取多个周期求平均值的方法，如图 14-10 中用 $3T_k$ 来提高临界振荡过程曲线数值的准确性。

14.4.3 衰减曲线法

(1) 过渡过程的衰减曲线

本方法实际是临界比例度法一种变形，本方法操作简便，凑试时间较短。我们知道控制系统在用纯比例作用时，在比例度逐步减少的过程中，就会出现图 14-11 所示的过渡过程。

这时控制过程的比例度，称为 $n:1$ 衰减比例度 δ_s，两个波峰之间的距离，称为 $n:1$ 衰减周期 T_s。衰减曲线法，就是在纯比例作用的控制系统中，求得衰减比例度 δ_s 和衰减周期 T_s，并依据这两个数据来计算出调节器的参数 δ、T_i 和 T_d。

(2) 衰减曲线法整定口诀

衰减整定好处多，操作安全又迅速；
纯 P 降低比例度，找到衰减 4∶1；
按照公式来计算，PID 序加参数；
观看运行细调整，直到找出最佳值。

(3) 衰减曲线法整定步骤

① 先把积分时间放至最大，微分时间放至零，使控制系统运行，比例度放至较大的适当值，"纯 P 降低比例度"，就是使控制系统按纯比例作用的方式投入运行。然后慢慢地减少比例度，观察调节器的输出及控制过程的波动情况，直到找出 4∶1 的衰减过程为止。这一过程就是："找到衰减 4∶1"。

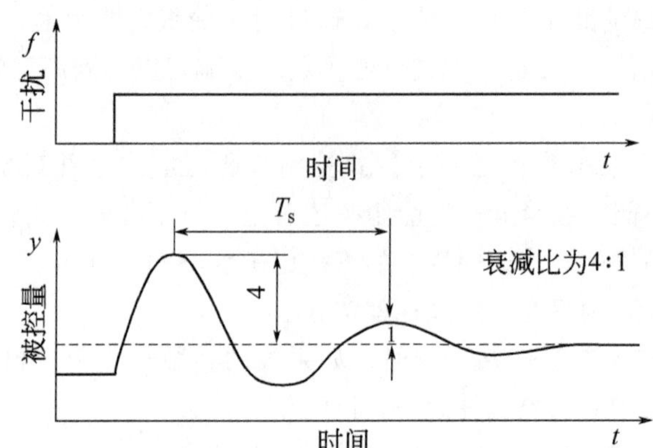

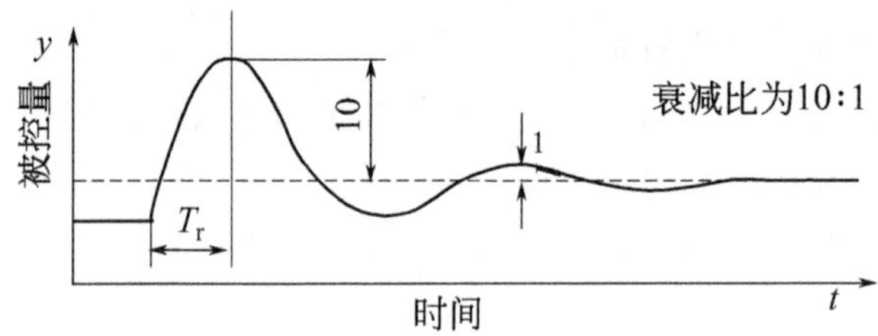

图 14-11 给定值阶跃变化下的过渡过程衰减曲线

② 对有些控制对象，用 4∶1 的衰减比感觉振荡过强时，这时可采用 10∶1 的衰减比。但这时要测量衰减周期是很困难的，可采取测量第一个波峰的上升时间 T_r，其操作步骤同上。

③ 根据衰减比例度 δ_s 和衰减周期 T_s、T_r 按表 14-6 进行计算，求出各参数值。

表 14-6 衰减曲线法调节器参数计算表

控制品质要求	控制规律	调节器参数		
		δ /%	T_i /min	T_d /min
衰减比为 4∶1	P	δ_s		
	PI	$1.2\delta_s$	$0.5T_i$	
	PID	$0.8\delta_s$	$0.3T_i$	$0.1T_d$
衰减比为 10∶1	P	δ_s'		
	PI	$1.2\delta_s'$	$2T_r$	
	PID	$0.8\delta_s'$	$1.2T_r$	$0.4T_r$

④ 先将比例度放在一个比计算值大的数值上，然后加上积分时间 T_i，再慢慢加上微分时间 T_d。操作时一定要按"PID 序加参数"，即先 P 次 I 最后 D，不要破坏了这个次序。

⑤ 把比例度降到计算值上，通过观察曲线，再作适当的调整各参数。即“观看运行细调整，直到找出最佳值。”

（4）注意事项

① 要得到衰减的过渡过程，只有在系统平稳时，再加给定干扰，才有可能找出 n∶1 的衰减过渡过程。否则，可能会有外界干扰，而影响到比例度和衰减周期数值的正确性。

② 是加正干扰还是加负干扰，最好与工艺联系来商定，因为是要根据工艺生产条件来确定的。给定干扰的幅值，通常是取满量程的 2%～3%，在工艺允许的情况下，可以适当的大一些。

③ 本方法对于变化较快的压力、流量、小容量的液位控制系统，在曲线上读出衰减比有一定难度。由于工艺负荷的变化，也会影响到本法的整定结果，因此，在负荷变化比较大的时候，就需要重新整定。

14.4.4　三种整定方法的比较

（1）经验法

经验法是看曲线，调参数。由于方法简单，方便可靠，可广泛应用于各种控制系统，尤其是外界干扰很频繁的控制系统，使用经验法更为合适。但在比例、积分、微分三个作用都需要使用的场合，可能要费较多时间，有时还不一定能找出最佳整定参数。综上所述现将经验法的特点归纳如下。

① 优点：简单、方便。

② 缺点：整定质量不太高，整定所用时间较长，由于对曲线没有一个统一的标准，故不同的人对曲线的看法会有差异。

③ 应用：很广泛，适合在干扰比较频繁的控制系统上应用。

（2）临界比例度法

该法简单方便，比较容易掌握和和判断。其应用广泛，可用于温度、压力、流量、液位控制系统。但其不适用于临界比例度很小及工艺生产不允许出现等幅振荡的场合。综上所述现将临界比例度法的特点归纳如下。

① 优点：操作较简单，容易掌握，比较容易判断整定质量。

② 缺点：对临界比例度很小的系统不适用，在整定寻找临界状态时，如果不小心有可能会引发事故。

③ 应用：比较广泛，可适用大多数控制系统。

（3）衰减曲线法

可适用于各种控制系统，如反应时间很短的流量控制系统，及反应时间很长的温度控制系统。但对于外界干扰作用频繁的控制系统，由于很难得到衰减曲线，难于确定衰减比例度和衰减周期，而导致无法应用。综上所述现将衰减曲线法的特点归纳如下。

① 优点：整定质量较高，较准确可靠，安全。

② 缺点：时间常数小的对象不易判断，干扰频繁的系统不便应用。

③ 应用：本法是在总结临界比例度法经验的基础上提出来的，但比临界比例度法安全可靠，所以得到广泛的应用。

调节器参数整定方法很多，本书介绍的只是工程上常用的三种方法。在现场必须根据对象的性质和工艺生产的要求，对整定方法进行合理地选择和使用。否则可能会引起系统失调，破坏正常工艺条件而影响生产。

14.5 正确理解调节器参数整定的作用

调节器参数整定是为了改善闭环系统的动态、静态特性，因此，参数整定前一定要了解被控系统各环节的动态、静态特性。因为系统是由对象及控制装置两部分组成的，所以应深入地了解对象的特性和检测、控制仪表的特性。如能对被控对象的特性进行测试是最理想的，如不具备测试条件时，则也要粗略的进行估计，如对容量、负荷变化情况、滞后时间长短、对象有无自平衡能力等进行了解；此外，还应了解工艺流程、控制指标、操作过程等。对于所使用的现场仪表则要通过认真的调校、检查，使之合乎技术要求。只有在对控制对象及所用仪表有了全面了解后，才能正确地整定调节器参数。

但也要看到，整定调节器参数只能在一定范围内改善系统的控制品质。如果系统设计不合理，仪表调校、使用不当，调节阀满足不了使用要求，这些问题要指望整定调节器参数来改善，显然是不可能的。如某厂的氧化炉压力控制系统，整定中选择了许多组整定参数，甚至将比例度调至 250%，系统仍无法稳定，经观察查找原因，发觉调节阀选型有问题，更换调节阀后，经过整定系统就正常了。整定调节器参数虽然是提高控制品质的重要因素，但不是唯一的因素。所以在遇到整定参数不能满足控制品质要求时，或者投运自动很困难时。最好静下心来，认真地分析对象的特性、系统的组成，仪表的使用等情况，来发现问题和找出原因，如果系统设计不合理时，应改造原设计的系统。

14.6 报警、联锁保护系统基础

报警、联锁保护系统，又称为信号、联锁系统，是为了确保人身和设备安全，及为了保证产品质量而设置的。当生产中某些工艺参数越限时，或者设备运行状态不正常时，信号报警系统则以灯光和音响、语音的形式报警，引起操作工的注意；而联锁保护系统则在报警的同时，还使生产过程自动停止或处于安全状态。

报警、联锁系统通常采用电气、电子或可编程技术来实现，报警和联锁系统按其构成元件，可分为无触点式和有触点式两类，并且还有专门的安全仪表系统。报警、联锁系统由发信、逻辑、执行单元三部分组成。

发信单元有工艺参数或设备状态的检测接点、控制开关、按钮、选择开关，操作指令等，它的通断状态也就是逻辑单元的输入信号。

逻辑单元则根据输入信号来进行逻辑运算，然后向执行单元发出控制信号。逻辑元件大多采用继电器、无触点的晶体管、集成电路等，现在则广泛采用 PLC、DCS、ESD。逻辑单元的输出信号也就是执行单元的驱动信号。

执行单元有报警显示器件，如电铃、电笛、语音等，控制设备的执行元件，如继电器、电磁阀、接触器、变频器、电动机启动设备等。

14.6.1 报警、联锁系统的基础元件

(1) 继电器

继电器一般是为简单的逻辑功能提供必要的安全逻辑，由于继电器有成熟的技术，使得它在信号、联锁系统中曾得到广泛应用。但它的功能现在也逐渐被 PLC 所代替。现在除一些中小企业还有应用外，继电器大多只用来做报警、联锁系统与被控设备间的隔离了。了解它的工作原理还是有必要的。电磁式继电器它是根据电磁感应现象制造的。其典型结构如图 14-12 所示，它主要由铁芯、线圈、动静触点、衔铁、返回弹簧等构成。只要在它的线圈两端加上一定的电压，线圈中就会流过一定的电流，铁芯中将产生一定的磁通并被磁化而具有磁性，动铁芯（即衔铁）就会在电磁吸力的作用下，克服返回弹簧的拉力而被吸至静铁芯，从而带动动静触点闭合或分开。线圈断电后，电磁吸力消失，衔铁以及动触点就会在返回弹簧的作

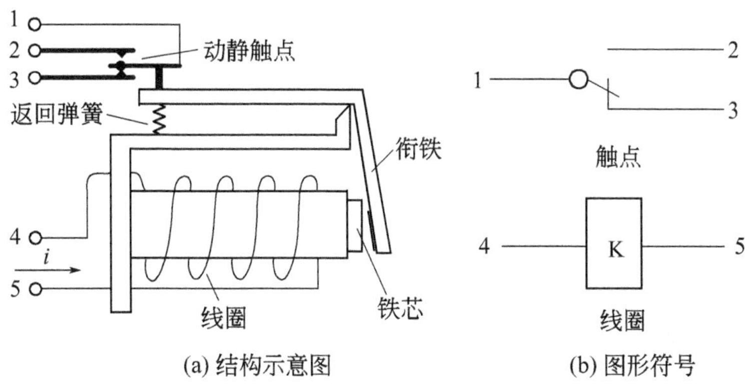

图 14-12 电磁式继电器结构示意与图形符号

用下返回原来位置，动静触点就又恢复至原来的状态。有的小型继电器不使用返回弹簧，而是用小铁块，依靠铁块的重力返回原来位置。

从上可看出，继电器是根据输入它的电信号，来控制电路中电流的通与断的，可理解为它就是一个“开关”。而控制电路中电流的通与断就取决于继电器触点的“开”和“闭”了。继电器线圈未通电时处于断开状态的触点，称为“动合触点”，又叫“常开触点”；继电器线圈未通电时处于闭合状态的触点，称为“动断触点”，又叫“常闭触点”。一个动触点同时与一个静触点常闭而与另一个静触点常开，就称它们为“转换触点”。在同一个继电器中，可以具有一对或数对常开触点或常闭触点（两者也可同时具有），也可具有一组或数组转换触点。继电器常用触点名称及图形符号如表 14-7 所示，表中有两个图形符号的，绘图时可以选用其中的任意一个即可。

表 14-7　继电器常用触点名称及图形符号

触点名称	图形符号	触点名称	图形符号	触点名称	图形符号
动合触点（常开触点）		动断触点（常闭触点）		中间断开的双向触点	
先断后合的转换触点		先合后断的转换触点		延时闭合的动合（常开）触点	
延时断开的动断（常闭）触点		延时断开的动合（常开）触点		延时闭合的动断（常闭）触点	

（2）门电路

实现逻辑运算的电路称为门电路。门电路是一种具有多个输入端和一个输出端的开关电路。只有当输入信号满足某一特定关系时，门电路才有信号输出，否则就没有信号输出。

门电路是基本的逻辑电路。

基本的逻辑关系有三种：与逻辑、或逻辑、非逻辑。与此相对应，最基本的门电路有与门、或门、非门（反相器）。

结合继电器触点或开关组成的常规电路来认识和理解一些常用的门电路。

① 非门（NOT）

非就是否定或相反的意思。非门电路只要输入状态为 0，则输出就为 1，反之亦然。非门电路又称为反相器。应用非门功能可将常开触点反相为常闭触点，这就是它的优点。其电路及真值表如表 14-8 所示。

表 14-8　非门电路及真值表

常规电路	门电路	真值表	
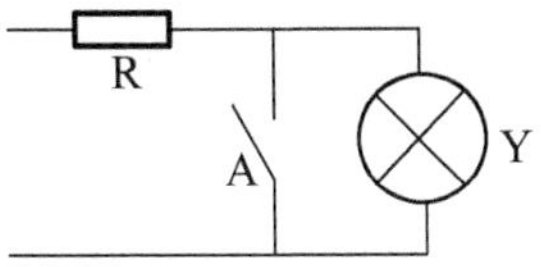 R　A　Y	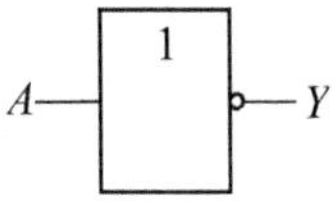 1　A　Y $Y=\overline{A}$	A	Y
		0	1
		1	0

② 与门（AND）

多个常开触点相串联的电路就是一个与门电路，因为只有所有的触点状态为 1 时（闭合），输出 Y 的状态为 1（闭合）。记忆口诀：有 0 出 0，全 1 才 1。其电路及真值表如表 14-9 所示。

表 14-9　与门电路及真值表

常规电路	门电路	真值表		
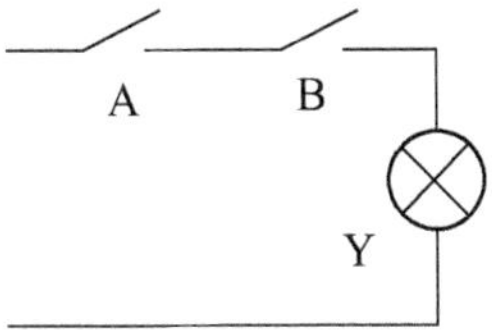 A　B　Y	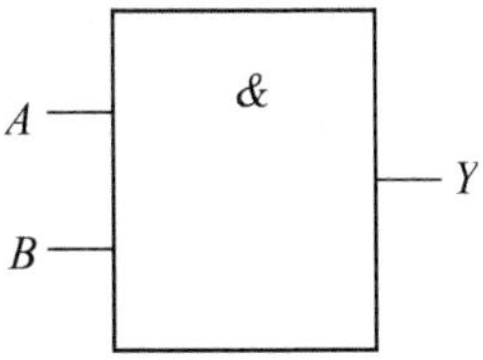 &　A　B　Y $Y=\overline{A}$	A	B	Y
		0	0	0
		0	1	0
		1	0	0
		1	1	1

③ 或门（OR）

多个常开触点相并联的电路就是一个或门电路，因为只要有一个触点状态为 1 时（闭合），输出 Y 的状态就为 1（闭合）。记忆口诀为：有 1 出 1，全 0 才 0。其电路及真值表如表 14-10 所示。

表 14-10　或门电路及真值表

常规电路	门电路	真值表		
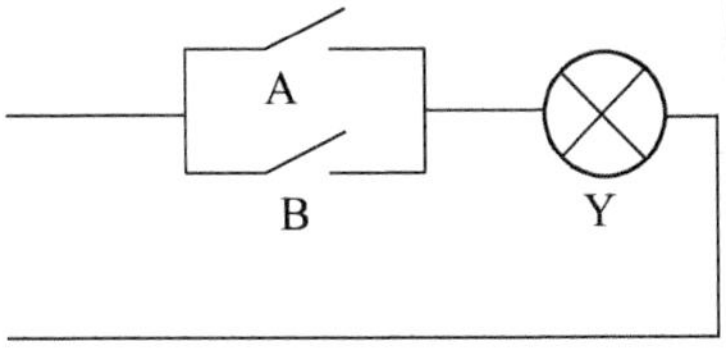 A　B　Y	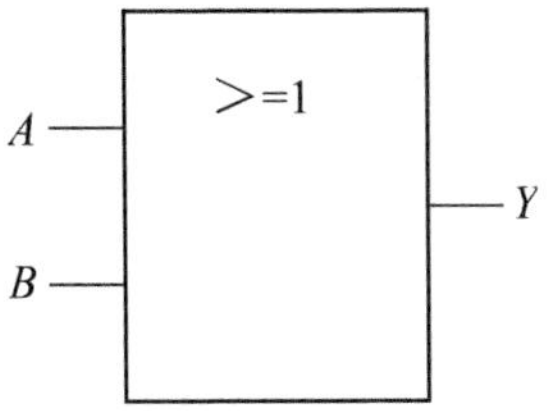 >=1　A　B　Y $Y=A+B$	A	B	Y
		0	0	0
		0	1	1
		1	0	1
		1	1	1

④ 与非门（NAND）

多个常闭触点相并联的或门电路中引入非门，就组合成一个与非门电路了。因为只有在所有触点状态都为 1 时，即都闭会时，输出 Y 的状态才为 0（断开）。记忆口诀为：有 0 出 1，全 1 才 0。其电路及真值表如表 14-11 所示。

表 14-11 与非门电路及真值表

常规电路	门电路	真值表		
A、B、Y	&；A、B、Y；$Y=\overline{A \cdot B}$	A	B	Y
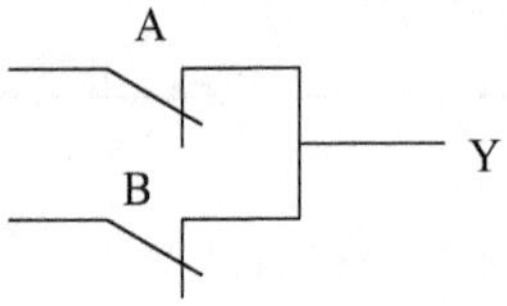	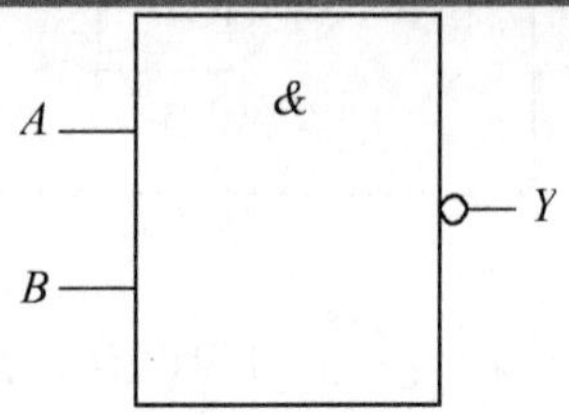	0	0	1
		0	1	1
		1	0	1
		1	1	0

⑤ 或非门（NOR）

多个常闭触点相串联的或门电路中引入非门，就组合成一个或非门电路了。因为只有在所有触点状态都为 0 时，即都断开时，输出 Y 的状态才为 1（闭合）。记忆口诀为：有 1 出 0，全 0 才 1。其电路及真值表如表 14-12 所示。

表 14-12 或非门电路及真值表

常规电路	门电路	真值表		
A、B	>=1；A、B、Y；$Y=\overline{A+B}$	A	B	Y
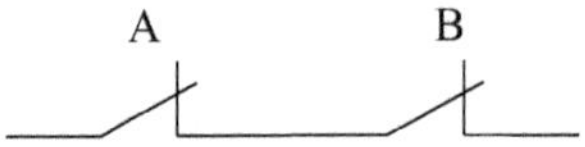	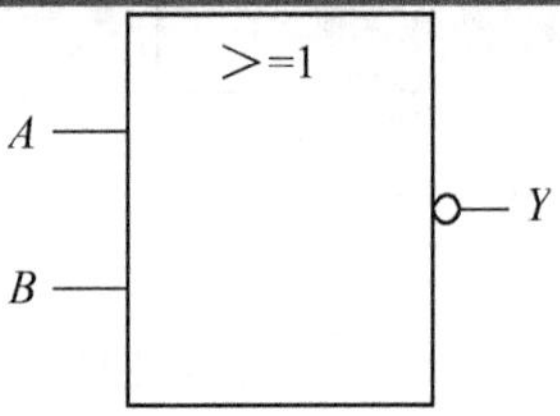	0	0	1
		0	1	0
		1	0	0
		1	1	0

⑥ 异或门（XOR）

两个换向触点串联就组合成一个异或门电路了。只有在所有触点状态都不同时，输出 Y 的状态才为 1（闭合）。记忆口诀为：相同出 0，不同出 1。其电路及真值表如表 14-13 所示。

以上是最基本的门电路，如果把它们适当连接，就可以实现任意复杂而又实用的逻辑电路。请看以下的例子。

图 14-13 是一个生产稀硝酸的氧化炉的报警、联锁电路。工艺要求：生产中的三台鼓风机正常时是开二备一；当运转中的一台或两台鼓风出故障停转时，就要立即关闭电磁阀切断氨气；当氧化炉的温度、压力、氨气含量三个参数中的任意一项超标时，电磁阀立即关闭切断氨气，同时运行指示灯灭，报警铃响、事故灯亮。

表 14-13 异或门电路及真值表

常规电路	门电路	真值表		
		A	B	Y
	=1；A、B 输入，Y 输出	0	0	0
		0	1	1
		1	0	1
	$Y=A\cdot\overline{B}+\overline{A}\cdot B$	1	1	0

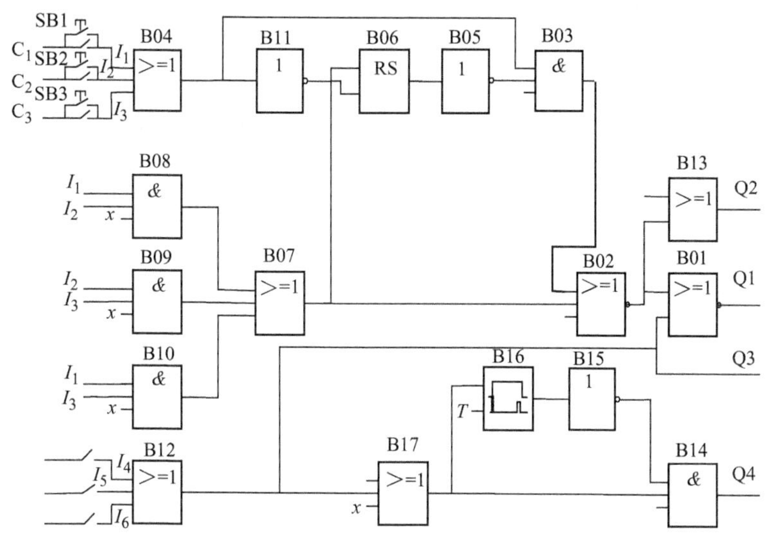

图 14-13 氧化炉联锁、报警保护电路图

图 14-13 中的 C_1、C_2、C_3 为三台鼓风机的交流接触器常开触点，SB1、SB2、SB3 为检查开关。而工艺参数检查开关及锁解除开关采用了硬接线及自消音电路。I_4 温度、I_5 压力、I_6 氨量参数接入 B12，当温度、压力、氨量三个参数中的任意一个超标时，电磁阀立即关闭切断氨气，同时报警灯亮，电铃响。经一定时间后，B16 接通延时输出为 1，电铃停响。铃响时间由 B16 的 T 值进行设定，并可修改。事故消除后报警自动解除，一切恢复正常。图中的 Q1 为电磁阀运行及系统运行指示灯，Q2 为鼓风机停转指示灯，Q3 为工艺参数越限指示灯，Q4 为报警电铃。联锁解除开关接在 Q1 输入端与公用线之间，开关断开为自动，合上为解除联锁，图中没有画出。

由图可见本电路是由基本门电路非门（NOT）、与门（AND）、或门（OR）、或非门（NOR）组成的，其中功能块 B06 是个 RS 触发器，两个输入端 S 为置位、R 为复位；功能块 B16 是个接通延时继电器。由于电路不算太复杂，其工作原理就留给读者自己分析了。

14.6.2 学习报警、联锁电路的方法

由于报警、联锁系统对生产安全具有举足轻重的作用，而且其运行周期长，平时都是处于运行状态，只有在机组停机或停产大检修时，才有可能对其进行检查、调试和维修。因此平时接触的机会很少，应该怎样学习呢？可以从以下几方面入手。

① 可以先识读本企业或本专区范围内的报警、联锁系统图纸。通过图纸来熟悉报警、联锁系统的输入接口信号，现场接口信号是什么设备传输来的，接收信号是继电器还是PLC等。再熟悉报警、联锁系统的输出，是通过继电器还是固态继电器或可控硅开关输出等。看现场设备或元件有没有冗余。

② 先从直接接线系统的图纸开始学习，因为直接接线系统是把开关、检测元件直接接到最终执行元件的，故其简单、直观，容易理解。

③ 选定某个报警回路，结合图纸对该报警电路的工作原理，动作过程进行分析，如现场来的触点信号如何使继电器动作，继电器动作后又如何使报警灯亮、电铃响，如何消音等。出于安全的考虑，报警、联锁系统的检测元件及执行元件在系统正常时应处于励磁状态，系统不正常时则是处于失磁状态。因此，看图时关键是要搞清楚继电器动、静触点在励磁和失磁状态下的位置，必要时可用铅笔轻轻地在图纸的触点上做点记号，以方便理解。

④ 在图纸上熟悉了某报警电路，则可以到现场对照着图纸看实物，如报警输入点接的是哪台设备，是哪几个端子；是闪光报警器还是报警灯，还是屏幕显示；电铃、消音按钮的安装位置等。多看几个报警回路就会有收获了。

⑤ 熟悉了报警电路后，就可以学习联锁电路了，实际上在学习报警电路时，就已经看到一些联锁电路了，因为很多时候报警和联锁电路是互相联系的。重点看输出信号与阀门或电气操作回路是怎样互连的，到现场要观察联锁解除开关的安装位置。如果是单一机组的联锁系统，学习机会还是很多的，因为机器启动运行前，通常都要做模拟试验（又称空投试验）来检查报警、联锁系统是否正常。

⑥ 对PLC，先观察熟悉它的输入端子的接线，搞清楚各个输入端的信号是从哪些仪表或检测元件来的；再观察熟悉它的输出端子的接线，搞清楚各个输出端子的信号是送到什么地方去，是控制哪些设备。在此基础上可以先学习该型PLC的编程手册，如果有该机的编程软件，可以在上面试动动手、练习编一些简单程序，再仿真看看达到预定的目标没有，再做些修改，慢慢地进行学习，逐步提高，不能心急，不懂就问同事或同行。当然能结合本企业的PLC应用的程序资料有针对性地学习，效果是最理想的。

⑦ 检修、调试是最好的学习机会。机组停机或停产大检修时，通常都会对报

警、联锁系统进行检查、调试和维修。因此，这是一个最好的学习机会，有条件时尽量争取参加这一工作。这样就可以比较深入地对其有所了解，结合原来学的知识，对照实物收获也就大了。

14.6.3 “断电”报警比“通电”报警更可靠的原因

报警联锁系统用继电器和电磁阀一般都要求在常通电状态下工作，这是从确保安全可靠的角度来考虑的。因此，报警联锁系统的供电不中断就具有很重要的意义。报警时使继电器线圈处于“通电”还是处于“断电”状态好呢？我们来分析下“通电”和“断电”状态的优缺点。继电器线圈“通电”而动作使电路报警，这是最易被人理解的设计，但是存在一个隐患，如果连接接线出现断路时，或者继电器线圈供电出问题，出事故需要报警，继电器线圈应“通电”而动作，但由于以上原因继电器不会动作，其后果是严重的。如果改为“断电”报警，连接线断路或继电器线圈供电出问题，都不会出现失报。因为在无报警时继电器线圈是处于“通电”状态，一旦上述不正常现象出现时，继电器线圈将恢复至“断电”状态；操作、维修人员就会因为“报警”而查找报警原因，当发现信号正常而报警时，就会去查找其他原因，并排除故障，使报警电路恢复正常，从而可避免不报警现象的出现，显然继电器采用“断电”报警比“通电”报警更可靠。

同样，对于电磁阀也有类似的问题存在，如果联锁系统的电磁阀平时处于断电状态，只有发生事故时才动作，平时就很难知道电磁阀工作是否正常。再者，电磁阀长期不通电，由于生锈、污物等原因，可能会使动铁芯和阀芯卡住，一旦发生事故，可能会出现线圈吸不动铁芯，导致电磁阀动作失灵。如果长期通电，由于电磁振动，可防止卡住，一旦发生事故断电时，靠复位弹簧的作用，能可靠地工作。如果电磁阀有故障，还可随时检查出来。由于以上原因，联锁系统用的电磁阀一般都要求在常通电状态下工作。

15. 数字PID控制知识

15.1 数字 PID 控制算法及采样周期

数字 PID 控制算式的程序编制，仍然是以模拟 PID 控制规律的表达式为蓝本进行的。DCS 和可编程序调节器的 PID 控制都属于直接数字控制，其对各个被控变量的处理在时间上是用数字进行的，即数字 PID 控制算法。数字控制方式的特点是采样控制，每个被控变量的测量值，隔一定时间要与给定值比较一次，按照预定的控制算法得到输出值，还要把它保留至下一次采样时刻。其控制系统如图15-1所示。

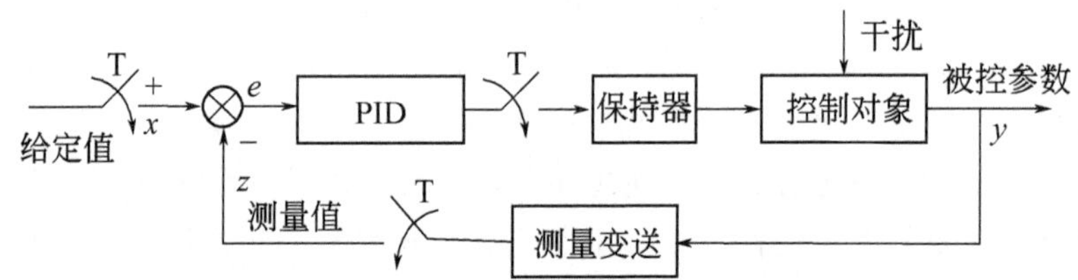

图 15-1　直接数字控制系统框图

控制规律采用 PID 作用时，P 作用只能采样进行，I 作用须通过数值积分，D 作用须通过数值微分，通常用差分方法。在数字 PID 控制算法中，比例作用仍然是最基本的控制作用。除了在时间上采样以外，比例作用的算法与模拟 PID 控制算法是没有差别的。

数字 PID 控制算法通常有位置型、增量型、速度型三种。过程控制中应用较多的是增量型控制算法，微处理器经 PID 运算，控制调节阀开度的增量，即阀位的改变量，调节阀开度的增量对应着微处理器的输出增量，也就是前后两次采样所计算的位置量之差。

数字控制是一种采样控制，它只能根据采样时刻的偏差值计算控制量，因此其积分和微分项不能直接准确计算，只能用数值计算的方法逼近。当采样周期相当短时，用求和代替积分，用后向差分代替微分，这样就可以化连续的 PID 控制为数字 PID 控制。

在数字 PID 控制中，采样周期 Δt 的选择很重要，通常选择采样周期 Δt 为：

$$\Delta t=\left(\frac{1}{6}\sim\frac{1}{15}\right)T_{\mathrm{P}} \tag{15-1}$$

式中，T_P 为工作周期。

通常取 $\Delta t=0.1T_P$。由于各种被控参数的工作周期是不同的，故采样周期也是有差别的。应根据被控参数的类型来选择采样周期，各种控制系统的采样周期如表15-1所示。

表 15-1　各种控制系统的采样周期表

被控参数	温度	压力	流量	液位	成分
Δt 范围/s	15～20	3～10	1～5	5～8	15～20
常用 Δt 值/s	20	5	1	5	20

15.2 模拟调节器与数字调节器的异同

模拟调节器都是以硬件的形式组成的，各自的结构和功能是不同的，且功能单一，必须根据控制方案来选择对应功能的调节器；改变控制方案就必须更换调节器。控制规模越大使用的调节器越多，接线越复杂。

过程控制中不论采用什么样的控制手段，反馈控制的概念总是相同的。所有的调节器都具有一些公共要素，反馈调节器总是有两个输入端和一个输出端，一个输入端用来接收测量信号，另一个输入端则为给定值；而输出端控制执行机构。反馈调节器的给定值通常代表的就是被控量。

数字调节器以软件的形式存在，它能实现各种复杂的控制策略并具有多种扩展功能，但没有一个功能改变了反馈调节器的基本功能，即解决过程控制问题。

数字调节器在固定程序支配下进行过程控制；通过“组态”可以选择预定的控制算法和输入、输出端连接的相关信号。但DCS的调节器架构属于计算机系统，CPU及逻辑、计算单元从存储器ROM中接受指令和固定的算法，并采用数据库共享的算法，来实现已组态功能块及控制数据库中所要求的所有运算。调节器通过多路输入和输出信号与过程相连接。

数字调节器的P、I、D作用是各自独立的，可以分别设定，没有模拟调节器参数间的关联问题，不用考虑干扰系数问题。数字调节器的PID参数可在更大范围内自由选择，与模拟调节器相比，可调范围大了许多，这对改善系统的控制品质是很有利的。

数字调节器使用共同的硬件在控制回路间共享资源；控制参数的显示、调整、报警等功能可通过上位机共享信息。且控制规模可大可小，完全取决于所用设备的功能和现场的需求。因此，在硬件功能或输入、输出范围内，不需要增加投资就可以修改和增加控制方案。

15.3 组态知识

15.3.1 组态软件及其功能

（1）什么是组态软件

在应用 DCS 时人们经常提到“组态”一词，仪表工最早是从使用可编程调节器认识“组态”这一词的。组态有设置、配置等含义，就是模块的任意组合。在过程控制中，组态是指通过对软件采用非编程的操作方式，如参数填写、图形连接、文件生成等方式，使控制系统具有特定的功能。企业可以利用组态软件的功能，构建一套最适合自己的应用系统。

用计算机进行过程控制，需要先接收现场的信号，对现场信号进行处理，然后进行运算，再向现场输出，整个信号处理过程就是用计算机来实现各种算法；而这些算法可完成某项功能，或完成共同的任务。一个软件系统所执行的功能，如输入、运算、控制、输出等功能，都是由各个单独的具有特定功能的程序段来完成的，这样的一个程序段，可以看成是一个可调用的子程序，即所谓的程序模块。每个模块都有一个输入端接入输入量，一个输出端输出运算的结果，还有一些辅助输入端，向模块输入必要的运算参数。可根据系统设计的要求，选择相应的模块，然后用软接线把相关模块连接起来，就能达到系统设计的目的。使不懂计算机语言的人也能进行程序设计，这就是组态软件的优点。

组态软件是一个专为工业控制开发的工具软件。它提供了多种通用工具模块，用户不需要掌握太多的编程语言及编程技术，就能很好地完成一个控制系统的所有功能。用组态软件开发的控制系统具有图形化的操作界面，即方便操作还有利于管理。

（2）组态软件的功能

组态软件实质是一个集成软件平台，它由若干程序组件构成，但每个功能相对来说又具有一定的独立性，组态软件常用的功能组件有以下 6 种。

① 应用程序管理器。它是应用程序的专用管理工具。工程设计时，进行组态数据的备份、保存，及调用应用程序等。

② 图形界面开发程序。即在图形编辑工具的支持下进行图形系统生成工作所需要的开发环境。可建立一系列用户数据文件，生成最终的图形目标应用系统，供图形运行环境运行时使用。

③ 图形界面运行程序。在系统运行环境下，对图形目标应用系统进行实时运行。

④ 实时数据库系统组态程序。它是建立实时数据库的组态工具，可以定义实时数据库的结构、数据来源、数据连接、数据类型及相关的各种参数。

⑤ 实时数据库系统运行程序。在系统运行环境下，对实时数据库及其应用系统进行实时运行；并执行预定的各种数据计算、数据处理任务。历史数据的查询、检索、报警的管理都是在实时数据库系统运行程序中完成的。

⑥ I/O 驱动程序。I/O 驱动程序是组态软件中必不可少的组成部分，用于 I/O 设备通信，互相交换数据。

15.3.2 组态方式及步骤

（1）组态方式

① 系统组态　系统组态又称系统管理组态，是整个组态工作中的第一步，也是最重要的一步。系统组态的主要工作是对系统的结构及构成系统的基本要素进行定义。以 DCS 的系统组态为例，硬件配置包括：选择什么样的网络层次和类型，选择什么样的工程师站、操作员站和现场控制站，选择什么样的 I/O 模块及其具体的配置。有的 DCS 的系统组态可以做得非常详细，例如机柜、机柜中的电源、电缆与其他部件，各类部件在机柜中的槽位，打印机及各站使用的软件等，都可以在系统组态中进行定义。系统组态的过程一般都是用图形加填表的方式。

② 控制组态　控制回路组态是一种非常重要的组态。在过程控制中，DCS 要完成各种复杂的控制任务和工艺参数的采集。如 PID、前馈、串级、解耦，甚至更复杂的过程控制等。因此，就需要生成相应的应用程序来实现各种控制。对于工艺参数在信号采集后要对其进行处理，这些处理也是通过模块来实现。这些工作也要在控制组态中来完成。因此，组态软件往往会提供各种不同类型的控制、运算模块；组态的过程就是将控制、运算模块与各个被控变量和参数进行联系，并定义控制、运算模块的参数。

组态软件还为用户提供了一定的开发手段，使用户自己用高级语言或软件提供的脚本语言，来建立符合自己的模块应用。

③ 画面组态　画面组态是为 DCS 建立一个方便使用的人机界面。通常包括两个方面：一是画出一幅或多幅能够反映被控制的过程概貌的图形；二是进行数据连接和动画连接，当现场的参数发生变化时，就可以及时的在显示器上显示出来，或者通过在屏幕上改变参数来控制现场的执行机构。

组态软件有丰富的图形库。图形库中有大量的图形元件，只要调用图库中的子图，再做小的修改就可以画出漂亮的图形来。

数据连接可分为被动连接和主动连接。被动连接可以实现现场数据的采集与显示，主动连接可以实现操作人员对现场设备的控制。

④ 数据库组态　数据库组态包括实时数据库组态和历史数据库组态。实时数

据库组态包括数据库各点参数的名称、类型、工号、工程量转换系数上下限、线性化处理、报警数据等。历史数据库组态包括各数据点的保存周期，显示的图表等。

⑤ 报表组态　报表组态是将生产过程中的实时数据形成对管理工作有用的日报表、周报表或月报表。

⑥ 报警组态　报警功能是DCS很重要的一项功能，当生产中被控或被监视的某个参数越限时，以声音、灯光等方式发出报警信号，提醒操作人员注意并采取相应的措施。报警组态包括报警的级别、报警上、下限、报警方式和报警处理方式的定义。

⑦ 历史组态　由于DCS对实时数据采集的采样周期很短，形成的实时数据很多，这些实时数据不可能也没有必要全部保留，可以通过历史模块形成有用的历史记录。历史组态就是定义历史模块的参数，及形成的各种算法。

⑧ 权限组态　为了DCS及生产的安全，各种人员都要有一定的工作范围及不同的权限，如工程师及操作员权限。只有在工程师权限时才可以进行组态及修改，而操作员就只能进行简单的操作。

(2) 组态步骤

具体的过程控制系统应用，必须经过完整、详细的组态设计及组态，系统才能够正常工作。组态步骤如下。

① 将所有I/O点的参数收集齐全，并填写表格，以备在组态时使用。搞清楚所使用的仪表的型号、规格，量程、信号类型，采用的通信协议及接口。在多数情况下I/O标识是I/O点的地址或位号名称。

按照统计出的表格，建立实时数据库，正确组态各种过程参数。在实时数据库中建立实时数据库变量与I/O点的对应关系，即定义数据连接。

② 在工艺人员配合下，根据工艺过程绘制、设计画面结构和画面草图，并组态成每一幅静态的操作画面。

③ 将操作画面中的图形对象与实时数据库变量建立连接关系，规定动画属性和幅度。

④ 最后，对组态内容进行分段和总体调试，使系统投入运行。

15.3.3 怎样学习使用组态软件

常用的组态软件厂商国外的有美国Wonderware公司的InTouch，美国GE公司的IFIX，澳大利亚CIT公司的Citech，西门子的WinCC等。国内的有北京力控公司的力控(Force Control)，北京昆仑通态公司的MCGS，北京亚控公司的组态王(King View)，大庆紫金桥公司的紫金桥软件(Real Info)等。这些公司在他们的网站上都有组态软件的试用版供下载，而且还有培训资料及使用说明可供下载，有的还有组态软件的光盘供试用。因此，如果想学习组态，完全可以使用厂商提供的组态软件试用版来学习。当然要与你企业用的组态软件一模一样是不大可能，但是学组态学的是方法、思路，一种实践机会，一种体验，只要你做了肯定是会有收获的。介绍组态软件使用的书籍也很多，你可以根据你的情况购买，然后对照着学习，有的书上还有组态实例，你可以照着书上的实例结合组态软件来操作学习。但要说明的是，这样的学习也仅仅是懂得了组态软件这一工具的使用。懂得使用工具，只是为将来真正组态提供了一定的基础。

15.4 数字调节器的参数整定技能

对于算法先进的数字 PID 控制系统，仍然需要进行参数整定工作，因为控制质量的好坏，与调节器参数整定的工作密切相关。

数字调节器的参数整定大多是按模拟调节器的整定方法来选择数字 PID 参数，然后再做适当的调整，并适当考虑采样周期对参数整定的影响。因此，模拟调节器参数整定方法，对数字调节器也是适用的。即模拟调节器的参数整定方法也可应用于数字调节器上。但由于数字 PID 控制是用软件来实现的，故两者还是略有差别的。

在整定 PID 参数前，先要明白各参数增减对输出变化的影响。增大比例增益将加快系统的响应，有利于减小静差，但比例增益过大又会使系统有较大的超调而振荡。增加积分时间将减少积分作用，有利于减少超调使系统稳定，但系统消除余差的速度会变慢。增加微分时间有利于加快系统的响应，可使超调减小，使稳定性增加，但带来的问题是抗干扰能力减弱。数字 PID 控制的参数整定常用的方法介绍如下。

15.4.1 临界比例度参数整定法

该法常用于有自衡的被控对象。整定时先把调节器的积分、微分作用关闭了，使之成为纯比例调节器，然后改变比例增益，使被控系统对阶跃输入响应达临界振荡状态，此时的临界比例增益记为 Kr，临界周期为 Tr，则调节器的参数可按表 15-2 进行选择。

表 15-2 临界比例度整定法 PID 参数选择表

控制作用	K_p	T_i	T_d
P	$0.5Kr$		
PI	$0.45Kr$	$0.85Tr$	
PID	$0.6Kr$	$0.5Tr$	$0.12Tr$

15.4.2 经验法参数整定及技巧

(1) PID 参数的选择

经验法是应用最广泛的一种方法。它是根据经验和控制过程的曲线形状，直接在控制系统中，逐步地反复地凑试，最后得到调节器的合适参数。整定时应采取先比例，后积分，再微分的步骤。表 15-3 所列的参数提供了基本的凑试范围。

表 15-3　经验整定法 PID 参数选择表

控制系统	K_P	T_I/min	T_d/min
温度	1.6～5	3～10	0.5～3
压力	1.4～3.5	0.4～3	
流量	1～2.5	0.1～1	
液位	1.25～2.5		

(2) 经验法参数整定技巧

在对 DCS 的控制回路 PID 参数进行整定时，要结合被控对象的特性，合理选择控制回路的各个参数，以取得最佳的控制效果。现对用经验法进行 DCS 的 PID 参数整定的具体操作做一介绍。

① 根据系统各个控制回路的参数，按照表 15-3 把 P、I、D 参数设定在凑试范围内。

② 整定过程就是看曲线调参数，整定前应将相关的参数，测量值 PV、设定值 SV、输出值 MV 的实时曲线放在同一趋势画面中，用来进行参数整定和监视曲线变化过程。每个控制回路做一幅与之相关的实时趋势图，时间范围可调整在 20min 左右，并把其量程设置为较小的数值，以方便查看趋势变化，利于判断 PID 参数整定的好坏。

③ 整定时通过趋势图，如被控参数值、给定值、阀位输出值，及与此相关的温度、压力、流量等参数值，来观察判断 PID 参数的整定效果。

④ 整定时如果测量值偏离设定值较大且波动大，首先要看生产工况是否稳定，待工况稳定后进行整定。可根据测量值、设定值、阀位输出等曲线，来判断 PID 参数是否合适。以下规律可供参考，如被控参数在设定值曲线上下波动，呈发散状，阀位输出曲线波动大等，说明 P 值过小应加大。被控参数为收敛状，但恢复较慢，或者阀位曲线为锯齿状，说明 I 值过小应加大。如果流量曲线变化很快，温度曲线变化很慢，说明 D 值过小应加大。

⑤ 在对某些液位、压力等参数整定时，有时由于 PID 参数不合适，或者调节阀口径过大过小，可能会出现调节阀全关、全开状态；因此，在进行整定时，应对

控制回路的输出阀位上、下限进行限制，使其在一定工作范围内，使调节阀不出现全关或全开状态。因为有的生产场合是不允许出现上述现象的。

（3）串级控制系统的 PID 参数整定

串级控制系统要求控制参数、被控参数在干扰作用下，变化都是缓慢而均匀的。可采用逐步逼近法进行整定。由于主回路起主控作用，要求无余差，主回路可先用 PI 控制；副回路属随动控制，为保证其快速的特点，一般采用 P 作用就行了，也可引入微弱的 I 作用，通常副回路是不使用 D 作用的。

可先按照表 15-3 把主、副调节器的 P 设为同一数值，再从弱到强的进行调整，按照“先副后主”、“先比例后积分再微分”的原则，使控制过程为缓慢的非周期衰减的振荡过程。

15.5 DCS 的故障判断及处理技能

15.5.1 DCS 的故障判断思路

DCS 的可靠性很高，但在使用中仍然避免不了会出故障，按故障性质可分为人为故障和设备故障；软件故障和硬件故障；按故障的危害程度可分为一般故障和严重故障。

DCS 出现故障可能会涉及控制器、网络通信、硬件故障、软件故障、电源、人为等因素，其涉及面很广。经验证明 DCS 故障绝大多数发生在现场仪表、测量线路及执行器，而安全栅、电源方面也时有发生。DCS 和工艺是紧密相连的，出现异常时要结合实际工况，分析测量控制参数是否处于正常状态，以此来判断是工艺问题还是 DCS 故障。因此，在检查 DCS 故障时，要综合考虑、从点到面的进行思考、分析、判断。

① 软件故障在正常运行时出现的不多，主要出现在调试期间和修改组态后。因此，在判断系统故障时，应该先从硬件作手，尤其是现场仪表、传感部件及执行器的检查。

硬件故障可分别从人机接口和过程通道两方面来判断。人机接口故障处理起来要容易些，因为多个工作站只会是其中的一个发生故障，只要处理及时一般不会影响系统的监控操作。过程通道故障，如发生在就地 I/O 模件或一次设备时，将直接影响控制或监视功能，其后果比较严重；对修理人员的技术要求也要高，处事不乱对仪表工也是一个考验。

② 电子电路最易出故障的是电源电路，对于 DCS 也不例外。电源发生故障，将直接影响 DCS 的正常工作。实践证明，电源模块使用时间长后，电子元器件失

效导致电源模块发生故障的几率较高。此外，不能忽视电源线连接的故障，如接线头松动、螺栓连接点松动、锈蚀引起的接触不良故障。

③ 网络通信出现故障轻则掉线、脱网，重则死机、重启；网络通信出故障的影响面很大，但也较容易判断和发现，直接进行修理即可。

④ 要重视DCS的干扰问题。要使DCS之间实现信号顺利传送，理想状态就是参与互传互递的DCS共有一个“地”，且它们之间的信号参考点的电位应为零，但在生产现场是不可能做到的。因为，各个“地”之间的接线电阻会产生压降，再者所处环境不同，这个“地”之间的差异也会引入干扰，将会影响DCS的正确采样。干扰问题也是检查、判断DCS故障时要首先考虑的因素之一。

15.5.2 DCS故障判断及处理

(1) 人机接口常见故障及处理方法如表15-4所示。

表15-4 人机接口常见故障及处理方法

故障现象	可能原因	处理方法
鼠标操作失灵	鼠标的接口接触不良	鼠标宜用串口并用螺钉固紧
	鼠标积尘过多或损坏	清洗或更换鼠标
键盘功能不正常	按键接触不良	清洁或更换键盘
控制操作失效	打开的过程窗口过多	按需打开适量过程窗口
	过程通道硬件有故障	检查过程通道
打印机不工作	打印机设置有错误	进行正确的打印设置
	缺墨	更换墨盒

在人机接口中最严重的故障是操作员站死机。操作员站死机的原因很多，且比较复杂，有可能是冷却风扇停转导致主机过热，CPU负荷过重，软件本身有缺陷，硬盘、内存有隐患造成的等。操作员站死机时不要慌张，要冷静耐心的分析，并找出死机的原因。

(2) 电源故障及处理

电源出现严重故障会导致DCS瘫痪，断电故障有时可能就发生在不起眼的小事上。如：供电接线头没有采用压接或压接不牢造成的接触不良，或者接线螺钉松动；电源线的连接点因腐蚀产生接触不良，导致电源线的阻抗增大和绝缘下降等。以上问题的出现都有可能导致供电瞬间中断或长时间断电。因此应定期检查电源输出电压，在停产检修时应检查电源线路，固紧螺钉来保证供电无接线问题。UPS的电池寿命到期就要更换，不要等有故障再更换。

地线问题导致的故障，如系统接地电阻增大，接地端与接地网断开了，电源线和接地线布线不合理，没有做好防雷措施等，都将会影响正常供电。为了保障供电系统的正常运行，应定期检查防雷接地设施及线路。

电源模块本身出现故障，更换即可。

（3）过程通道故障及处理

由于过程通道硬件的可靠性较高，出故障的机率相对要低。但从实际应用来看，很多故障是由于对DCS的维护检查没有到位，对一些细节不够重视。常见故障介绍如下。

① 线路及接线故障等　如接线端或导线接触不良，接线端与实际信号不一致，输入信号线接反、松动、脱落，模块与底座接插不良等。人为的错误如将拨码开关位置放错，通信线接线方向错误或终端匹配器未接等。以上问题只要加强日常维修检查，加强人的责任心是可以杜绝、发现、消除的。

② 较难预料的故障　如供电或通信线路的影响，过程通道的保险损坏，机柜电源不正常等。模件底座通信回路出故障。元器件老化或损坏，模件处于长时间工作导致的损坏。对于以上故障只有在出现故障时尽力修复，但前提是要有备品备件来保障。

③ 受电磁干扰　这大多是接地和防干扰措施注意不够引起的。如某厂有不少温度点测量不准，经检查发现是电缆桥架各段槽板之间有漆层，而各段槽板之间又没有用导线连接，由于没有屏蔽作用，干扰信号串入了热电偶的测量回路中，导致温度测量不准的故障。

（4）网络通信故障及处理

网络通信故障除线路问题引起的以外，还有就是软件原因引起的，如组态不规范。在生产中调节器的组态有变化，但应用软件组态只增加不减少，形成很多无效数据，而系统运行时仍在读取这些数据，如果网络上根本没有这些数据就会造成网络堵塞。最好的办法就是删除无效数据对组态进行优化。

（5）充分利用系统的故障诊断及历史记录功能

DCS具有历史趋势记录、操作记录、报警值、报警时间记录、故障诊断等功能，趋势、操作记录真实地记录了历史上各参数的数值和操作人员所做的工作。而故障诊断是DCS对所有模拟、数字的I/O信息进行监控，通过它可测试和判断问题所在，再结合趋势、操作、报警等记录，可帮助我们迅速找出故障点。

实践证明：除提高DCS维修人员的技术水平外，加强管理、严格执行规章制度也是确保DCS安全运行的关键。而加强巡回检查、保障设备运行环境、防范硬件故障、及时备份软件及数据、减少人为误操作，是防止DCS故障的有效手段。

16. 仪表电路原理图的识读

16.1 仪表电路图的作用及种类

仪表电路图是人们用约定的符号绘制的一种表示电路结构的图形，电路图也是一种工程技术语言。通过电路图可以知道仪表实际电路的情况。绘制仪表电路图可以在纸上或电脑上进行，生产厂在仪表电路图绘制完成后，通过生产、调试、改进来完成仪表产品的制造。而用户则可根据仪表电路图进行安装、调试、使用仪表，当仪表出现故障时，还可利用电路图对仪表进行检查和修理。

仪表电路图的种类有以下几种，介绍如下。

(1) 电路原理图

电路原理图就是用来体现仪表电路工作原理的一种电路图。它直接体现了仪表电路的结构和工作原理。

在电路原理图中，用符号代表各种电子元器件。它给出了仪表的电路结构、各单元电路的具体形式，并详细绘制了电路中所有元器件及其连接方式；给出了每个元器件的具体参数，为检测和更换元器件提供了依据，给出了相关电路工作点的电压、电流参数等，为快速查找和检修仪表电路故障提供了方便。

在分析仪表电路时，通过识别图纸上各种元器件的图形符号，以及它们之间的连接方式，可以了解电路的工作原理和实现的功能。图 16-1 为稳压电源电路原理图。

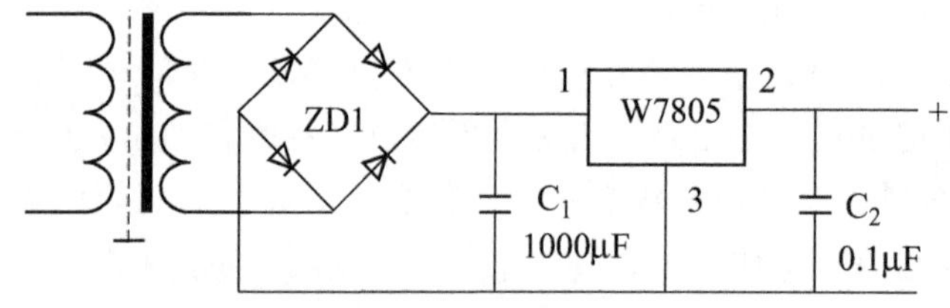

图 16-1　稳压电源电路原理图

(2) 电路方框图

电路方框图是一种用方框和连线来表示电路工作原理和构成概况的电路图。电路方框图只是简单地将电路按照功能划分为几个部分，将每一个部分描绘成一个方框，在方框中加上简单的文字说明，在方框间用带箭头的连线来说明各个方框之间的关系；电路方框图只能用来了解仪表电路大概的工作原理。图 16-2 为二线制温度变送器的电路方框图。

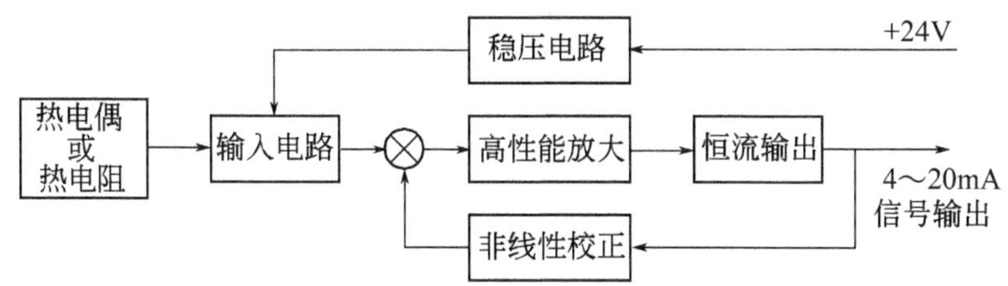

图 16-2　二线制温度变送器的电路方框图

（3）元件排列图

元件排列图是按照电子元件的实物排列绘制的，图上的符号就是电路元件的实物的外形图。这种图可供初学者及维修者使用。图 16-3 为 1151DP 差压变送器放大、校验电路板元件排列图。

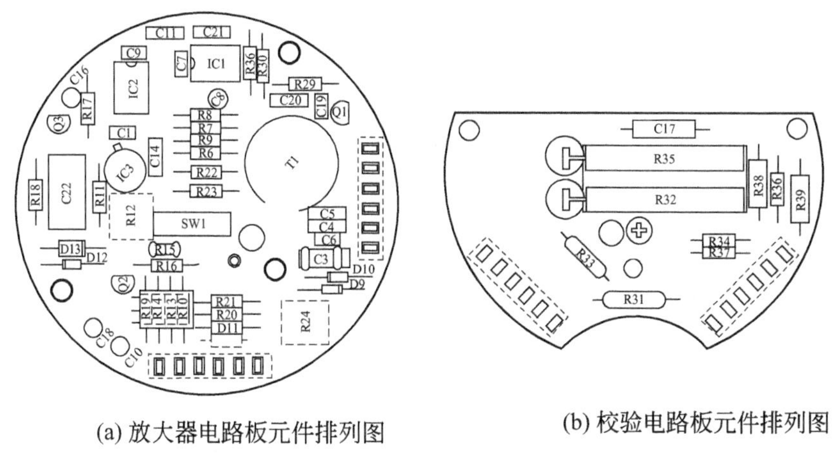

图 16-3　1151DP 差压变送器电路元件排列图

（4）印刷电路板图

印刷电路板图和元件排列图都属于同一类形的电路图，也是供生产和维修仪表使用的。印刷电路板图的中元器件分布和排列往往与原理图大不一样。这是由于印刷电路板在设计时，要考虑所有元器件的分布和连线是否合理，要考虑元器件的体积、散热、抗干扰等很多问题，以更好地发挥电路的功能作用。因此，印刷电路板的外观和原理图是不可能一致的。图 16-4 为 XWC 记录仪稳压单元的印刷电路板图。

（5）减化和等效电路图

在识读和分析仪表电路时，为了使识读图更直观和清晰，可将电路图中的辅助及附属电路全去掉，只保留主信号电路及与其有直接关联的元器件。如本书

16.3.2 节中的图 16-6 就是一个 ER180 记录仪信号输入放大级的等效电路图。

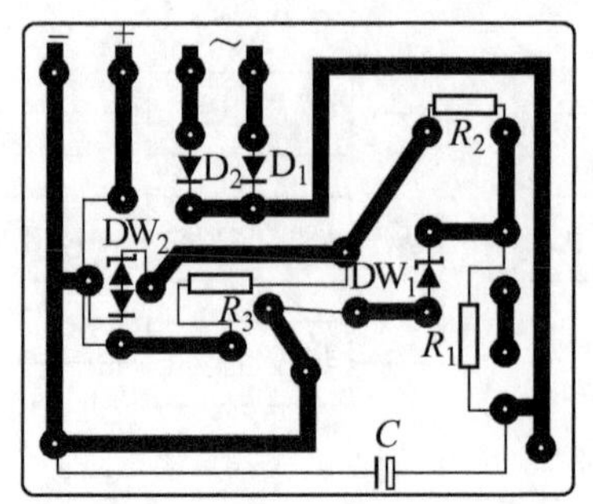

图 16-4 XWC 记录仪稳压单元的印刷电路板图

16.2 读懂仪表电路图的基本技能

① 首先要熟练掌握仪表中常用电子元器件的基本知识，如电阻器、电容器、电感器、二极管、三极管、场效应管、变压器、继电器等，并了解它们的种类、特性以及在电路图中的符号、在电路中的作用等。根据电子元器件在电路中的作用，懂得各参数对电路性能和功能会产生什么样的影响。掌握电子元器件的基本知识，对读懂、读通、读透仪表电路图是必不可少的技能。

② 其次要熟悉一些常见元器件组成的单元电路，如整流电路、滤波电路、放大电路、振荡电路、电源电路等。掌握这些单元电路的知识，不仅可以加深对电子元器件的认识，而且也是看懂、读通仪表电路图的基础。

③ 然后要在电路图中寻找自己熟悉的元器件和单元电路，看它们在仪表电路中起什么作用，并会分析外部电路是怎样配合这些元器件和单元电路工作的，以此逐步的扩展，直至对仪表整机电路的理解。

④ 要看懂仪表电路图，就要结合该仪表的使用说明书，对该仪表的功能，相关的单元电路做深入的了解和分析，在此基础上，把仪表的整机电路图看懂、读通。

16.3 怎样识读仪表电路原理图

16.3.1 识读仪表电路图的方法及步骤

（1）识读仪表电路图的基本方法

识读电路原理图，就是根据仪表电路图来认识仪表内部电路，了解电路的结构、原理、特点，信号的产生、传输过程，电流、电压的各种变化，各部分的功能及元器件的作用等。正确识读电路原理图，需要一定的理论基础和专业知识。一般来说，理论基础越扎实，专业知识越丰富，识读电路原理图的速度就越快，对电路各部分工作原理的理解也越深，对每个元器件的作用判断就越准。这样，在仪表检修中才能正确分析故障原因，合理检测并查出故障。因此，仪表工要重视仪表基础知识的学习，不断扩大专业知识面。还要掌握识读电路图的基本方法和步骤，以提高分析电路的能力。

读懂电路图是仪表维修的基础，也是仪表检修工作的关键，如果要提高仪表检修水平，就要掌握识读仪表电路图的知识。看仪表电路图主要是看懂电路原理图，即弄清楚电路由哪几部分组成及它们之间的联系，仪表电路的主要任务是对信号进行处理。因此，读图时应以所处理的信号流向为主线，沿信号的主要通路，以基本单元电路为依据来展开，看仪表电路图时可按以下思路进行。

首先应根据该仪表电路的功能，判断出电路图的信号处理方向。大多电路图的信号处理流向是按照从左至右的方向画的。按照信号处理流向依次分析各单元电路的功能和作用，以及各单元电路之间的连接关系。

接下来以各主要元器件为核心，将电路图分解为若干个单元电路。常见的单元电路有电源电路、滤波电路、放大电路、振荡电路、转换电路等。电源电路的作用是为整机电路提供工作电源或实现电源转换；滤波电路的作用是限制通过信号的频率；放大电路的作用是对输入信号进行放大；振荡电路的作用是产生信号电压；转换电路的作用是将电压、电流、频率信号进行相互转换。然后把各单元电路联系起来一齐看整机电路，看电路相互间的关系及作用。主线仍是信号处理流向，较难识读的是反馈电路，需要下点工夫。

（2）识读仪表电路图的步骤

通常可按以下的步骤进行，当然这些步骤不是一成不变的，可根据实际情况取舍。

① 先画出整机方框图　在我们学习仪表基础理论知识时，经常会用方框图来表示仪表及控制系统的结构原理及信号运算、传递关系，方框图可将较复杂的电路原理图化整为零。很多仪表并没有提供电路方框图，这就需要我们自己来画仪表整机方框图，即先将各部分的功能用方框图表示出来，然后根据它们之间的关系进行连接，画成一张方框图，从方框图就可以看出各单元电路是如何互相配合来实现电路功能的。对仪表电路的组成及各单元电路的功能进行分析，来掌握被分析仪表电路的基本结构，搞清楚各单元电路的功能。这一过程，不用分析各具体电路的结构、工作状态、信号流程、信号变化及元器件功能等。

② 梳理清楚整机供电电路　仪表电路只有正常供电，才能完成规定的功能，仪表大多数电路的供电取自电源变压器和稳压电源，数字显示仪表大多采用开关电

源供电。在看仪表电路图时，一定要把整机供电线路理清楚，只有供电电路正常，对单元电路的分析和检修才会有意义，由于供电的重要性，读图时可用红笔对供电线路做上标记。

③ 搞清楚信号流程　在大致确定各单元电路的功能之后，就应该搞清楚信号流程了，以弄清各单元电路之间的关系，理清楚信号的方法有：

A. 从输入信号或产生信号的部分开始，应用所学过的仪表基本工作原理和典型电路方框结构图，结合电路中的关键元器件，从左向右、从前向后的逐级理顺信号关系。搞清楚电路的基本结构、信号处理过程，搞清楚各级电路的功能；

B. 以负载为起点，从后端向前端理顺信号关系。如输出电流、电压、输出接点或 LED 数码管等。由于这些信号容易识别，以其作为起点，按照信号处理过程，逐级向前观察来搞清楚各级电路的功能。

④ 先分析熟悉电路，再分析生疏及特殊电路　仪表电路实际是许多典型电路的综合运用。只要我们利用所学过的电路基础理论和专业知识，就会发现在仪表电路中，有一部分电路是我们比较熟悉的，虽然它们在仪表电路中有了新的功能，但是电路的基本形式并没有改变，对它们的分析方法也仍然适用。有的电路比较生疏，有的电路则是某种仪表中特有的。对于生疏和特殊的电路，仍然可借助原有的知识，再结合相关资料来进行学习和研究。

⑤ 了解电路及部件的用途及功能　了解整机电路图中各单元电路起什么作用，它对弄清楚电路的工作原理、各部件的功能是有指导意义的。分析功能就是将电路划分成若干单元电路后，根据已有的知识定性分析每个单元电路的工作原理、用途和功能。

仪表整机电路中的单元电路较多，许多单元电路的工作原理较复杂，如果在整机电路中直接进行分析会比较困难，而通过单元电路图分析之后，再去分析整机电路就会比较容易，所以单元电路图的识读是分析仪表整机电路的基础。

16.3.2　仪表单元电路图的识读

单元电路是指能够完成某一电路功能的最小电路单位。单元电路主要包括电源电路、放大电路、振荡电路、调制解调电路、滤波电路、测量电路、开关电路、计数电路、编码译码电路、显示电路、控制电路等。单元电路能够完整的表达某一级电路的结构和工作原理，对深入理解电路的工作原理和结构很有帮助。

（1）单元电路图的功能和特点

① 单元电路图就是为了能方便地分析某个单元电路的工作原理，而单独将某部分电路单独画出的电路，这类图省去了与该单元电路无关的其他元器件和有关的连线。因此，单元电路图简洁、清楚，方便识图。单元电路图中对电源输入端和输出端也进行了简化。

在单元电路图中，一般用符号来标注工作电压、输入信号、输出信号、公用端等。通过单元电路图中的符号标注可方便地找出电源端、输入端、输出端、公用端点等。而在实际电路图中，这些端点与整机电路中的其他电路是相连而没有标注的，这也是新仪表工在识图时需要注意问题。

② 单元电路图可以清楚地表示单元电路的结构原理。单元电路图画法精练、简洁，且看图方便，各元器件之间采用最短的连线，而与整机电路图中的长或弯曲的连线相比，对识图和理解电路工作原理是很方便的。

③ 单元电路图一般是用来讲解电路的工作原理，因此，学好单元电路是学好仪表电路工作原理的关键。只有掌握了单元电路的工作原理，才能更好地去分析仪表整机电路。

（2）单元电路图的识读方法

单元电路的种类繁多，而且各种单元电路的具体识读方法又有所不同，因此对不同的单元电路应采用不同的识读方法。下面讲解单元电路图的识读方法。

① 有源电路的识读　所谓有源电路，就是需要直流电压才能工作的电路，如放大电路等。对于有源电路的识读首先应分析供电电路，可以把电路图中所有电容器看成开路，把所有电感器看成短路。直流电路的识图方向一般是先从右向左，再从上向下。

② 元器件的作用分析　在单元电路中还应逐一的分析电路中各元器件起什么作用，可从直流、交流两个角度去进行分析。

③ 信号传输过程分析　信号传输过程分析，就是信号在该单元电路中如何从输入端传输到输出端，信号在这一传输过程中是如何进行转换、放大、控制的；信号传输的方向一般是从左向右。

（3）仪表单元电路图识读实例

对 ER180 记录仪的测量单元（又称为量程板）电路进行识读。在该型仪表中测量单元是放大器的核心部分，其作用是根据输入信号类型、测量范围提供足够的放大倍数，以满足整机灵敏度及温度漂移和抑制干扰的要求。在测量温度时需要热电偶冷端温度补偿及热电阻的线性补偿电路，还有正、反向零点迁移电路等。现对直流电位差（mV）输入型的测量单元电路进行识读。该单元电路如图 16-5 所示。

① 各连接端子的作用

B1 端——向测量单元提供的正电源，从整机电路图知，是从整流滤波器来的＋15V DC 直流电源。

B2 端——公共端。

B3 端——向测量单元提供的负电源，是已经过稳压的－11VDC 直流电源。

－B 端——输入信号负端。

＋A 端——输入信号正端，又是放大器的公共端。

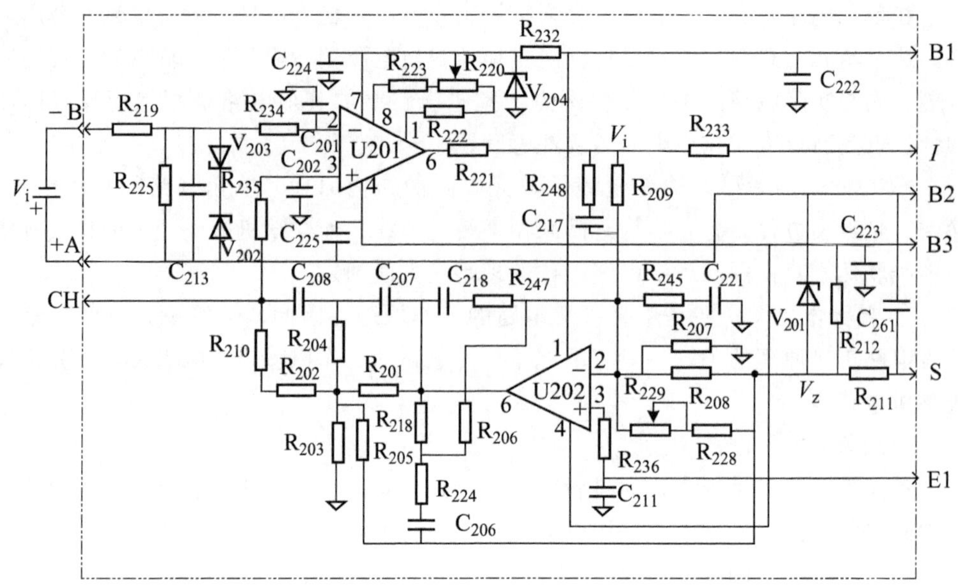

图 16-5 直流电位差（mV）输入的测量单元电路

I 端——测量单元的输出端。

S 端——基准电压 V_Z 经 R_{211} 降压后通过 S 引出加到滑线电阻上，向滑线电阻提供基准电压源。

E1 端——滑线电阻中心抽头，向测量单元提供平衡信号。

② 各元器件的作用

R_{219}、R_{225} 组成分压器，作信号输入衰减，R_{219} 与 C_{212} 为滤波器，滤除工频干扰信号。

V_{202}、V_{203} 为限幅电路，对输入过载信号及尖峰干扰进行限幅。

R_{234}、C_{201} 和 R_{235}、C_{202} 为高频干扰抑制干扰电路。

R_{220}、R_{222}、R_{223} 组成 U_{201} 的失调电压调整电路。

R_{232}、V_{204} 为稳压电路，对＋15VDC 电源进行稳压，得到＋11VDC 电源的电压作为 U_{201} 的正电源。

R_{201}、R_{202}、R_{203}、R_{204}、R_{210}、C_{207}、C_{208} 组成滤波网络，同 U_{201} 一起构成有源滤波器，对输入端的工频干扰信号进行抑制。

R_{207}、R_{208}、R_{211}、滑线电阻等一起构成平衡电桥。

R_{228}、R_{229} 为负向迁移电阻；R_{205} 为正向迁移电阻。

R_{248}、C_{217}、R_{245}、C_{221}、R_{247}、C_{218}、R_{224}、C_{206} 组成动态校正电路，用来改善仪表的动态特性。

R_{212}、V_{201} 产生 V_z＝－6.2V 的基准电压。

其余电容为高频去耦合电容，作用是抑制高频干扰信号。

③ 信号传输放大过程分析

为了更直观地看出直流输入信号的传输过程，可以把电路图中的辅助及附属电路元件全去掉，只保留信号传输电路及与其有直接关联的元器件，如图 16-6 所示。

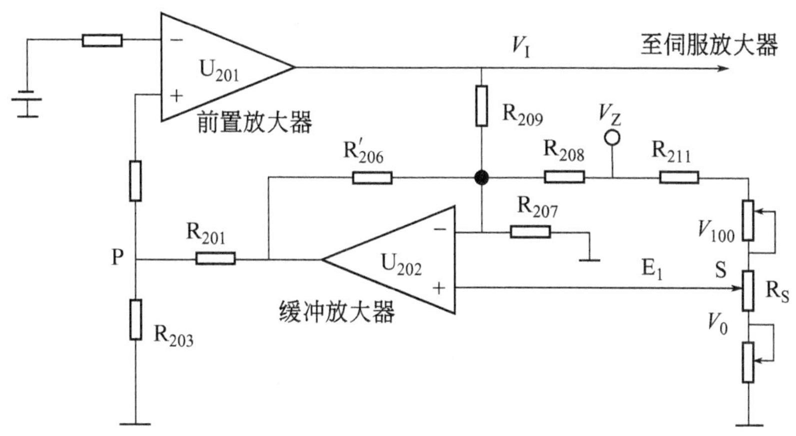

图 16-6　信号输入放大的等效电路图

U_{201}为前置差分放大器，当其同相端和反相端之间的电位差为零时，输出为零。如输入电压变化，U_{201}的反相端电位降低了，则 V_I 被放大并输入给伺服放大器（图中没有画出）。经伺服放大器进行调制放大，驱动可逆电动机运转，并移动与指针相联的滑线电阻的滑臂 R_S。S 点的电位变化经 U_{202}缓冲放大器，变换为 P 点电位的变化，并反馈到前置放大器 U_{201}的输入端，减小了前置放大器同相端与反相端之间的电位差，当减小至零时，U_{201}的输出为零，可逆电动机停止转动。

虽然反馈信号是加在 U_{201}的同相端，但并不是正反馈。因为 U_{201}的输出 V_I 是通过 U_{202}的反相缓冲放大后，再加到 U_{201}的同相端，故仍然是负反馈，而构成差分放大形式。

图 16-6 的工作原理分析及计算

图中 R_S 为滑线电阻，在零刻度时 $E_I = V_0$，满度时 $E_I = V_{100}$。$R'_{206} = R_{206} /\!/ R_{218}$。则有：

$$V_I = R_{209}\left[\left(\frac{1}{R'_{206}}+\frac{1}{R_{207}}+\frac{1}{R_{208}}+\frac{1}{R_{209}}\right)E_I-\frac{V_Z}{R_{208}}-\frac{R_{201}+R_{203}}{R_{201}R'_{206}}V_I\right]$$

当 $V_I = V_{I0}$，且电路平衡时，$E_I = V_0$，$V_I = 0$，则：

$$\left(\frac{1}{R'_{206}}+\frac{1}{R_{207}}+\frac{1}{R_{208}}+\frac{1}{R_{209}}\right)V_0=\frac{V_Z}{R_{208}}+\frac{R_{201}+R_{203}}{R_{201}R'_{206}}V_{I0}$$

当输入增加一阶跃信号的瞬间，指针未动，E_I 仍然为 V_0，则输出一个不平衡电压：

$$V_I = R_{209}\left[\left(\frac{1}{R'_{206}}+\frac{1}{R_{207}}+\frac{1}{R_{208}}+\frac{1}{R_{209}}\right)V_0-\frac{V_Z}{R_{208}}-\frac{R_{201}+R_{203}}{R_{201}R'_{206}}(V_{I0}+\Delta V)\right]$$

$$=-\frac{R_{209}\ (R_{201}+R_{203})}{R_{201}R'_{206}}\Delta V$$

因为输入信号为负端输入，即 $V_i<0$，$\Delta V<0$，所以 $V_1>0$。即输出一正电压信号，经伺服放大器驱动电机正转，带动仪表指针向满度方向移动，产生 ΔE_i，则：

$$V_1=R_{209}\left[\left(\frac{1}{R'_{206}}+\frac{1}{R_{207}}+\frac{1}{R_{208}}+\frac{1}{R_{209}}\right)\Delta E-\frac{R_{201}+R_{203}}{R_{201}R'_{206}}\Delta V\right]$$

随着指针的移动，$|\Delta E|\uparrow\rightarrow V_1\downarrow$，直到新的平衡为止，$V_1=0$。指针指示刻度即为被测输入值。

同理，当输入下降一个阶跃信号的瞬间，输出一个不平衡电压：

$$V_1=-\frac{R_{209}(R_{201}+R_{203})}{R_{201}R'_{206}}\Delta V$$

因为，这时的 $\Delta V>0$，则 $V_1<0$。即输出一个负电压信号，经伺服放大器驱动电机反转，带动指针向零度方向移动，使 $|V_1|\downarrow$，直到新的平衡为止，$V_1=0$，电机停止，指针指示的刻度即为新的被测值。

16.3.3 仪表整机电路图的识读

仪表整机电路图体现了仪表的电路结构及工作原理，通过识读整机电路图可以了解各单元电路的具体形式和它们之间的连接方式。在整机电路图中，一般会给出电路中各元器件的具体参数，如型号、标称值和其他一些重要数据，为检测和更换元器件提供依据。有的整机电路图中还给出了有关测试点的直流电压，如电路图中三极管各电极上的直流电压标注等。根据这些测试点的电压，仪表工可以很方便地检测出电路故障点。

（1）仪表整机电路图的功能和特点

① 仪表整机电路图中包括了整台仪表的所有电路。

② 不同型号的仪表其电路会有很大的差别。通过对比整机电路图，可以清楚地了解同类型仪表的电路差别。

③ 在仪表整机电路图中，各单元电路的画法是有一定规律。通常，电源电路画在整机电路图的右下方；信号源电路画在整机电路图的左侧；负载电路画在整机电路图的右侧；各级放大电路大多是从左向右排列，各单元电路中的元器件相对集中。掌握这些规律对了解仪表整机电路图是有帮助的。

（2）仪表整机电路图识读方法

整机电路图的识图方法如下。

① 首先分析各单元电路在仪表整机电路图中的具体位置，单元电路的类型，进行直流工作电压供给电路分析，通常，电压供给电路的方向是从右向左的。进行信号转换、传输电路的分析，通常，整机电路图中信号传输的方向是从左至右的。对一些比较复杂的、未见过的单元电路的工作原理要进行重点分析。

② 在识读的过程中，可以在整机电路图中先找到某一种功能的单元电路，先进行分析。然后，再进行其他单元电路的分析。

③ 分析仪表整机电路的过程中，对某个单元电路的分析有困难时，如对某集成电路的分析有困难，可以查找这一型号集成电路的相关资料，如集成电路内部方框图、各引脚功能作用等，这类资料在网络上是可以下载到的。

17. 电子元件的检测与维修技能

17.1 电阻器的检测与维修

(1) 电阻器的基础知识

物体对电流的阻碍作用称为电阻，利用这种阻碍作用做成的元件称为电阻器，简称电阻。电阻是仪表电路中最基本、最常用的电子元件；主要用来稳定和调节电路中的电流和电压，即降压、限流、调幅、分流、隔离等作用。电阻的图形符号如图 17-1 所示，电阻用文字符号 R 表示，其单位有欧姆（Ω）、千欧（kΩ）、兆欧（MΩ）。

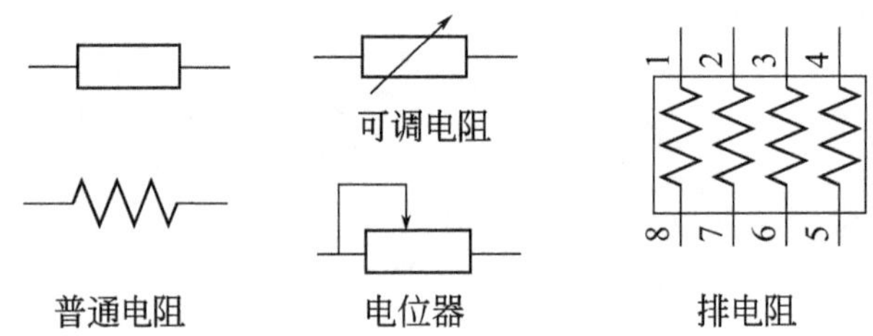

图 17-1　电阻的图形符号

常用的电阻有：线绕电阻、碳膜电阻、合成碳膜电阻、金属膜电阻、实心碳质电阻、排电阻等。

(2) 电阻器的检测方法

电阻器的检测可使用万用表测量电阻值，来判断其是否有断路、短路及阻值变化等故障。检测仪表电路中的电阻器，可以采用在线检测或开路检测。

① 在线检测方法　在线检测是用万用表直接对电路板上的电阻进行测量，而不用将电阻器焊下。该方法简便，但有时会受电路中其他元器件的影响而造成测量误差。故在线检测时，一定要考虑电路中其他元器件对电阻值的影响，操作步骤如下。

A. 首先断开电路板的电源。然后观察欲检测的电阻器，看其有无烧焦、引脚断裂、引脚与铜箔线断路或虚焊等情况。

B. 然后根据电阻器的标称阻值，选择好万用表的量程，测量该电阻的阻值，

记住测量电阻值 R_1。对换万用表的两只表笔，再测量得到另一个测量电阻值 R_2。比较两次测量的阻值，取较大的电阻值作为参考值，如果该值等于或很接近被测电阻的标称电阻值，则可以判断该电阻器正常。如果该值大于被测电阻的标称阻值较多，则可以判断该电阻器损坏。如果该值远远小于标称电阻值，有可能是由于电路中并联有其他小阻值电阻而造成的，这时应采取焊开电阻器来进行检测判断。

② 开路检测方法　开路检测法可对单个电阻器进行独立检测。与在线检测相比，开路检测能有效地避免电路中其他元器件的影响，从而确保测量的准确性，但操作稍复杂。开路检测有两种方法，一种方法是将电阻器一端引脚从电路板上焊下，用万用表测量其电阻值。另一种方法是切断电阻器一端引脚与印刷电路的铜箔线，然后进行测量。将测量值与标称电阻值进行比较来判断该电阻是否正常。测量完成后应马上把电阻器进行焊接复原，以避免漏焊而出现新的故障。测量高阻值的电阻器时，两只手不要与表笔和电阻器的两电极接触，以防人体电阻分流引起测量误差。

(3) 电阻器的代换方法

经检查有故障的电阻器应进行更换。更换的电阻器应优先采用同型号、同材质、同电阻值的。如没有一模一样的电阻器时，可以考虑代用，但应注意：在一般电路中允许用大功率电阻器替代同值的小功率电阻器；对于有温度要求的场合应考虑电阻器的工作温度，如金属膜电阻器可在 125℃以下长期工作，而碳膜电阻器只适合在 70℃以下的温度下工作；不能用普通电阻代替精密电阻。用于保护电路取样的电阻器要采用原值、等功率电阻器更换。

电阻器损坏后，如没有同规格的电阻器更换时，可以采用电阻相串联或并联的方式来应急。利用电阻的串联公式：$R=R_1+R_2+\cdots+R_n$ 将几个低阻值的电阻器变成所需的高阻值电阻器使用。可利用电阻的并联公式 $\frac{1}{R}=\frac{1}{R_1}+\frac{1}{R_2}+\cdots+\frac{1}{R_n}$ 将几个高阻值电阻器变成所需的低阻值电阻器使用。不论是串联还是并联，各电阻器上分担的功率数不得超过该电阻器本身允许的额定功率。

熔断电阻器损坏后，没有同型号的熔断电阻器更换时，可使用与其主要参数相同的其他熔断电阻器代换；阻值很小的熔断电阻器可用熔断器直接代用；还可采取电阻器与熔断器相串联的形式来代用，但电阻器的阻值和功率应与损坏的熔断电阻器相同，熔断器的额定电流 I 可按以下公式来选择。

$$I=\sqrt{\frac{0.6P}{R}} \tag{17-1}$$

式中　P——原熔断电阻器的额定功率；

　　　R——原熔断电阻器的电阻值。

17.2 电容器的检测与维修

(1) 电容器的基础知识

电容器是由两个相互靠近的金属电极板，中间夹一层绝缘介质构成的。在电容器的两个电极加上电压时，电容器就能储存电能。因此电容器是一种储能元件，它是仪表电路中最常用的电子元件之一，主要用来滤波、旁路、耦合、延时等。电容的图形符号如图 17-2 所示，电容用文字符号 C 表示，电容量的基本单位是法拉，简称法（F）。除了法拉外，还有毫法（mF）、微法（μF）、纳法（nF）、皮法（pF）等单位。它们之间的换算关系是：

$1F=10^3 mF=10^6 \mu F=10^9 nF=10^{12} pF$。其中最常用的是微法（μF）和皮法（pF）。

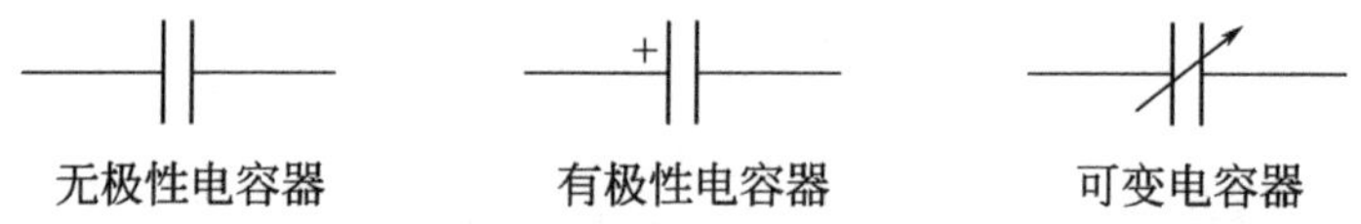

图 17-2　电容的图形符号

(2) 电容器的检测方法

在仪表维修中大多是通过观察和用万用表检测来判断电容器的好坏。通常就是采用观察判断的方法，即看电容器是否有漏液、爆裂、烧坏的情况，如果有上述现象，说明电容器有问题，需要更换。经观察没有发现明显的故障症状时，可采用万用表进行测量来判断。现介绍如下。

① 用指针式万用表检测的方法

A. 固定电容器的检测　容量在 0.01μF 以上的固定电容器，可以用万用表的“R×10k”挡，来测试电容器有无充电过程，以及有无内部短路或漏电，并可根据指针向右摆动的幅度大小估计出电容器的容量，测试时可找一个好的同容量的电容器进行对比。测量时可快速交换电容器的两个电极，观察表针向右摆动后能否再回到无穷大（∞）位置，如不能回到无穷大位置，则说明该电容器有问题。

容量在 0.01μF 以下的固定电容器，由于其电容量很小，用万用表检测，只能检查电容器的绝缘电阻，即有无漏电、内部短路或击穿等现象，而无法判断电容器的质量。具体操作如下：使用万用表的“R×10k”挡，用两表笔分别接电容器的两个引脚，观察万用表的指针有没有偏转现象，然后交换表笔再测试一次。在两次检测中，阻值都应为无穷大。如果有电阻值显示，则说明电容器漏电或内部已击穿。

B. 电解电容器的检测　电解容器的容量比固定电容器大得多，可利用电容器的充放电现象进行检测，从而判断其好坏。测量时应根据不同容量选用不同的电阻挡。如0.01～10μF的电容器可用“R×10k”挡测试，10～47μF的电容器可用“R×100”挡测试，大于47μF的电容可用“R×10”或“R×1”挡测试。测量前先将电容器的两个电极相碰，把电放了。

将万用表的红表笔接电容器的负极，黑表笔接正极，在刚接触的瞬间，万用表指针向右偏转较大，对于同一电阻挡，容量越大，摆幅应越大，然后表指针会慢慢向左回转至“0”位，如果不能回“0”而是停在某一位置时，此时的电阻值便是该电解电容器的正向漏电阻，此值远大于反向漏电阻，电解电容器的漏电阻一般应在几百千欧以上，否则电容器将不能正常工作。

在测试中表针不会动，表明该电容器没有正、反向充电现象，说明该电容器的容量已消失或内部开路，如果所测电阻值很小或为零，则说明该电容器漏电大，或者已击穿损坏。

测试时可以用一只与被测电容容量相同的好电容器做对比，即分别测量及观察两只电容器在充放电时指针的摆动幅度，可大致判断出被测电容器的容量是否正常。

C. 电解电容器正负极性判定方法　对于正负极标注不明的电解电容器，可利用测量漏电阻的方法来判别极性。测量时，先假定，某极为“+”极，将其与万用表的黑表笔相接，另一电极与万用表的红表笔相接，记下指针停止时的刻度值，然后对电容器放电，两只表笔对调后进行测量；两次测量中，指针最后停留的位置靠左的那次（电阻指示值大），黑表笔所接的就是电解电容器的正极，而红表笔接的是负极。测试时最好选择“R×100”挡或“R×1k”挡。

② 用数字式万用表检测的方法　数字万用表具有测试电容器的功能，其量程一般为0.01nF～100μF。具体操作如下。

先将功能旋钮旋到电容挡，量程大于被测电容容量，现在很多数字万用表都具有量程自动选择功能。然后对电容器进行放电，再把电容器的两个引脚分别插入万用表的电容测试插孔中；对于没有电容测试插孔的数字万用表，则用两表笔分别与电容器的两端相接，且红表笔应接电容器的正极，黑表笔接电容器的负极，读数稳定后就可以读取显示值。读出的电容值与电容器的标称值进行比较，如相差太大，说明该电容器的容量已不足或性能已不良。

（3）电容器的代换

电容器损坏后，应尽量使用与其类型相同、主要参数相同，外形尺寸相近的电容器来更换。如找不到同类型的电容器时，也可用其他类型的电容器来代换。

① 无极性电容器的代换　对于无极性电容器，只要电容量及外形尺寸符合要求时，都是可以相互代换使用的。但要注意电容器的介质及工作频率问题，

即工作频率只能高就低，而不能低就高，如：玻璃釉电容器或云母电容器可以代换涤纶电容器使用，但涤纶电容器就不一定能代替玻璃釉电容器使用，因为，玻璃釉电容器可用于高频和超高频电路，而涤纶电容器只能用于中低频电路。

② 电解电容器的代换 铝电解电容器一般用于电源电路及中、低频电路，一般的电解电容器，可以用耐压值较高的电容器代换容量相同、耐压值低的电容器。如电源滤波电容、退耦电容损坏时，可以用比其容量略大、耐压值与其相同或更高的同类电容器来代换。信号耦合及旁路用的铝电解电容器损坏后，可用与其主要参数相同，但性能更好的钽电解电容器代换。

17.3 电感器的检测与维修

(1) 电感器的基础知识

电感器又称为电感线圈，简称电感。电感同电容一样，也是一种储能元件，它能使电能与磁场相互转化。电感常与电容器一起工作，在仪表电路中，主要用于滤波、振荡、波形变换等。电感的图形符号如图 17-3 所示。电感用文字符号 L 表示，电感的基本单位是亨利，简称亨（H），除了 H 外，还有毫亨（mH）、微亨（μH）等单位。它们之间的换算关系是：$1H=1\times10^3mH=1\times10^6\mu H$。电感量的大小取决于线圈的直径、匝数、及有无铁芯，与电流大小无关。

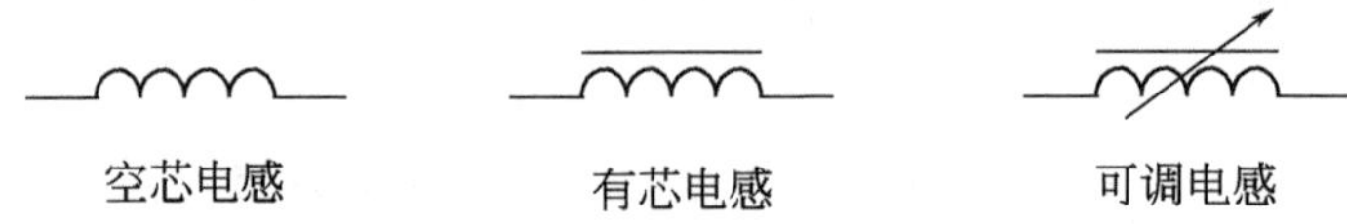

图 17-3 电感的图形符号

(2) 电感器的检测

由于电感器的线圈匝数不多，直流电阻很小，因此，可用指针式万用表的电阻挡来进行检查，即测量电感器的电阻，电感器正常时都能测得一个固定的电阻值。如果测量的电阻为零或趋于无穷大，则可能该电感器已损坏。

还可用数字万用表的蜂鸣档来检测电感器的好坏。如果显示为“OL”则表示电感器断路。

(3) 电感器的代换

电感器损坏后，应使用与其性能类型相同、主要参数相同、外形尺寸相近的电感器更换。如找不到同类型的电感器，可用其他类型的电感器代换。

如小型固定电感器与色码电感器、色环电感器之间，只要电感量、额定电流相同，外形尺寸相近，可以互相代换使用。

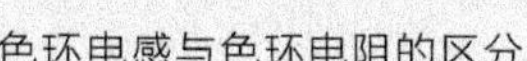

色环电感与色环电阻的区分

色环电感与色环电阻在外形上很难区分，贴片电阻与贴片电感也很难区分；现把区分技巧介绍如下。

只要是正规仪表或电子设备厂家的产品，其电路板上每个电子元件旁边都会标有元件的标示符号。如电阻用 R,电感用 L，电容用 C 来表示。当发现有不认识的电子元件时，可以通过观察元件旁边的标示符号来判断和确认。

17.4 晶体管的检测与代换

17.4.1 二极管的检测与代换

（1）二极管的基础知识

二极管可分为锗管和硅管两类，锗管的正向压降为 0.2～0.3V，硅管的正向压降为 0.5～0.7V。锗管的反向漏电流比硅管大，锗管的 PN 结可承受的温度约为 100℃，硅管的 PN 结可承受的温度约为 200℃。按用途可分为普通二极管和特殊二极管。普通二极管有检波二极管、整流二极管、开关二极管、稳压二极管；特殊二极管有光电二极管、发光二极管、变容二极管等。常用二极管的图形符号如图 17-4 所示，二极管用文字符号 VD 表示。

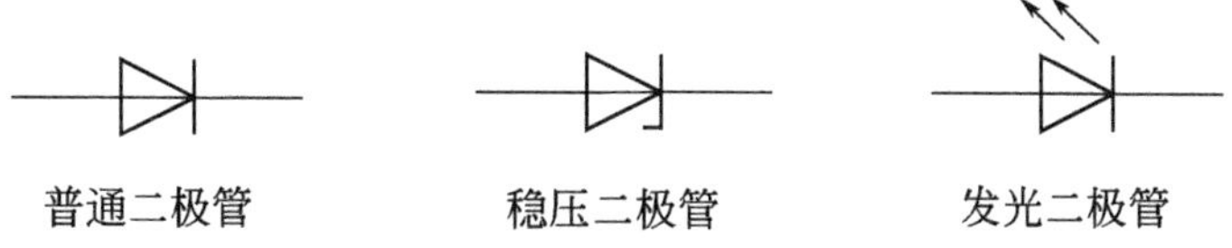

图 17-4　常用二极管的图形符号

（2）二极管的检测

① 用指针式万用表检测　用指针万用表的电阻挡可以判断二极管的好坏。电阻挡红表笔接的是表内电池的负极，故该端为负，黑表笔则为正。把万用表放至“R×10Ω”或“R×1kΩ”挡。不要用“R×1Ω”或“R×10kΩ”挡，因为前者电流大，后者电压高。将黑表笔接到二极管的任一个极，红表笔接另一个极。此时，若电阻为几百欧姆，将红表笔与黑表笔对换后测得电阻为几百千欧，说明管子是好的。对换前黑表笔接的是二极管的正极，红表笔接的是负极。由此可知，二极管的正向电阻一般在 1kΩ 以下，此值越小越好；若此值无穷大，说明二极管内部断路。二极管的反向电阻一般在 100kΩ 以上，此值越大越好；若此值等于零，说明二极

管已击穿。

② 用数字万用表检测 将数字万用表拨至二极管或蜂鸣挡，此时红表笔带正电，黑表笔带负电。用两支表笔分别接触二极管两个电极，其显示的是二极管的正向偏压，若显示值在1V以下，说明管子处于正向导通状态，则红表笔接的是正极，黑表笔接的是负极。若显示溢出符号“1或OL”，表明二极管处于反向截止状态，黑表笔接的是正极，红表笔接的是负极。用二极管挡测正向压降时，若将管子的正负极接反了，则会显示溢出。

数字万用表的电阻挡不宜用来检查二极管

指针万用表的电阻挡可用来检查二极管，而数字万用表的电阻挡却不宜用来检查二极管。原因是，数字万用表的电阻挡所提供的测试电流太小，二极管属于非线性元件，其正、反向电阻与测试电流有较大的关系，因此测出来的电阻值与正常值相差较大，难于判断测试结果。

③ 在线检测二极管

A. 电阻法。方法与用数字万用表检测的操作是一样的，但二极管的正、反向电阻会受到其他电路元器件的影响。此方法有一定的局限性，有时不能有效地判定二极管的好坏，仍需要把二极管从电路板焊开来判断。

B. 电压法。即在电路通电的情况下，用万用表的电压挡测量二极管的正向压降。由于硅二极管的正向压降为0.5～0.7V。如果在电路加电的情况下，二极管两端的正向电压远远大于0.7V时，说明该二极管已开路损坏。

光电二极管的检测技巧

光电二极管的检测方法与常规二极管的检测方法不同。检测时要焊开电路板上的光电二极管，再测量二极管的正、反向电阻。正常时正向电阻较小、反向电阻接近无穷大。当使用手电筒或其他光源照射光电二极管的窗口，正常的光电二极管在受到光照后其反向电阻应该变小。

(3) 二极管的代换

① 整流二极管的代换 当整流二极管损坏后，可以用同型号的整流二极管更换。如果没有同型号更换时，可用参数相近的其他整流二极管代换。代换时应考虑其最大工作电流、最大反向工作电压等参数。原则是只能高代低，而不能低代高，即反向电压高的可以代换反向电压低的，但反向电压低的不能代换反向电压高的。工作电流高的可以代换工作电流低的，但工作电流低的不能代换工作电流高的。

② 稳压二极管的代换 当稳压二极管损坏后，应使用同型号的稳压二极管更换。没有同型号更换时，可用参数相同的其他稳压二极管代换。更换或代换时需要考虑稳定电压、最大稳定电流、耗散功率等参数。在具有相同稳定电压时，功耗高

的可以代换功耗低的，但功耗低的不能代换功耗高的。

用指针万用表区分稳压二极管与普通二极管的方法

对外形相似并且标记不清楚或脱落的稳压二极管和普通整流二极管，可用万用表的电阻挡把稳压二极管和普通整流二极管区别开。方法是：先用“R×1k”挡，把被测管的正、负电极找出来。然后再旋至“R×10k”挡，用黑表笔接被测管的负极，红表笔接被测管的正极，如测得的反向电阻值比用“R×1k”挡测得的反向电阻小很多，说明被测管为稳压管，如果测得的反向电阻值仍很大，说明该管为整流二极管。

以上判别方法的原理是：万用表“R×1k”挡使用的电池电压为1.5V，是不可能把被测管反向击穿的，所以测出的反向电阻值比较大。而用“R×10k”挡测量时，万用表内部电池的电压一般都在9V以上，如果被测管为稳压管，其稳压值又低于电池电压时，会被反向击穿，使测得的电阻值大大减小。但如果被测管是整流二极管，用“R×1k”或“R×10k”挡测量，测得的电阻值不会有太大的悬殊。当然，如果被测稳压二极管的稳压值高于万用表“R×10k”挡的电压值时，此方法已是无法进行区分鉴别的。

③ 开关二极管的代换　当开关二极管损坏后，应采用同型号的开关二极管更换。没有同型号更换时，可用主要参数相同的其他开关二极管代换。更换或代换时需要考虑最大反向电压、正向电流、反向恢复时间等参数。原则是高速开关二极管可以代换普通开关二极管，反向电压高的可以代换反向电压低的。

17.4.2　三极管的检测与代换

（1）三极管的基础知识

三极管是电子电路中最重要的元件，它的主要功能就是电流放大和开关作用。三极管属于电流控制器件，它是利用基区的特殊结构，通过载流子的扩散和复合，实现基极电流对集电极电流的控制。三极管有截止、放大、饱和三种工作状态，放大状态主要用于放大电路，截止与饱和状态主要用于开关电路。

按制造的材料可分为硅三极管和锗三极管；按导电类型可分为PNP型和NPN型；按工作频率可分为高频和低频三极管，按功耗可分为小功率和大功率三极管。三极管的图形符号如图17-5所示，三极管用文字符号VT表示。有的高频三极管有四个电极引脚，分别是b、c、e、d。其中电极d接管壳，在使用中是与电路的地线相接而起到屏蔽作用的。

（2）三极管的检测

① 用指针式万用表检测　先确定三极管的e、b、c三个电极。判断好坏时，将万用表置“R×100”或“R×1k”挡。测NPN型三极管时，黑笔接b极，红笔分别接c极和e极，测出两个PN结的正向电阻，应为几百欧或几千欧。然后把表

笔对调再测出两个 PN 结的反向电阻，应为几十千欧或几百千欧以上。再测量 c 极或 e 极间的电阻，然后对调表笔再测一次，两次阻值应在几十千欧以上，则表示该三极管基本是好的。测 PNP 型三极管时，与以上测量步骤相同，但红笔应接 b 极。在测量中，如果 PN 结的正向电阻无穷大，则可能是管内断路。如果 PN 结反向电阻为零，或者 c 极与 e 极之间的电阻为零，则该三极管已击穿或短路。如果 PN 结的正反向电阻相差不大，或者 c 极与 e 极之间的电阻很小，则该三极管可能是坏的。

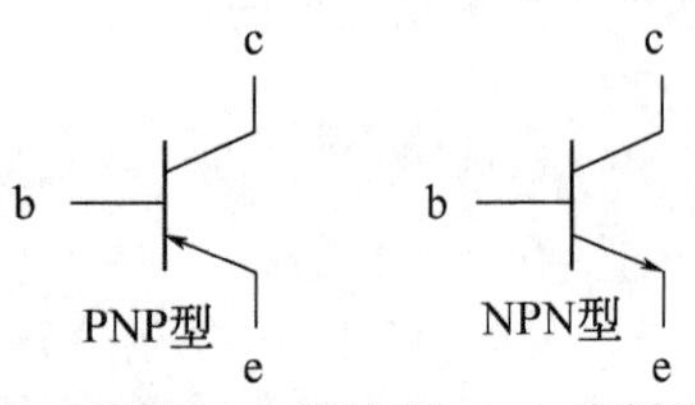

b—基极；c—集电极；e—发射极

图 17-5 三极管的图形符号

从以上介绍的检测方法可看出，通过对调万用表的红、黑表笔，检测一只三极管将会有六种不同的接法。对于正常的三极管而言，其极间电阻的规律如图 17-6 所示，可供检测时参考。图中圆圈表示万用表的红、黑表笔，方框表示测得电阻值的高、低。

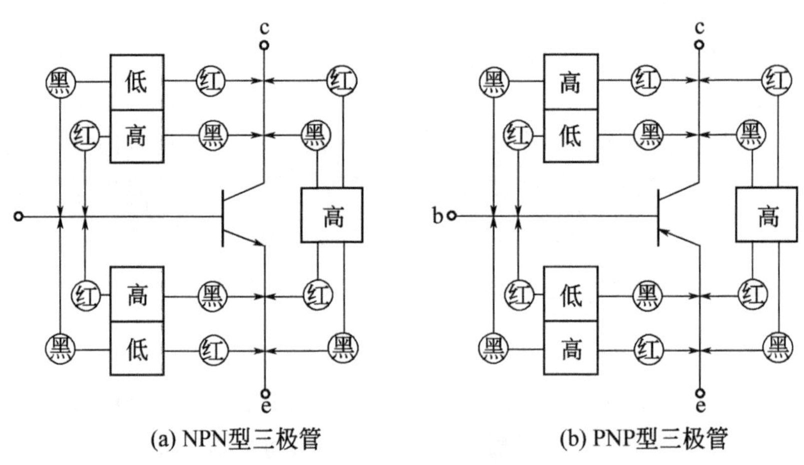

(a) NPN型三极管 (b) PNP型三极管

图 17-6 三极管的正常极间电阻

② 用数字万用表检测

A. 判断 b 极。数字万用表拨至二极管挡，红表笔接某个电极，用黑表笔分别接触另外两个电极，两次显示值基本相等，且在 1V 以下，或都显示溢出，证明红表笔所接的就是 b 极。如果两次显示值中，一次在 1V 以下，另一次溢出，说明红表笔接的不是 b 极，可更换其他电极重新测试。

B. 判断 NPN 管与 PNP 管。确定 b 极后，用红表笔接 b 极，用黑表笔分别接触其他两个电极。如果显示在 0.5～0.7V 之间，该管是 NPN 型，如果两次都显示溢出，则该管是 PNP 型。

③ 在线检测方法

在线检测是用万用表直流电压挡，直接测量电路板上三极管各引脚的电压值，来判断其工作是否正常，是否损坏。此法常用来检测中、小功率三极管。

处于线性放大状态的三极管，正常工作时，其发射结（e、b 极间）应有正向偏置电压，即锗管为 0.2～0.3V，硅管为 0.6～0.7V，集电结（c、b 极间）应有反向偏置电压，一般在 2V 以上，如果测量结果与上述范围不符时，三极管可能有故障。但三极管本身有故障时，各电极的对地直流电压值也会发生变化。这时可通过测量 c 极和 e 极对地电压的大小进行判断。图 17-7 以 NPN 型硅管为例，对三极管损坏后各极电压的变化规律进行了分析，可供维修中参考。

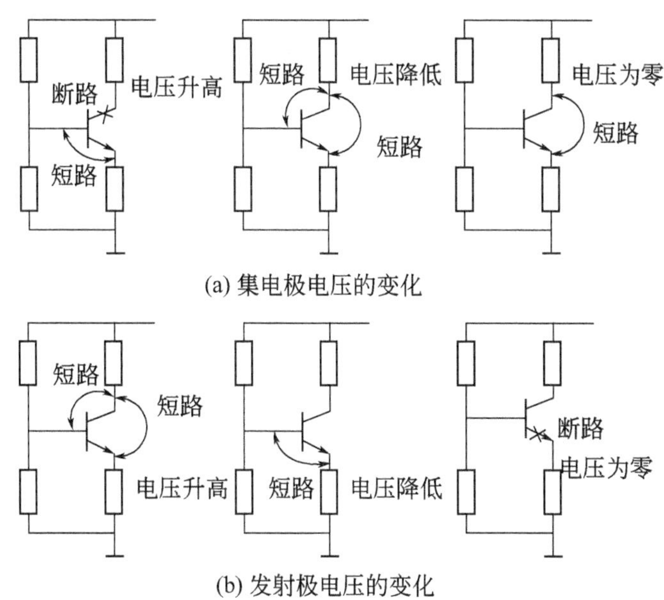

图 17-7 NPN 型三极管损坏后各极电压的变化规律

需要注意的是，由于外围元件损坏时，同样会引起三极管各极电压的变化，因此用在线电压检测法时，当发现三极管电极电压异常时，则需要检测并判断有关的外围元器件是否正常。如果确认外围元器件是否正常有难度时，不如把该三极管从印刷电路板上焊下来，对其进行检测来确定该三极管是否损坏。

（3）三极管的代换

三极管损坏后，应选用同型号、同规格的三极管进行更换。如果找不到与原管完全相同的三极管时，可考虑用其他三极管进行代换。但以下问题是需要注意的。

代换管的类型应与原管类型相同，即只能是 PNP 管代换 PNP 管，NPN 管代换 NPN 管；锗管代换锗管，硅管代换硅管。集电极最大允许功耗、集电极最大允许电流、最高工作电压、频率特性等参数要相同或高于原管；如果安装空间有要求时外形也应与原管相似。

17.5 三端稳压器的检测方法

（1）三端稳压器的基础知识

仪表电路中常用的集成稳压器有正电源78××系列、负电源79××系列、三端可调、精密电压基准等。其中三端集成稳压器应用最广泛，现仅对78××系列做一介绍。78××系列最大输出电流为1.5A，其内部有限流保护、过热保护、过压保护，工作稳定可靠。它只有三个引脚，使用很方便。图17-8是78××系列三端稳压器的典型应用电路。

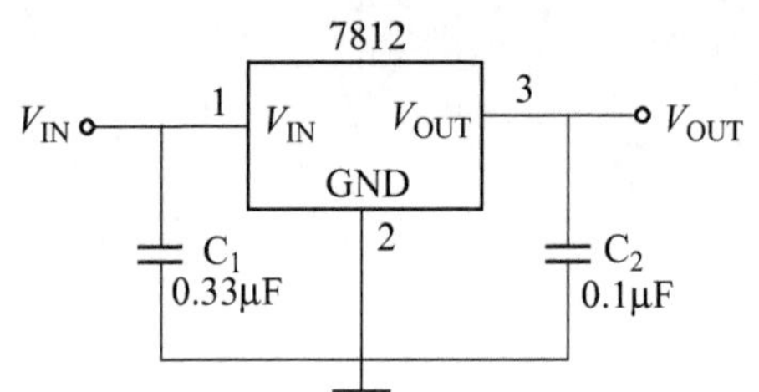

图17-8　78××系列三端稳压器的典型应用电路

（2）三端稳压器的检测

三端稳压器可以采取测量引脚间的电阻值和测量稳压值来判断其好坏。

① 测量引脚间的电阻值

把指针式万用表放至“R×1k”挡，将黑表笔接到稳压器的地端，红表笔依次接触另外两个引脚，测量引脚间的正向电阻，然后将红表笔接地端，黑表笔依次接触另外两个引脚，测量引脚间的反向电阻。

如果测出引脚间的正向电阻值为一固定值，而反向电阻值为无穷大，则三端稳压器正常。如果测得某两脚之间的正、反向电阻值均很小或接近0，则可判断该稳压器内部已损坏；如果测得某两脚之间的正、反向电阻值均为无穷大，则说明该集成稳压器已开路损坏；如果测得的电阻值不稳定，随温度的变化而改变，则说明该集成稳压器的热稳定性能不好。

② 测量输出端的稳压值

根据三端稳压器输出电压的大小，把万用表放至直流电压合适的挡位，如“10V”或“50V”挡。然后在被测稳压器的输入端1与接地端2之间加上一个直流电压，然后测量该稳压器的3端的输出电压值。根据输出的电压值就可判断该稳压器是否正常。此法对于在线测量也是适用的，而且更容易观察稳压效果。测试时加至输入端的电压应比标称输出电压高3V，但不能超过其规定的最大输入电压。

17.6 集成运算放大器的检测方法

（1）集成运算放大器基础知识

集成运算放大器简称集成运放，是由多级直接耦合放大电路组成的高增益模拟集成电路。集成运算放大器是线性集成电路中最通用的一种。在集成运算放大器的输入与输出之间接入不同的反馈网络，可完成信号放大、信号运算、信号处理、波形的产生和变换等功能。

集成运算放大器具有稳定性好、使用方便、成本低等优点，因此得到广泛的应用。图 17-9 为典型集成运算放大器的图形符号，并用文字符号 U 表示。图中：IN＋和 IN－表示同相、反向输入端，OUT 表示输出端，V＋和 V－表示正、负电源。由于不同的集成运算放大器在电路中会有不同的电路符号，因此在识读电路图的时候要注意。

集成运算放大器的种类很多，按其性能参数的不同可分为通用型集成运算放大器、高阻型集成运算放大器、高速型集成运算放大器、高速低噪声集成运算放大器、低功耗型集成运算放大器、高压大功率集成运算放大器等多种。

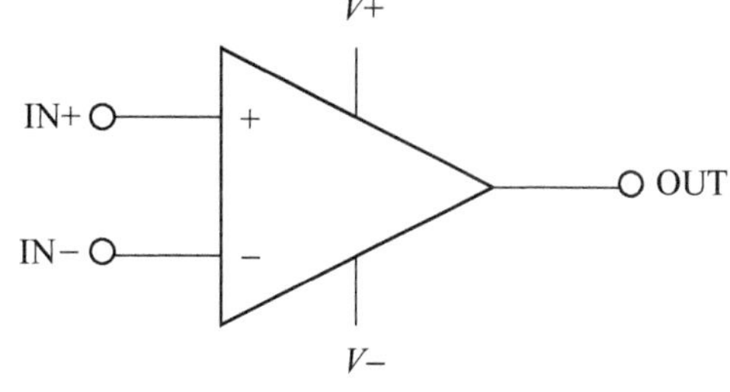

图 17-9　典型集成运算放大器的图形符号

(2) 集成运算放大器的检测方法

① 测量引脚间电阻值

可用指针式万用表的电阻挡检测各引脚间的电阻值，即可以判断运放的好坏，还可以检查各运放参数的一致性。测量时选用“R×1k”挡，依次测出各引脚的电阻值，IN＋和 V＋、V－，IN－和 V＋、V－，V＋、V＋和 OUT，V－和 OUT，IN＋和 IN－之间的电阻值。只要各对应引脚之间的电阻值基本相同，就说明参数的一致性较好。但本方法有一定的局限性，如要有相同型号集成运算放大器的在线或离线测试的经验数据作参考和比较；没有经验测试数据时也要有同型号的集成运算放大器来做离线测量作比较，否则测出了电阻也难于判断。

② 测量电压法

用万用表的直流 50V 电压挡。然后测量运算放大器输出端与负电源端之间的电压值，由于运放处于截止状态，这时输出端的静态电压值较高。然后用手持镊子，依次触碰运放的两个输入端，相当于加入干扰信号，如果万用表指针有较大幅度的摆动，说明该运算放大器正常，摆动越大说明被测运放的增益越高，指针摆动很小，说明其放大能力较差，如果万用表的指针不动，则说明该运算放大器已损坏。

③ 用数字万用表进行在线检测

运算放大器的开环增益很高，正常时，运算放大器同相输入端与反相输入端的电压基本相同。如果怀疑运算放大器不正常，先检查它的供电电压是否正常，如果正常的话，在没有交流信号时，用数字万用表测量一下两个输入端的电压，如果两输入端的电压相差很大，则该运算放大器可能有问题。

17.7 数字集成电路的检测

（1）数字集成电路的分类

数字集成电路产品很多，按电路结构来分，可分为 TTL 型、CMOS 型、ECL 型三类。按逻辑功能来分，可分为组合逻辑电路、时序逻辑电路两种。其中，组合逻辑电路包括门电路，编码器、译码器等，时序逻辑电路包括触发器、计数器、寄存器等。有关门电路的知识可以阅读本书“提高篇”的“14.6 报警、联锁保护系统基础”一节。

（2）数字集成电路的检测方法

检测数字集成电路时，可测量数字集成电路各引脚间的电阻值，也可以测量数字集成电路输出端的电压来判断其好坏。

① 测量引脚间的电阻值　用指针式万用表的“R×1k”或“R×100”挡，分别测量集成电路各引脚与接地脚之间的正、反向内部电阻值，然后与正常的同型号的数字集成电路的内部电阻值进行比较。如果测得的电阻值与正常的电阻值完全一致，说明该数字集成电路正常，否则该集成电路已损坏。

② 测量输出端的电压值　选择指针式万用表的直流电压“10V”挡，现以与非门电路为例，将与非门的输入端悬空，相当于输入高电平，然后测量输出端的电压值，正常时其输出应为低电平。如果输出端的电压值小于 0.4V 说明该非门电路正常；如果高于 0.4V，说明该非门电路已损坏。

18. 仪表修理技能

当仪表出现故障检修时，可根据仪表电路图进行故障分析。当仪表电路中的某些元器件出现开路、短路、性能变劣后，对整个电路工作会造成什么样的影响，输出信号会出现什么故障现象，如没有输出信号、输出信号小、信号失真等。所以，只有在搞懂仪表电路的工作原理之后，元器件的故障分析才会变得比较简单。也就是说要搞好仪表故障的检修，会识读仪表电路原理图是基础。

有了基础是否就能修好仪表呢？不一定，因为，仪表修理是个实践性很强的工作，不动手、不实际操作，没有经验积累是很难胜任仪表修理工作的。因此，仪表工要多动手，多实践，不要只停留在书本知识上，而是要把书本知识变为手上的功夫。只要你勤学好动，就一定会很快进步的。

18.1 仪表故障检查方法

（1）直观检查法

一种凭人的手、眼、耳、鼻来观察发现故障的方法。通常可对仪表进行外观检查和开机检查。

① 外观检查

检查仪表外壳及表盘玻璃是否完好，指针是否变形、脱落，指针与刻度盘是否相碰。紧固件有无松动，机械传动是否灵活，可调部件有无明显变位。

各开关旋钮的位置是否正确，各接插件有无松动，接线有无断路。电路板插座上的簧片弹性及接触是否良好。电源熔断器是否熔断。继电器触头是否有卡住、氧化、烧坏、粘连等现象。集成块外壳是否鼓泡，电阻器是否烧焦，电解电容器是否胀出、漏油、爆裂等。印刷电路板敷铜条有无断裂、搭锡现象，各元件的焊点有无虚焊、脱焊现象。各元器件或零部件排列和布线是否有脱落、相碰等现象。

② 开机检查

仪表电源指示灯、数码显示管及其他发光元件是否通电发亮。仪表内有无打火、放电及冒烟现象。变压器、电机、功率管等易发热元器件及电阻、集成块温升是否正常，有无烫手现象。有无特殊气味，如变压器外壳绝缘层或电阻烧焦而发出的焦煳味。机械传动部件是否运转正常，有无齿轮啮合不好、卡死、严重磨损、打滑变形、传动不灵活等现象。

直观检查往往可以发现一些明显的故障。但一般情况下不要急于开机检查，应仔细分析故障现象和所观察到的外观异常现象，以及导致元器件损坏的原因，排除明显故障后，再开机通电检查。接通仪表电源时，手不要离开电源开关或插头，如果发现异常应及时断开电源。特别要注意人身安全，绝对禁止两只手同时接触带电设备。

（2）切断检查法

一种把可怀疑电路从整机或单元电路中切除，逐步缩小故障查找范围的方法。仪表出现故障后，先初步分析判断产生故障的几种可能性，在故障范围区域内，把怀疑有故障的电路断开，通电检查。如发现故障现象消失或有相应的变化，则表明故障在被断开的电路中。如果故障现象仍然存在，则再做进一步的检查，逐步排除故障怀疑点，以缩小故障范围。当断定某电路中存在故障，怀疑某一元器件有问题时，可将该元器件的引脚脱焊后，检测元件本身及与其相联电路的有关数据，来判断故障是在元器件内部，还是在与其相联的外电路，最后查出故障的真正原因。

切断法适用于单元化、组合化、插件化仪表的故障检查，对一些电流过大的短路性故障也很有效。但对整体电路为大环路的闭合系统回路和直接耦合式电路结构不宜采用。

（3）短路检查法

一种将可能发生故障的某级电路或元器件暂时或瞬间短路，来判断定故障部位的方法。采用短路法检查多级电路的故障时，当短路某一级电路后，如故障现象消失或明显减小，说明故障在短路点之前；若故障现象无变化，则说明故障在短路点之后。如果某一级电路输出端电位不正常，当将该级电路的输入端短路后输出端电位恢复正常，则说明这一级电路正常，故障点在该级前。

短路法也可用来检查元器件是否正常。如用镊子把晶体管基极与发射极短路，来观察集电极电压的变化，从而判断管子有无放大作用。在 TTL 数字电路中，用短路法可判断门电路及触发器是否能够正常工作。也可将某些仪表输入端短路，看仪表指示值的变化，从而判断仪表是否受到干扰。

采用短路法检查故障时，要注意以下几个问题。

短接线不宜过长，不要靠近工频电源，不能接仪表地线，以防电源对地短路而造成新的故障。短路法同断路法一样，大多用于检查多级电路及电路比较复杂、故障范围较大或故障部位不明显的场合。短路法不能用于 CMOS 集成电路，因为输入端对电源低端短路时，相当于前一级的输出被短路，有可能使 P 沟道产生过电流而损坏。

（4）替换检查法

一种通过替换电子元器件、单元部件或电路板来确定故障在某一部位的方法。通常可根据仪表故障现象，结合电路分析及检修经验，初步判断有可能产生故障的元件或单元电路时；或检测只发现某一部分电路的输出或工作状态不正常时，对怀疑有问题的元器件进行检测但没有发现明显的损坏时；这时可考虑用规格相同、性能良好的元器件去替换怀疑的元器件，如果故障消除，则可确定怀疑的元器件正是故障所在；如果故障依然存在，则可对另一被怀疑的元器件进行相同的替换，直至找到故障部位。

替换法还可以用整个单元部件或电路板替代所怀疑的部件。如自动平衡显示仪表的晶体管放大器、电动仪表中各种印制电路板插件等，都可以用同类型的部件替换，可以很快确定故障部位。

有一定经验的仪表工，根据故障现象及经验，大多能判断出产生故障的元件或故障的大致范围，再通过元件替换就能很快地将仪表故障排除。

(5) 分割检查法

分割法就是在查找仪表故障时，将仪表电路和部件分成几个部分，分别对其检查处理。对于电路比较复杂的仪表，可根据方框图将整机电路分成若干单元电路，然后根据故障现象，再结合仪表的工作原理，通过检测、分析、判断、确定正常部分，再查找故障部分，以此来缩小故障的查找范围。如某台控制仪表无输出电流，可先检查各级的供电是否正常，然后再检查各级单元电路的输入、输出信号，以区分正常部分或故障部分；当检查判断出故障在哪一部分后，再对这一部分进行全面检查，找到故障部分。分割时，可以将单元电路之间的连线焊开，也可采取去掉某一晶体管或连接线的方法，将电路分割开来，但被分割的电路要保持该电路功能完整，否则可能会产生误判。

(6) 信号输入寻迹法

根据待修仪表，选用不同的信号发生器输出的信号，或者人为的干扰信号，阶跃信号输入给仪表，逐级观测信号在电路中的传输情况，如电压或波形，来判断故障。

对仪表输入电压或电流信号，并使输入信号由小到大的逐渐变化，用万用表或示波器从仪表的输入端到输出端，或从后到前地逐级测量电压或波形的变化情况；如果是由前向后测量时，当测量到某一级电路输出不随之变化时，则故障可能在本级电路或与输出端相联的电路中。如果是由后向前测量时，当测量到某一级电路输出不随输入信号的变化而变化时，还应检查前一级电路的输出或本级电路的输入端；如仍无变化，则应继续向前一级检查；如有信号变化，则故障在本级电路或与输出端相联的电路中。

再就是利用人体的电磁场干扰，用干扰所产生的信号来判断故障。当人处在杂乱的电磁场中时，会感应出微弱的低频电动势，其数值接近几十至几百毫伏。当人手接触仪表某些电路时，电路便会产生反应，就可以依此来判断仪表电路故障。但采用人体干扰法检查仪表故障时，要十分注意高压电源，以免触电。

（7）电路参数测量法

用万用表测量电路各点的电压、电流、电阻值，与正常值比较来确定仪表故障部位，必要时可与新的整机比较来判断故障。

① 电压测量法

用万用表或其他电压表对怀疑故障部位的电压进行测量，将测试数据与正常状态下各测量数据作比较，从而分析判断故障部位。此法可以比较准确地找到故障的具体部位，但是逐级测量比较麻烦。而测量时必须清楚各级电源供电情况和各级电路的工作状态，即对各种电路的工作原理必须清楚。

交流电压测量主要是测量仪表的交流220V供电电压，电源变压器输出电压，耦合变压器的输入、输出电压，振荡电压等。

直流电压测量主要测量直流供电电压，电子元器件各级工作电压，与输入、输出信号相对应的各单元电路输入端、输出端的电压，集成块各引出脚对地电压，电路中某两点之间的电压等。

用电压测量法所测试的数据与所掌握的正确数据相比较，一般两者基本相符即可。误差在5%～10%以内，在大多数情况下是允许的。采用电压法测量仪表故障前，明确被测试点的电压在正常状态下应该多大是十分重要的。这些数据可通过查阅有关资料，如仪表说明书、元器件手册等来确定被测试点的电压大小。有些主要测试点的数据在仪表电路原理图中已经标出。对查阅不到的数据，还要根据电路原理图，利用所学过的电路原理进行分析计算，以此来粗略判断电压的大约值。

采用电压测量法检测仪表故障时应注意，当检测出某级电压参数不正常时，并不一定是该级电路出现故障，因为许多仪表电路前后级电位是相互牵制、影响和联系的，因此应根据电路特点及结合其他检测方法来综合判断。

② 电流测量法

通过测量电路的电流或元件两端电压，与仪表正常工作状态下的数据进行比较，从而确定故障部位。

直接测量电流就是将电路断开后串入电流表，测出电流值，与仪表正常工作状态下的数据进行比较。如果发现哪部分电流不在正常值范围内，就可大致认为该部分电路有问题，应对这部分电路进行重点检查。

间接测量则不用断开电路，可以测量某一电阻两端的电压，但前提是要已知该电阻的阻值。然后通过计算近似得出该电路的电流值。间接测量常用于测量晶体管的电流。

电流测量法比电压测量法操作起来要麻烦，需将电路断开后串入电流表进行测量。但其比电压测量法更容易检查出故障。采用电流测量法，测量时一定要将电流表串接牢靠，否则接触不良，有可能会损坏电子元件，或使测量结果不准确。对直接耦合式电路因各级工作点会相互牵制，应采用间接测量电流的方法来检查。

③ 电阻测量法

电阻测量法是在仪表不通电的情况下，用万用表电阻挡测量仪表整机电路或部分电路的输入、输出电阻是否正常，各电阻元件是否断路、短路，电阻值有无变化，电容器是否击穿或漏电，电感线圈、变压器有无断线、短路，半导体器件正反向电阻、集成块引出脚对地电阻是否正常等。

采用电阻测量法查找故障时，可在元器件在线状态下进行，也可断开电路单独测试。在线测试时，对于小阻值电阻、电感线圈电阻、正向导通的 PN 结电阻等，宜选择数字万用表来读数，以方便判断。

大阻值电阻在线测量时，由于与被测电阻并联的元器件较多，其测量结果都会低于标称电阻值，如有正向导通的 PN 结与之并联，则测得的阻值会很小，所以，在对较大阻值电阻进行在线测量时，一定要将两表笔对调再测一次，以两次测量中阻值大的数据作为参考。当被测电阻并联有几百欧以下的电阻时，最好将被测电阻从电路上焊下一端进行测量。需将被测元件焊开后再进行检查测量时，对只有两个引脚的电阻、电容等元件，只要焊开一端即可，但对于具有三个脚的元件，如三极管等则应焊开两个引脚。

(8) 波形法

用示波器观测仪表电路和部件的波形，并与正常波形比较来判断电路工作是否正常。如对引起仪表失真、畸变、电路自激、增益下降等的交流故障检查；根据测量电位的正负、高低所显示的波形来了解被测电路的工作情况；判断晶体管导通和截止趋向；检查各种干扰和其他原因造成的电位变化等。有的仪表在电路图上注有检测点波形图，只要看其波形的形状、幅度、宽度、周期是否符合要求，即可分析判断故障所在。

(9) 比较法

这是一种通过将实测数据与所掌握的正常数据、故障仪表与正常仪表的有关对应测量数据进行比较，最终找出故障元件的方法。很多仪表工在修理仪表时，往往会做些记录，记下仪表在工作状态下参数的正常值，这时记录就派上用场了，通过测量故障怀疑点的有关参数，将所测数据与正常数据比较，来分析判断故障所在。如果对仪表有关点的数据不知道时，则可测量同类型正常仪表的相关数据，然后将故障仪表与正常仪表相关数据进行比较，找出不同点进行重点检查。

(10) 仪表自检功能的利用

现在的智能仪表大多有自检功能，我们可以利用仪表自检功能、操作开关、旋钮等，对仪表整机或部分电路进行检查，来缩小故障范围。如有的仪表有检查开关，当开关置于“检查”位置时，若输出电流在规定电流范围内，则表示仪表基本正常。对模拟控制器可利用“自动—手动”开关、手动操作、调给定旋钮等，对仪表整机或输入回路、放大电路、反馈回路等进行检查。采用仪表自检功能时，应根据仪表故障现象有针对性地进行必要的操作，来观察故障现象是否消失，或该项功能是否能正常工作，通过分析来判断故障范围。

以上介绍的10种方法只是检修仪表故障的常用方法。而把这些方法学到手，灵活运用，解决实际问题，只能通过实践才能做到，所以要多动手，多实践才有可能掌握。

18.2 仪表故障检查修理步骤

仪表故障现象各种各样，故障原因千奇百怪，“检修”二字就是检查、修理，检查就是查找故障的原因，修理就是排除故障的过程。仪表工应学会和掌握检修方法及步骤，才能迅速准确地判断和排除故障。现介绍一些实践证明可行的检修步骤。

（1）观察和识别仪表故障现象

仪表检修应先观察和识别仪表的故障现象，最简单的做法就是先校验该仪表，看仪表送电后能否工作，有没有输出，能否对零点或满度进行调整，这就要求仪表工必须熟悉该表的正常工作状态及各项技术指标，通过对比分析为识别故障提供依据，否则盲目乱猜故障，既修不好仪表对提高检修技术水平也是没有作用的。

（2）根据仪表原理分析故障产生的原因

经过以上第一步的校验，也许你心中也有数了。但这时最好冷静下来，不要急于用万用表和电烙铁。而应先看看仪表的电路原理图，对电路进行详细具体的分析。结合各元件的作用及相互关系，估计哪部分电路最易造成故障，是输入回路，还是输出回路；是正向通道，还是反馈回路等。尤其对初学者这一步最好不要省略了。因为每次检修都对电路进行具体分析，有助于养成分析问题的习惯，用此方法来逐步了解电路。对于第一次接触的新型仪表，即使是经验丰富的仪表工，也要花一定时间来了解和学习其原理结构及特点。只有对故障原因分析之后，才有可能决定检查故障的着眼点及采取的检修方法。

（3）先外后内的确定故障点

在分析产生故障原因的基础上，可对故障范围进行圈定，但判断是否准确，还要通过检查测试来确定。而检查测试要从外到内的进行，外观检查应对照原理图或方框图，从输入端至输出端逐级检查，重点检查引线和元件有无虚焊、开路、短路、烧焦等现象。仔细认真的外观检查是仪表检修的一项重要内容，不要小看了这个检查，也许在检查中就会发现故问题。外观检查没发现异常，就应该对仪表内部进行检查了。确定电路故障的方法很多，可灵活运用，如直流电压法、对分法、交流信号法等。确定某电路是否有故障，要抓住该级的输入与输出关系，只要输入正常，而输出不正常，该级电路肯定有故障。

（4）确定故障元件后排除故障

在确定故障点后，就已把故障范围缩小到有限的几个元件和节点上了。对大多数电子元件而言，故障大多就是开路或短路。表现在该元件上的电压不是过高就是过低，所以测量元件两端的电压是很好的方法。如检查集成运算放大器时，用数字万用表检查两输入端的电压大小判断其是否正常。

在此，再次说明电路原理图的重要性。因为原理图上提供了每一个电子元件的详细信息和与其他元件的联系及关系，对于分析故障确定故障元件的作用是显而易见的。测量元件参数时应进行记录，以便与正常值进行比较，来判断元件是否损坏了。如某处电压值偏离正常值太多，这需要对该级电路进行详细检查，再结合原理图分析是什么原因使该元件损坏，关联的元件相互有没有影响，是元件本身损坏，还是关联元件的影响而造成损坏。这就需要做进一步的检查。故障元件查找得比较彻底，才能根本解决问题，否则仍有故障隐患。

用新元件取代已查出的损坏元件后，就可以通电观察修理的仪表是否恢复正常。没有恢复，说明还有故障。这时要再返回到上一步骤继续查找故障，直至仪表恢复正常。

（5）校准及运行考验

经过检修的仪表能正常工作了，要保证检修质量，校准和运行考验是不可缺少的环节。因为通过对仪表整机指标进行全面校准，可知道其指标是否都合格，如果指标显著下降，说明还有故障存在。就需要再进行检查和修理，直至仪表性能指标全部合格为止。这时就可对修理好的仪表进行运行考验。最好连续通电试运行24小时以上，并使仪表处于模拟工作状态。对于记录仪表可观察其记录曲线，来判断修理质量；还应检查电源及功率部件的发热情况，观察有无过热现象。在此基础上用旋具木柄轻轻敲打仪表，电路板等，观察仪表的示值、输出信号有没有发生变化，如果没有发生变化，或者有变化但马上又恢复原来的状态，则说明该表已修复正常。

18.3 没有电路图的仪表故障检查修理方法

（1）没有电路图的仪表能否自行修理

通常仪表修理工作都是对照着仪表的电路原理图进行的，现在很多仪表由于种种原因，仪表说明书中大多不提供电路图了，有个电路方框图就很不错了，对仪表修理造成了一定的困难，有更甚者还把集成块上的型号标识都擦掉了。有的仪表工，一旦没有仪表电路图，就无从下手。其实没有电路原理图也是可以进行仪表修理的，修理者只要充分利用所掌握的知识，如仪表的基本原理，集成运算放大器、电子元器件的知识，并利用一些通用集成块和常用单元电路的原理、结构知识，及原来修理过仪表的基本技术，来分析没有电路图仪表的故障是可行的，就算不能全部修好，也是可以修理好一部分的。尤其是对于已报废的仪表或电路板，修理者没有精神负担，完全可以放心大胆地进行修理和练技术。

(2) 没有电路图的仪表故障检查修理的思路和方法

没有电路图，要迅速地找到故障元件，除要有一定的实践经验外，还要求仪表工有善于分析和判断问题的能力。印刷电路板上的元件损坏，有可能是一个或多个电子元件损坏，如某块芯片、某个电容、某个电阻的损坏，通常在修理仪表电路板时，可先根据故障现象，判断故障的大致部位。通过观察、测量电压、电阻、电流等方法，把故障范围逐步缩小，最后找到故障点。现介绍一些没有原理图时仪表故障的检修思路和方法。

① 观察法

在修理仪表或电路板时，应先对电路板和相关接线进行仔细的观察。通过仔细观察，有时就能判断出故障的原因了。观察时应切断电源进行。

观察电路板上的元器件有没有被烧坏的。电阻、电容、二极管有没有发黑、变煳的情况。对于已烧煳的电阻，有时用万用表测量其阻值可能发现不了问题，最好还是将其更换掉。而电容、二极管被烧煳了，都会影响电路的正常工作，必须将其更换掉。

观察电路板上的集成块，看有没有鼓包、裂开、烧煳、发黑的情况。如发现以上现象，基本可以确定芯片已被烧坏，必须更换。

观察电路板上的铜箔线有没有起皮、烧断；元件引脚有没有脱焊现象，尤其是电源电路及电流较大、引脚较粗的元件，要重点观察有没有脱焊情况出现。对于使用时间较长的电路板元件引脚脱焊是常见的现象。

观察电路板上的玻璃保险管是否熔断，还可用万用表测量保险丝是否损坏。

烧煳、烧坏元器件大多是由于电路中电流过大造成的。是什么原因造成电流过大，就需要进一步的检查。可根据烧坏元器件的位置，查找与其相联的电路，逐步检查来缩小范围，直至找出发生故障的部位。

有时可通电来观察电路板，通过观察看是否有发烫发热的元件，如果元件有发热严重或烫手的情况，说明该元件有可能过流或已经损坏。可采取代换或更换元件的方法，来检查或排除故障。

② 测量法

观察仪表电路板没有发现问题，就需要借助万用表，对电路板上的一些主要元器件、关键点进行测量，来发现问题。常用方法介绍如下。

a. 测量电压法

先检查和测量仪表电路板供电电源是很重要的一个环节，因为供电电源是所有电路工作的基础，只有供电正常了，才能进行后续电路的检查和修理。首先测量供电电源的输出是否正常，对电源空载和带负载状态分别进行检查测量；有多个、多种供电电源时，应逐一地进行检查测量。

还可检查测量电子元件的引脚电压，如果电压异常，再断开引脚连线测接线端电压，以判断电压变化是外围元件引起的，还是元件引起的，这样可大致判断故障部位。但测量引脚电压的前提是电路板的供电电源要正常，如果供电电压偏离正常值太多，则有可能产生误判。测量元件引脚电压还应考虑外围元件损坏的影响因素。

对于电路板上的门电路，可根据型号观察其输出的逻辑关系是否正常，如输出应该是低电平的，实际测量值是高电平，则可判断该芯片已损坏。对于输出应该是高电平的，实际测量值是低电平的，为了确定该芯片是否真的损坏，还需要把与该芯片相连的相关电路断开，再进行测量观察其逻辑关系是否正常，来判断该芯片的好坏。

b. 测量电阻法

当电路板的供电失常时，可测量集成块的电阻或电压来判断问题。如在电路板上找一个 74 系列的芯片，测量其对角线上的两供电点间的电阻或电压，如 14 脚芯片，测量 7 脚与 14 脚；16 脚芯片，测量 8 脚与 16 脚；如果两点之间电阻较大说明没有短路。如果两点之间的电压与正常值相差较大时，如电压很低，除供电输出失常外，就是供电负载有短路点存在。若有短路现象，应查找造成短路的原因并排除故障。

集成电路在使用时，总有一个或多个引脚与印制电路板上的“地”是相通的，即我们说的接地脚。由于集成块的其他引脚与接地脚之间都存在一定的直流电阻，这种电阻称为引脚等效内电阻。可通过测量集成块各引脚的等效内电阻来判断其好坏，如各引脚的等效内电阻与标准值相符，说明集成块是好的，如与标准值相差过大，说明集成块内部损坏。由于集成块内部有大量的二极管，三极管等非线性元件，在测量时要互换万用表的表笔再测一次，以测得正反向两个阻值。只有当内电阻正反向阻值都符合标准，才能判断该集成块是否完好。

还可以测量外部电路到地之间的等效外电阻来判断，通常在电路中测得的集成块某引脚与接地脚之间的在线电阻，实际是内电阻与外电阻并联的总等效电阻。在修理中在线电压与在线电阻的测量可配合使用。在线电压和在线电阻偏离标准值，并不一定是集成块损坏，有可能是外围元件损坏，使外电阻不正常，从而造成在线电压和在线电阻不正常。这时可测量集成块内电阻来判断集成块是否损坏。

在线检测集成块的内电阻时，不用把集成块从电路板上焊下来，只需将电压或在线电阻异常的脚与电路板断开，同时将接地脚也与电路板断开，通过测量测试脚与接地脚之间的内电阻正反向电阻值，基本可判断其好坏。

在测量各种型号集成块的等效内电阻时，建议做个记录，以备以后作比较使用。这样日积月累，你手中的集成块参数就会越来越多，对工作是很方便的。

③ 对比和替换法

没有电路图的电路板进行检修时，如果有条件可用好的电路板与坏的电路板进行对比，通过对比检查来发现问题，解决问题。如果把好的电路板插到故障仪表中，仪表故障消除了，说明代换下来的电路板有故障，检查修理该电路板即可。

可观察对比正常板与失常板上电子元件，看两者有没有明显的变化和不同。再通过测量各电子元件引脚之间的直流电阻值、直流电压值，与已知正常板各引脚之间的直流电阻值、直流电压值进行对比，以确定是否正常。即通过对比两块相同的好坏电路板的相关数值，来对坏的电路板进行修理。

还可借助电子元器件的文档资料，来对电子元器件进行对照判断其好坏，如门电路输入与输出的逻辑关系；电压比较器的输入与输出电压的逻辑关系。

发现有明显故障的电子元件时，可采用相同型号、规格的电子元件进行代换，以此来确定故障元件。

④ 借助元器件资料来检查故障

没有电路原理图时，还可通过观察电路板上的电子元器件型号，然后找到该元器件的资料，来获取该元器件的用途，各引脚的作用及各引脚的正常电压值，相关外围电路及该元器件的应用电路图。用获得的相关资料来与实物进行对比或测量，也许就有修复的希望了。

仪表带电修理安全要点

(1)采取分部通电

当仪表需要通电测量或检修时，最好采取分部通电的方式，通电后应注意观察表内状况,如有打火、冒烟、异味等现象，应立即断开电源。确认没有异常后，再逐步接通其他部分的电源。不要通电就马上检查，待没有发现异常后再进行检查，以避免造成电路的再损坏。

(2)测量元件引脚要细心

仪表检修中常需要测量电子元件的工作电压，如测量晶体管和集成电路各引脚的静、动态工作电压。由于集成电路引脚多而密集，操作时一定要小心，稍有不慎就会烧毁集成电路。为了避免因测量不慎而引起短路，可以对万用表的表笔稍作改进，可用什锦锉刀将表笔的金属头锉尖一点，然后套上一段空心塑料管，仅让其露出约 1mm 的金属头,使表笔的接触点较小，而其他部分又是绝缘的，测量时就不易碰到其他引脚而导致短路了。

(3)做好拆卸部件间的绝缘

在检修仪表时，当要把电路板拆下并掀起，进行观察和检测时，对电路板与电路板之间，电路板与金属构件之间，一定要采取绝缘措施，以避免发生短路而烧坏电路元件的事故。最好的办法就是购买一块塑料复写板，或者找一张旧的 X 光胶片，用来做电路板与电路之间。电路板与金属构件之间的绝缘件是很安全和实用的。

19. 怎样看机械图

自动化仪表既有电子元器件，又有机械零部件；仪表安装、维修工作也离不开机械零部件。仪表工不仅要有看仪表电路原理图的能力，还需要有看机械图的能力。

19.1 机械图基础知识

机械图是工业生产中制造零件、装配件，安装、修配所依据的图样。机械图是机械工程人员的一种共同语言，仪表工也有必要掌握这种语言。

要表示一个物体的形状和大小，用机械图就可以表示得很清楚，因为机械图是从物体各个不同的方向，把所有看到的图形画出一组图来，并把它们安排在一定的位置，物体上每一细小部分都能很明白地表示出来。

正投影是机械图的基础。机械图就是根据正投影的原理和制图标准绘出来的。所谓投影，就是把物体画在平面上的意思。如物体被太阳光照射时投在地面上的阴影，就是该物体在地面上的投影。我国采用的是第一象限制画法。

一个比较复杂的物体，往往需要三个视图才能把它的形状表示出来。在这种情况下，除了水平，垂直这两个投影面外，还必须有一个侧投影面，它和水平、垂直两个投影面之间成 90°。把一个物体放在这三个投影面之间，从物体各点向三个投影面作垂直投影线，把所投影的各点连接起来，就可以得到三个投影视图：在主视图上，可以表示出物体的高度和长度；在俯视图上，可以表示出物体的宽度和在主视图上已经表明了的长度；从左侧投影面上得到的投影视图，叫做左视图，这个视

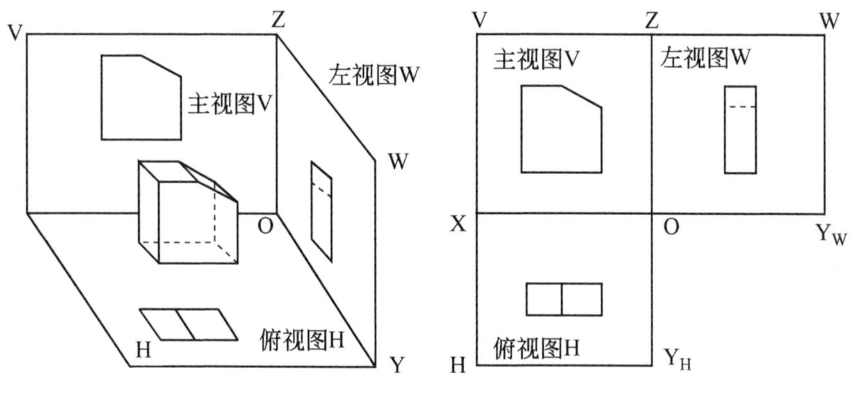

图 19-1　三视图的形成

图上的高度等于主视图上的高度，它的宽度和俯视图上的宽度一致。把图 19-1 的各投影面展开在一个平面上，这些视图就是在图纸上所看到的三视图。

从图 19-1 我们知道，物体的主视图、俯视图和左视图分别表示从物体的顶面、前面和侧面垂直方向看到的形状。即：

主视图反映了物体的上、下、左、右的位置关系；

俯视图反映了物体的前、后、左、右的位置关系；

左视图反映了物体的前、后、上、下的位置关系。

对机械图不太熟悉的仪表工而言，一个物体的平面视图，总没有立体图容易看懂。因为在立体图上可以把长、宽、高三种尺寸同时表示出来，所以我们可以先学学画立体草图，来帮助我们看平面图。也就是说，在看图的时候，脑子里一定要建立起物体的立体感和想象力。如图 19-2 的例子，它的两个视图都是“回”字形，图上没有一条虚线，那它的立体图会是什么样呢？我们可以先画一个长方体，从图上没有虚线来考虑问题，从平面、斜面等多方面考虑，你想它会是什么形状呢？该物体可能有多种形状，你能想出几种？图 19-3 中仅举了两种答案，当然，如果多一张侧视图，看这个图就不会太费力了。

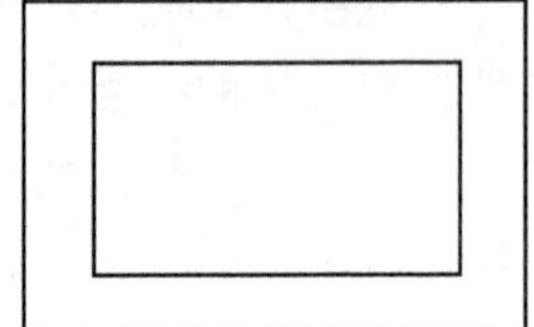

图 19-2 “回”字形视图

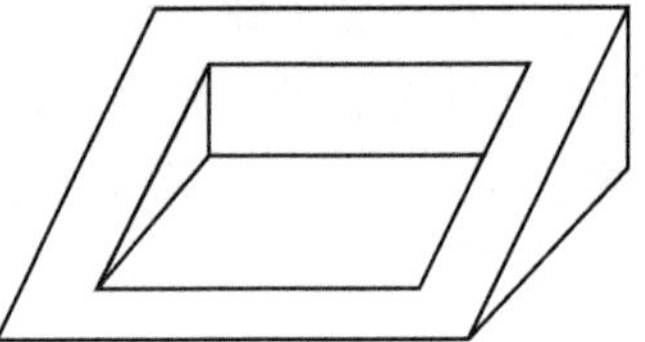

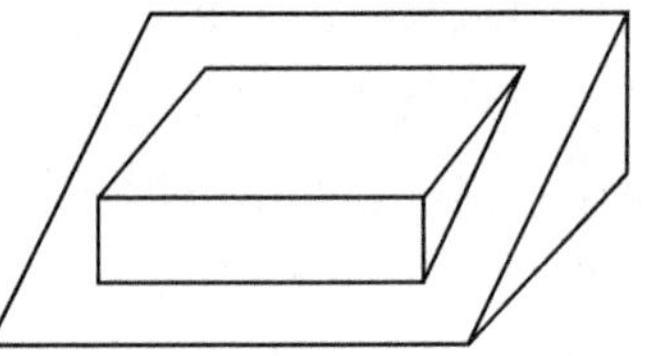

图 19-3 “回”字形视图的两种立体图

我们可以用分解的方法来练习看图，因为，机械零部件不论它的形状是简单还是复杂，它都是由各种不同的几何形状组合成的，如圆柱、方形、圆锥等，当我们看一些外形比较复杂的零部件时，可以把它们分解成许多简单的部分，先看这些部分的形状，再进一步研究这些部分的关系，利用这种分解的方法来看图，能够较快地培养和提高看图能力。

19.2 认识机械图的最基本要素

（1）线型

国标规定机械制图使用的线有 15 种基本线型，在机械图中常用的有：

① 实线，又分粗实线和细实线，粗实线用于可见轮廓线；细实线用于尺寸线、尺寸界线、剖面线、引出线等。即物体所有看得见的轮廓线，都用实线来表示。

② 虚线，用于不可见轮廓线。即物体所有看不见的轮廓线，都用虚线来表示。

③ 点划线，用于轴线、对称中心线等。双点画线，用于极限位置轮廓线，假想投影轮廓线、中断线等。

④ 双折线，用于断裂处的边界线。

⑤ 波浪线，用于断裂处的边界线，视图与局部剖视的分界线。

（2）符号和标注

要看懂机械图对常用字母符号的意义要了解清楚。机械图上的每个字母符号都代表着一定的意义，有的字母在不同的图上可能又代表另一种意义，在看图的时候一定要搞清楚。

标注是指图样中的标注，其包括尺寸标注、公差与配合的标注、形状和位置公差的标注、表面粗糙度、焊缝的标注。

尺寸标注是看机械图时最常接触的。机械图中标注尺寸也有用字母符号的，如常用标注尺寸的符号有：Φ 表示直径，R 表示半径，S_{ϕ} 表示球面直径，S_{R} 表示球面半径，t 表示厚度，EQS 表示均布，C 表示 45°倒角，⌒表示弧长，∠表示斜度，□表示正方形，◁ 表示锥度，↧表示深度等等。

机械图上的尺寸是用来表示物体大小的。图样中的尺寸标注，都是以毫米为单位，不标注单位符号或名称；只有采用其他单位的才有标注。尺寸线用的是细实线，其终端有箭头或斜线两种形式。

（3）技术要求

在图样上标注技术要求的方法有用文字写在视图的旁边，用来说明与加工方法、装配方法等有关的要求。还有就是写在图样的右下方，用来说明加工要求。如零件的表面处理、热处理要求等。

19.3 看图实例

（1）怎样看剖视图

以图 19-4 为例进行说明，图（a）下部是某个零件的俯视图，假设按图中的 A—A 箭头线把该零件用钢锯锯成两半，如图（b）所示，把前面那部分拿掉，从正对零件被锯表面方向看去，把所看到的物体形状画下来，就成为剖面和剖视。只把被锯的表面图形画出来，就是从标明箭头 A 的方向看去的视图，如图（a）上部就是该零件的剖面图。

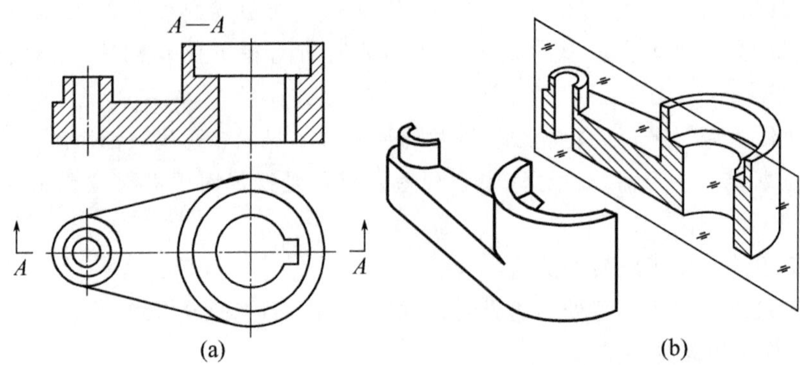

图 19-4　剖视和剖面的表示方法

由于该零件外形简单，可对称地切为两半，用这种方法得出的剖视叫做全剖视。对于复杂物体则还采用半剖视、阶梯剖视、复合剖视等作图方式。

（2）怎样看断面和断裂线图

在机械图中，当假想用剖切平面将物体的某处切断，仅画出该剖切面与物体接触部分的图形，称为断面。

对于较长的机件，如轴、连杆等，如果它长度方向的形状一致或按一定规律变化时，在机械制图中采用断开后缩短的画法，断裂处的边界线是采用波浪线来表示的。图 19-5 是一个零件的断面及断裂线的示意图。

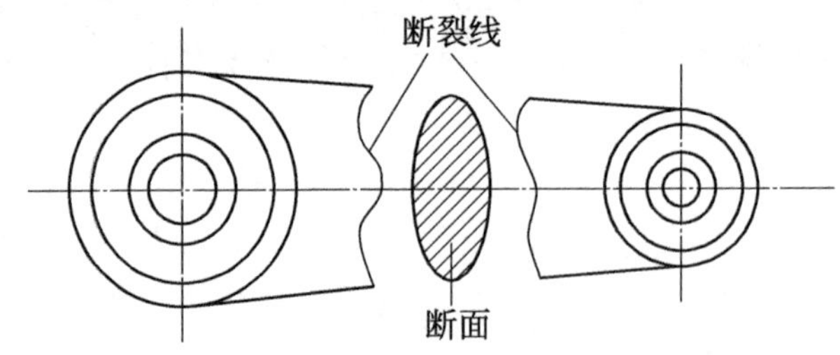

图 19-5　断面及断裂线示意图

（3）怎样看零件图和标准件图

任何机器或部件都是由零件装配而成的，表达单个零件的图样称为零件图。如仪表安装、维修中的管件、各种接头、连接件的图纸都属于零件图的范围。标准件就是按国家标准生产的用途广泛的通用零部件，如螺纹、齿轮、键、销子、弹簧、轴承等。

对于比较简单的零件，常会遇到采用习惯画法画的图纸，即只用一个视图来表示该物体，习惯画法具有画图简单、看图容易等特点，图 19-6 是几个例子。图中（a）是一块扁钢，厚 5 表示它的厚度是 5mm；图中（b）是一块正方形的物体，□25 表示 25mm×25mm；图中（c）是一个圆柱体，Φ18 表示它的直径为 18mm。

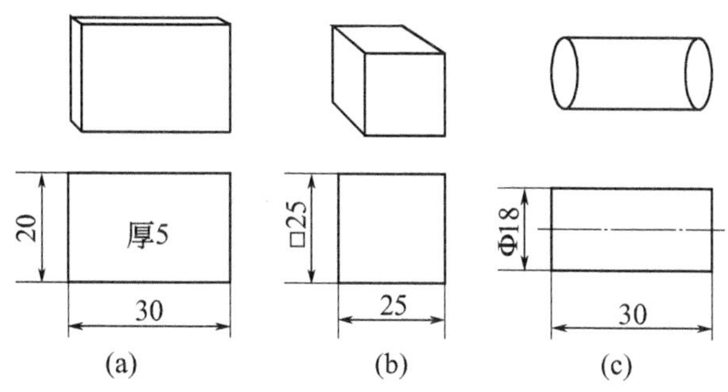

图 19-6　用一个视图表示物体的例子

螺纹件在仪表中用来连接及紧固零件。如果把螺纹画出来是很麻烦的事情，因此，螺纹在图样上是采用简化的画法，对于外螺纹，大径用粗实线表示，小径用细实线表示，螺纹终止线用粗实线表示，如图 19-7 所示。

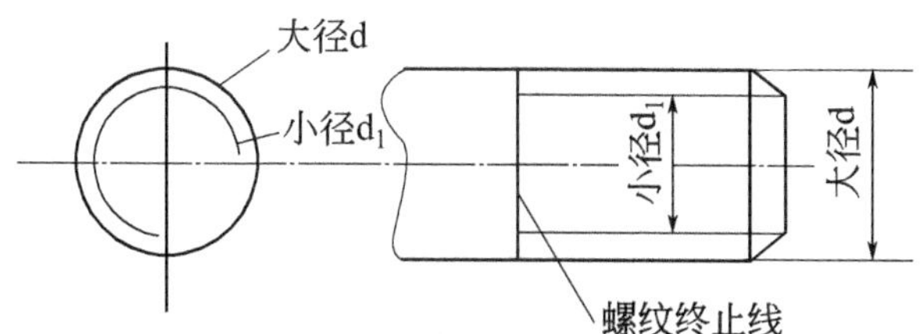

图 19-7　外螺纹图样

内螺纹，则正好相反，即大径用细实线表示，小径用粗实线表示，螺纹终止线用粗实线表示。内螺纹图样如图 19-8 所示。

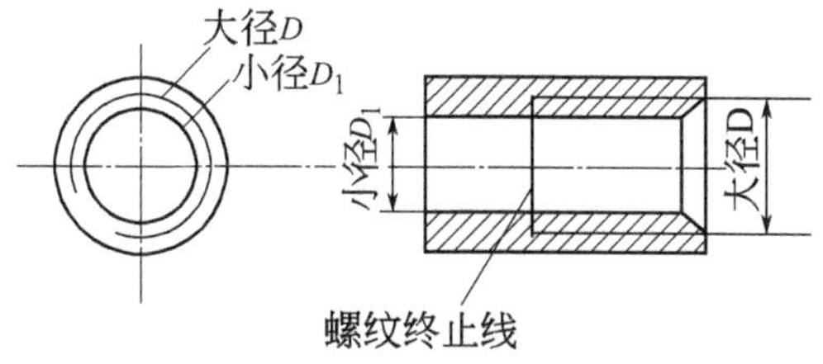

图 19-8　内螺纹图样

螺纹标记由螺纹代号、螺纹公差代号、螺纹旋合长度代号三项组成。

粗牙普通螺纹的代号用字母“M”及“公称直径”表示，如 M20。细牙普通螺纹的代号用字母“M”及“公称直径×螺距”表示，如 M20×1.5。

非密封圆柱管螺纹的代号用字母“G”及“管口通径”表示，如 G1/2；1/2 表示管口通径为 1/2in。

用螺纹密封的管螺纹，即圆锥螺纹，其代号用字母“R、R_C、R_P”及“管口通径”表示；如 R3/4，3/4 表示管口通径为 3/4in。图 19-9 是一个圆锥螺纹的

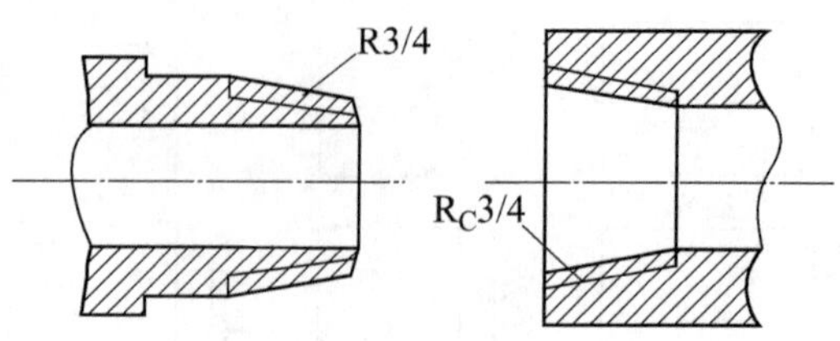

图 19-9 圆锥螺纹图样

图样。

螺纹的旋转方向有左旋和右旋之分，螺纹代号中有“LH”标注则表示为左旋螺纹。

(4) 怎样看装配图

表达机器或部件的图样称为装配图。机械部件的装配图在仪表的说明书中也是很常见的，如气动、电动执行器，有纸记录仪的传动机构等。在装配图中除规定画法外，还有特定的和简化的画法，在识图时一定要搞清楚。如相邻的两个零件的接触面，只是画一条轮廓线。如图 19-10 是一个最常见的螺纹连接简画图，图中的 A 处都是两面接触，但只画有一条线，而 B 处由于两面不接触，所以就画有两条轮廓线来表示各自的轮廓。对于配合面，如轴与孔的间隙配合也只画一条线。对于实心零件和标准件，如：螺钉、螺栓、螺母、键、销等，在剖视图中都是按不剖的方式来画的。装配图有时为了方便看清被遮住的零件，常假想拆去一个或几个零件，只画出需要看到的零部件，这就是所谓的拆卸画法。如对阀门的手柄采取拆卸画法，可使你看清楚手柄下方的填料压盖结构，而手柄则采取单独画出的方式。类似的例子很多，随着读图次数的增加，也就逐步提高阅读机械图的能力了。

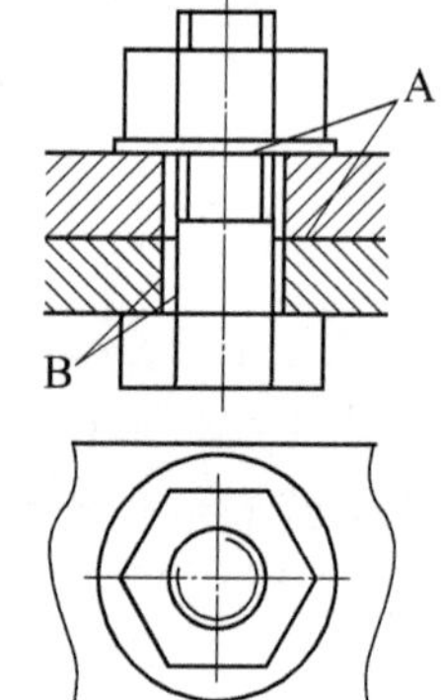

图 19-10 螺纹连接简画图

(5) 怎样看仪表结构图

在仪表的说明书中最常见的是仪表的结构图，该类图有的就是装配图，有的则采用了结构分解图，有的则采用了示意图。目的就是方便用户，仪表结构图对指导仪表维修是很有作用的。由于这类图形象直观，是较容易识读的，不再赘述。

(6) 怎样看管路系统图

仪表与管路的联系是很紧密的，如工艺管路、仪表管路等，会正确识读管路系统简图，对仪表工学习工艺流程图，带控制点流程图，仪表安装图都是很有利的。表 19-1 中的常用管路、管件、阀门图形符号可供识读管路系统图时参考使用。仪表管路连接图的识读也在本书“5. 怎样熟悉生产现场”一章中进行了介绍，不再赘述。

表 19-1 常用管路、管件、阀门的图形符号

名 称	符 号	名 称	符 号
可见管路		活接头	
不可见管路		内外螺纹接头	
保护管		弯头(管)	
保温管		三通	
蒸汽拌热管		堵头	
电拌热管		螺纹连接的管路	
交叉管		法兰连接的管路	
相交管		焊接连接的管路	
弯折管		法兰盘	
介质流向		介质类别符号	A—空气 S—蒸汽 O—油 W—水
节流阀		阀门与管路用螺纹连接	
闸阀		阀门与管路用法兰连接	

20. 自制维修工具、仪器

在仪表维修中如果有一些小巧轻便的工具、仪器使用，会是很方便的。但考虑到大家都是才上岗的仪表工，在此仅介绍几件简单的小制作。

20.1 压力表起针器的制作及使用

修理和调校弹簧管压力表，要把指针完整无损的从中心轴上取下来，需要使用起针器，即可平稳地取下指针，又不会损坏压力表的中心轴。压力表起针器可购买成品，由于其结构简单，完全可以自己制作，通过制作还可以提高仪表工的动手能力，现介绍一种压力表起针器的制作方法。

（1）制作方法

准备一个 M20 或 M22 的普通螺母。按图 20-1 所示，把图中螺母上的虚线部分去除，有条件时可用机床加工，当然也可以采用手工锯割、锉削加工的方法。

然后再按图 20-2 所示尺寸，在 A 端钻孔并攻丝，在拉脚（B）锉削加工一个半圆。由于选用的螺母厚度不一定相同，因此，图中标注的 2 个尺寸 h/2 分别是指螺母厚度的 1/2，即 A 端面钻孔并攻丝的圆心点，及拉脚（B）锉削加工半圆的圆心点，均应选择在螺母厚度的 1/2 处。

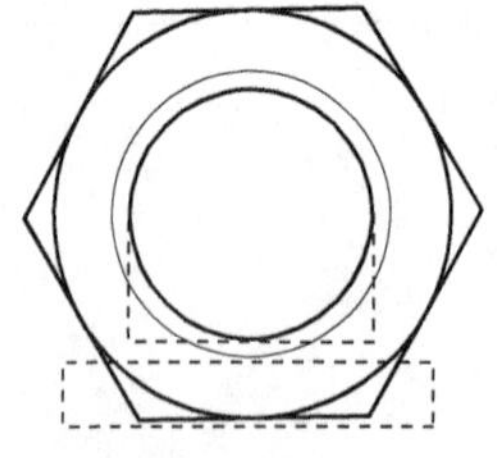

图 20-1 待加工螺母示意图

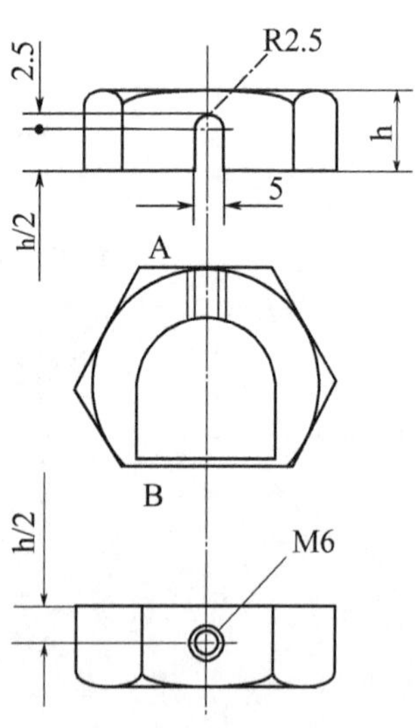

图 20-2 起针器加工图

再找一颗 M6 的螺钉，在没有螺纹的一端，焊接上横杆或圆手柄，由于其尺寸灵活性很大，图中没有标注具体的尺寸，可根据自己的喜好来加工制作就行了。在有螺纹的另一端固定安装上顶针，一个起针器就做好了，制作好的起针器形状如图 20-3 所示。

顶针直径只要有 Φ0.7mm、Φ1mm、Φ1.2mm 三种，就可以满足大多普通、精密压力的使用了，其中应用最多的是 Φ1mm 的，其他规格可根据企业实际情况加工制作，而顶针与 M6 螺杆的固定方式有三种形式，顶针的加工如图 20-4 中的 E 端局部放大图所示。其制作方法如下。

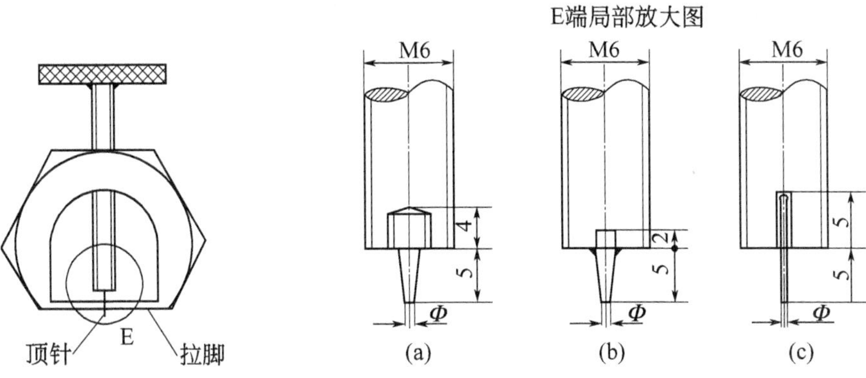

图 20-3　起针器外观图

图 20-4　顶针制作示意图

图 20-4 中的（a）是采用钻孔攻丝的方法，攻 2.6mm 的螺纹，钻孔直径为 2.15mm。孔可以钻深点以方便攻丝操作，然后旋上螺钉，旋紧后对螺钉外露部分进行锉削加工，锉削成图中所示的圆锥状，这样顶针就加工好了。

图 20-4 中的（b）是采用焊接的方法，即根据顶针直径钻一个小孔，再找一小截钢丝做顶针，插入已钻好的孔中，用铜焊或锡焊进行焊接，焊接后对顶针稍作锉削加工即可。

图 20-4 中的（c）是采用缩孔的方法，即根据顶针直径钻一个小孔，但孔的直径要比插入做顶针的钢丝稍大一点，把钢丝要插入孔中的一端用锤进行敲打使其变扁一点，然后把钢丝插入钻好的孔中至底部，用圆冲头对孔边进行缩孔，使插入的钢丝既能活动但又掉不出来即可，对顶针端头稍作锉削加工即完成。

（2）使用方法

起针时要双手操作，左手拿着起针器，先将拉脚套在指针轴套后面，然后把起针器顶针的顶端与机芯中心轴对正，然后用右手顺时针方向旋转顶针杆上的横杆或圆手柄，即可将指针取下来。

没有起针器时怎样起针

可用两把一字形的旋具把指针撬下来。方法是：使用两把一字形旋具，对置于指针轴套后面左右两侧，并使旋具杆靠在表壳两边作为支撑点，两手握住旋具手柄用力把指针撬下来。撬指针时用力要适度，用力过猛会把指针弹跑了，且两手用力要均匀，以免机芯中心轴被撬弯了。不提倡用此方法，只可在没有起针器时用来应急。

20.2 电阻信号发生器的制作及使用

在现场维修电阻式温度仪表时，常会用到电阻箱。有时只要一个能变化的电阻信号来判断仪表的故障，而对电阻值精度没有过高的要求，遇到高空作业携带电阻箱也不方便。这时如有个小巧轻便的电阻信号发生器就方便了。如制作一个很简单的电阻信号发生器，就可以满足现场维修的需要，尤其对中小企业特别适用。

（1）制作方法

电路如图 20-5 所示。图中 R_1、R_2 采用漆包锰铜电阻丝绕制，电阻值用直流电阻电桥测量，应采用双线绕制，即把测量好电阻值的漆包锰铜丝双拆，从双拆处开始绕到骨架上，绕制完成先焊接好一端，进行电阻值的准确测量及调整后，把另一端焊好即成。RP_1、RP_2 电位器最好选择 WXD 型精密线绕多圈电位器，这种电位器的电阻丝是绕在外层绝缘的粗金属线上，金属线绕成螺旋形，再配上专门的转动机构。它的转轴需要旋动好几圈，滑动触点才能从一个极端旋到另一个极端位置，所以转轴每旋转一圈，滑动触点在电阻丝上仅改变很小的一段距离。因此，其调节精度较高。不论采用什么型号的电位器，其电阻特性一定要选择线性的，即 X 型的。

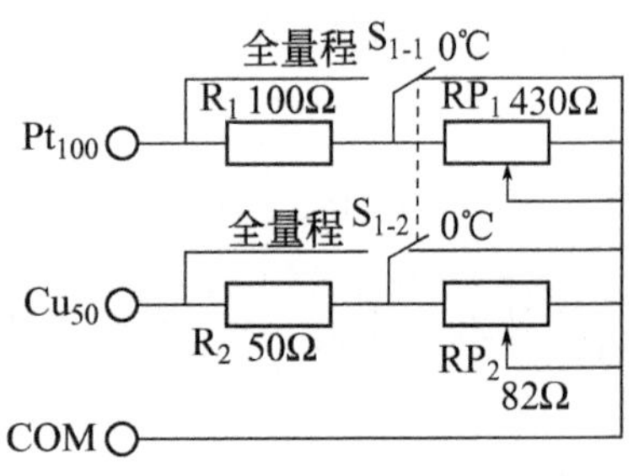

图 20-5　电阻信号发生器电路图

所有元件固定安装在一个小盒子内，各元件引脚直接焊接即可。用三个 JXZ-2 型的接线柱做外接端子；再制作三根 1m 左右长的引线，其中有两根引线用同一种颜色的，其他一根用另一种颜色的，以便热电阻的三线制方式接线。线的两头焊上鳄鱼夹，使用很方便。

（2）使用方法

S_1 是一个 KN 型的双极双位钮子开关。当 S_1 开关在“0℃”位置时，它把两只电位器都短接了，这时从 Pt_{100} 端与 COM 端输出的电阻值为 100Ω，对应温度为

0℃。从 Cu_{50}端与 COM 端输出的电阻值为 50Ω，对应温度为 0℃。可用来检查仪表的 0℃显示是否正常。

当将开关 S_1 扳至“全量程”位置时，它把 R_1 及 R_2 电阻短接了，这时从 Pt_{100}端与 COM 端输出的可调电阻值为 10～430Ω，可满足 Pt_{100} 热电阻测温范围从 －200～850℃时对应的电阻值；而从 Cu_{50} 端与 COM 端输出的可调电阻值为 5～82Ω，可满足 Cu_{50} 热电阻测温范围为－50～150℃时对应的电阻值。

使用时可用数字万用表来读数，则对调整的电阻数值就较准确和方便了。对于其他分度号的热电阻，如 Pt_{10} 等可以变通使用，如在“全量程”位置时，通过调节 RP_2 电位器也可从 Cu_{50} 端与 COM 端输出可调电阻值来达到 Pt_{10} 常用测温范围的要求。对于有需要使用电阻信号的其他场合也可使用该电阻信号发生器，但需要注意电压及功率耗散问题。

20.3 毫伏信号发生器的制作及使用

现场维修热电偶式温度仪表时，常会用到直流电位差计，但很多时候只是用毫伏信号来判断仪表故障。对毫伏电压信号没有太高要求时，可自制一个小巧轻便的毫伏信号发生器使用，尤其对中小企业特别适用。

（1）制作方法

其电路如图 20-6 所示。图中的 RP_1～RP_3 电位器可选择 WXD 型精密线绕多圈电位器，以方便调整毫伏电压信号的输出值。也可以用其他形式的电位器，但不论用什么形式的电位器，电阻特性要选择线性即 X 型的。图中的所有电阻值的选择也是可以改变的，只要最大输出能达到 75mV 就可以满足 8 种常用热电偶的热电势需求了。所有元件固定安装在一个小盒子内，各元件引脚直接焊接即可。焊接时注意三个电位器的调整方向要一致，即逆时针旋转到 0 时，没有信号输出，顺时针旋旋转输出信号应逐渐增大。用 JXZ 型的接线柱做输出信号端子，选择螺纹大的，因为在现场接线柱连接的可能是补偿导线。电源用一节 5 号电池或 AA 型镍氢充电电池，RP_4 电位器可用来改变工作电流，以方便兼顾电池型号及改变最大输出毫伏信号值。可根据现场的应用实际略作调整。RP_4 不用经常调整，不用固定在面板上，可固定在不显眼的位置。再做一块可活动的后盖板，以方便更换电池。

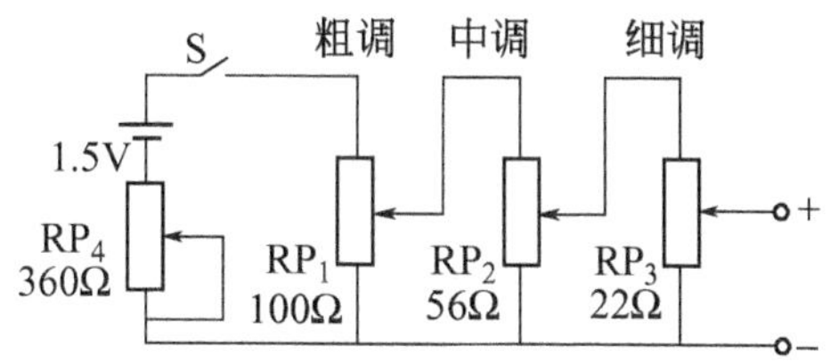

图 20-6　毫伏信号发生器电路图

（2）使用方法

该信号发生器有两种用途，一种是用来代替热电偶，不需要输出信号的具体数值，只要输出信号能增大或减少变化就行，主要用来在现场检查热电偶端至控制室的温度信号传输是否正常、显示仪表有没有指示或能否按信号的增、减而变化。另一用途就是在实验室检查或校准温度显示仪表时作毫伏信号使用，使用前先把电位器都逆时针旋转到 0，在输出接线柱接上要检查或校准的仪表，在被检查或校准仪表的输入端子处并联接入数字电压表或直流电位差计。打开电源开关 S，先调整粗调或中调电位器，再调整细调电位器，以得到需要的毫伏信号值，输出信号以数字电压表或直流电位差计的示值为准。

20.4 电流信号源的制作及使用

4～20mA DC 电流信号源都有成品可供选择，但其价格不菲。在现场维修中只是想用电流信号来检查仪表，及判断故障所在时，用高档信号源是有点大材小用，尤其是一些中小企业，由于仪表数量有限，如能自己动手做一个简易的电流信号源，既满足了需要还锻炼了动手能力，何乐而不为。

(1) 制作方案

用三端稳压器来制作电流信号源，其电路简单、价格低、取材容易，且固定式或可调式三端稳压器都可以用来制作电流信号源。

LM317 是一种三端可调正电压稳压器，LM317 的外形及引脚如图 20-7 所示，如果在调节端和输出端之间接一个可调电阻，就可组成可调式的精密稳流器。LM317 产品资料推荐的稳流电路如图 20-8 所示，LM317 属三端浮动稳压器，工作时，LM317 建立并保持输出与调节端之间 1.25V 的标称参考电压 V_{ref}，而调节端的电流 I_{Adj} 被设计和控制在 100μA 以下，并使其恒定不变。则该电路的输出电流为：

图 20-7 LM317 的外形及引脚图

1—调节端 A_{Dj}；2—输出端 V_{out}；3—输入端 V_{in}

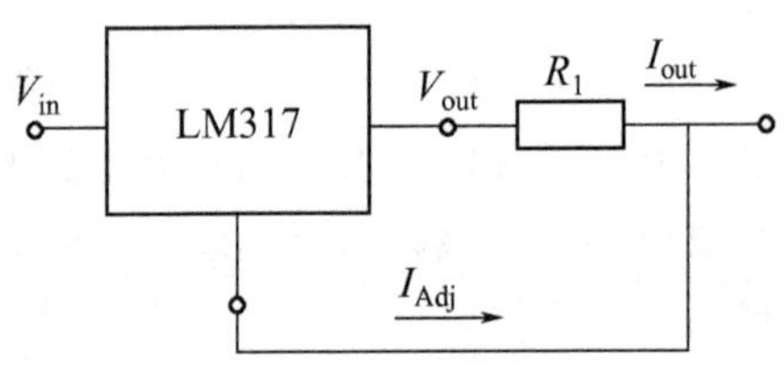

图 20-8 LM317 组成稳流器的典型电路

$$I_{out}=\left(\frac{V_{ref}}{R_1}\right)+I_{Adj} \tag{20-1}$$

$$=\frac{1.25\text{V}}{R_1}$$

式中 V_{ref}——标称参考电压，为 1.25V；

I_{Adj}——调节端电流；

R_1——编程电阻。

厂商推荐该电路的最小稳定电流为 10mA。但 LM317 的最小稳定工作电流一般为 1.5mA。LM317 的生产厂不同、型号不同，其最小稳定工作电流也会略有差别。当 LM317 的输出电流大于最小稳定工作电流时，LM317 就能正常工作。通过实际应用 LM317 是可满足 4～20mA 使用的。

(2) 制作方法

用 LM317 制作的稳流源如图 20-9 所示，LM317 的输入 V_{in} 端接电源的正极，输出 V_{out} 端接电阻后为稳流输出，调节端则直接接至稳流输出端 I_{out}，负载 R_L 则接在输出端 I_{out} 与电源负极间。由于 LM317 的标称参考电压 V_{ref} 为 1.25V，且这个电压是保持不变的，这个电压就在 V_{out} 端与调节端 A_{Dj} 两端，也就是电阻 R_1 与 RP_1 的两端，如果电阻值是固定的，电压也是固定的，则流过负载 R_L 的电流就可以做到恒定不变。即电流 I_{out} 为：

$$I_{out}=\frac{1.25V}{R_1+RP_1} \tag{20-2}$$

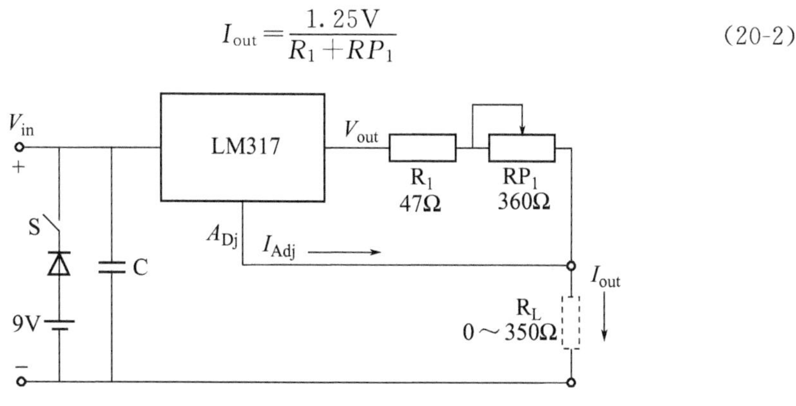

图 20-9 LM317 稳流源电路原理图

利用上式就可确定 R_1 与 RP_1 的电阻值，当输出电流为 4mA 时：

$$R=\frac{1.25V}{0.004A}=312.5\Omega$$

当输出电流为 20mA 时：

$$R=\frac{1.25V}{0.02A}=62.5\Omega$$

当电阻 R_1 与 RP_1 的变化范围为 312.5～62.5Ω 时，其输出电流为 4～20mA，以上的计算是理想状态。由于电子元件参数的离散性，在选择电阻值时要考虑到一定的可调整性，因此，选择一个 51Ω 的固定电阻再串联一个 360Ω 的电位器，就可实现 4～20mA 电流可调了。51Ω 的电阻用锰铜电阻线绕制，360Ω 的电位器则选择 X 型的多圈线绕式电位器。经过实际调试，本稳流器的工作电源在 9～24V 范围内都可正常工作。为了现场携带的方便也曾试过把供电电源减小至 7.5V，但发现调不到 20mA，从 LM317 的资料上知，其输出电压是变化的，并有一定的电压差要求，况且在输出 20mA 时，其输出端电压也必须是大于或等于 5V 的。

从式(8-1) 知：由于电阻减小时输出电流是增加的，而电阻增大时输出电流是减小的。但是人们习惯的调整方向是：顺时针旋转电位器时输出增大，而逆时针旋转电位器时输出减小，因此在焊接电位器的引脚时要注意这一关系，以满足操作习惯。

信号源的供电采取自备及外接形式，可使用一节 6F22 型 9V 的叠层电池，如果现场有电源时，则采用外接电源的方式，但要把电源开关 S 断开，为了防止误操作，在叠层电池电路中串了一只 1N4001 的二极管 V 作保护。

(3) 使用方法

该电流源可用来代替变送器的输出电流，可用来在现场检查变送器至控制室的电流信号传输是否正常、显示仪表有没有指示或能否按电流信号的增、减而变化；但不一定需要电流输出信号的具体数值，只要输出信号能增大或减少变化就行了。而在实验室检查显示仪表时可作电流信号源使用；使用前先接好相关的连线，把电位器逆时针旋转到 4mA，在输出接线柱上接入要检查的显示仪表，并在被检查仪表的输入端串联接入标准电流表，或通过 250Ω 电阻并联接入数字电压表；接通工作电源后调整电位器 RP_1，以得到需要的电流信号值，而输出电流值应以标准电流表或数字电压表的指示为准。

21. 获取仪表及自控信息的方法及技巧

21.1 阅读和学习仪表说明书

说明书有的又称为用户手册，它是自动化仪表最重要的技术资料。随着技术的发展，仪表的结构、用途及设定操作都有很大的变化，说明书就显得越来越重要。没有说明书，可能对仪表将无法正常设定、调试、使用，甚至根本不能用。从某种意义上说，说明书是仪表产品整体性的重要组成部分；说明书的完整性也是仪表产品质量的体现，如果说明书编写得太简单，对仪表的维修工作会造成一定的困难，对用户是很不利的。仪表说明书的重要性，有时并未受到一些厂商和仪表工应有的重视。从我国企业的实际情况来看，仪表还不能作为一次性消耗品，一有故障就报废是不现实的，通过修理使用是很正常的事情，在维修中仪表工是需要通过说明书来获得有用信息和资料的。

说明书一是供仪表维护者使用，如仪表的功能、操作、设定、调校方法；二是供仪表修理者使用，如仪表的原理、电路、结构等内容。通常仪表说明书是把这两部分内容编写在一本说明书中，但对于较复杂的仪表、设备、系统则厂商会分别编写成使用说明书和维修说明书。现在有的说明书则是用光盘作为载体了。

不管说明书是简单还是完整，通过对说明书的阅读和学习，仪表工还是可以从中获得很多信息的，因此，要养成阅读和学习说明书的习惯，就是已经熟悉的仪表，在使用新购买的同一产品时，也建议看看说明书。因为，仪表产品的更新换代速度太快，几年后的产品也许又作了改进，尤其是智能仪表的软件是经常升级的，而软件升级可能会导致其设定、操作方法和功能的改变，这些信息只有通过阅读说明书才能获得。

较完整的说明书大致由以下几部分组成，即概述、技术性能、工作原理、安装、调校、维修方法、功能设定方法、软件功能、通信功能及协议、电路图、端子接线图、外形尺寸、零部件结构或分解图、型号及规格表、特殊技术、特殊元器件的说明等。

通过概述我们可以对所用仪表的主要特点、型号定义、功能及区别、技术性能有个大致的了解，在此基础上，就可以深入地了解和学习仪表的工作原理了。对仪表的工作原理，有的产品采用了以方框图为核心的原理叙述方法，这比较直观；而有的则全部采用文字叙述方式，这样的方式如果有原理图还是好理解和学习的，怕的是只有简单的文字叙述而且还不配原理电路图，这也是现在很多仪表说明书的现状。

安装仪表时重要的是不能把线接错了，特别是电源线与信号线，因此，认真阅读说明书上的仪表端子接线图就显得很有必要了，尤其是一些智能仪表其同一输入端子是可以接入多种信号的。至于接什么信号及信号的输入范围等，完全取决于参数的设定。这些都可以通过阅读说明书来了解。

对于调校、操作方法、维修方法也可通过说明书来了解和学习，对于常用的仪表这部分大致是相似的，有的是可以举一反三的。对于功能设定，关键是通过说明书学会设定的操作方法及步骤，但对参数代号不用去死记硬背，因为仪表在设定操作时，其参数代号是顺序出现和设定的，再者有的参数代号实际就是该参数功能的缩写字母，所以通过操作几次也就能记住常用的几个需要修改或设定的参数，记不住的到时候再翻看一下说明书，因为在说明书中大多会有参数表或参数速查表供使用；随着对仪表参数设定操作的次数增多，参数代号自然就记住了。

现在进口仪表及控制系统的大量使用，也会涉及到英文说明书的阅读问题，阅读英文说明书是一项相对辛苦的工作。但一般仪表说明书中大多是说明性、描述性的英语。其词汇量、复杂性一般都不是太复杂。基本和组态软件的帮助文档英语水平差不多，对于英语基础差和不懂英语的仪表工，借助英文翻译软件及专业英汉词典，还是可以搞懂一些问题的。当然有条件时向懂英语的老师、同事请教，以便更好地学习和阅读英文说明书。

快速掌握仪表说明书内容的技巧

在接触仪表前先要了解它的基本工作原理，可查找相关资料先进行学习；先掌握仪表的设定操作、调校方法和简单的维护工作；在此基础上再根据个人的实际情况，来学习和掌握相关内容，如仪表的安装及投用、检查调试方法、维护及常见故障的判断及处理等。总之可先搞清楚仪表的操作及简单维护，在此基础上再深入学习和掌握其他知识。一般是先找找看说明书中有没有快速指南，有就先从快速指南入手；如果没有，建议先看注意事项和维护保养方面的内容，因为这些知识在现场是马上就要用到的，再者这些内容通常都写得简明扼要，比较方便理解和掌握。然后再看仪表的设定操作部分，智能仪表的功能很多，但并不是每台仪表都要使用所有的功能，因此可先从最常用和最需要的功能看起。但了解仪表的功能必须要有一定的基础知识，否则看不懂意思就等于是白看了，有不懂的地方建议向师傅或同事们请教，或者请他们带你操作设定一遍，以加深理解。对于暂时还用不到的内容，如性能指标、型号选择之类的内容，可以到接触相关内容时才去看。以做到急用先学，有的放矢地学，则用较短的时间就会有较大的收效。

在阅读和学习说明书时，可以做一些摘抄，或者用手机拍照，必要时可以把说明书整本或部分的进行复印，以方便使用及保管。有的内容则是需要长期保管存档的，如流量仪表节流装置计算书、仪表系数等。由于说明书属于共享的技术资料，为方便他人阅读，要养成不在说明书上乱写乱画的好习惯。

21.2 如何从网络或论坛获取知识

网络时代的仪表工，除了具备过程控制及仪表的理论基础知识及必须的从业技能外，还需要具备一定的电脑知识和操作能力，如能熟练进行电脑操作，能处理各种文本、照片、图表、音频和视频等材料，会收发电子邮件，和上网搜索获得信息，并能查找和下载相关资料。有了以上技能，上网及进论坛就没有问题了。

上网的目的是想获得有用的信息，因此，要有目的地选择相关的网站，如仪表及控制设备的厂商的网站，有关工业控制的网站，及这些网站所建立的论坛、博客、相关空间等。其中技术论坛的互动性是最强的，上技术论坛主要是为了和同行们交流、学习，也可提问或解答问题来帮助别人。很多技术论坛，为了提高人气，规范网络次序和安全，都会有一些措施，如注册登录制度，发帖内容、发帖及回帖规定，积分机制，不定期举办各种活动等。因此，一定要遵守论坛的规定，共同维护网络和论坛的次序，这对网站和个人都是有利的。

不要太依赖技术论坛，不要有事无事、大事小事都到论坛提问。遇到问题时，先自己想一想，或求助身边的同行，或找有关的资料进行学习，力争自己解决问题。发帖前可先在网上搜索，看看网上或论坛有没有与你所提问题类似的帖子，然后再发帖子求助。

21.3 使用搜索引擎的方法及技巧

上网找资料的网友可能都有这样的体会，要花很大的精力和时间去“淘宝贝”，这是很烦人的事情。如何在最短的时间内，找到自己需要的仪表或自控资料呢？现在就教你几招。

（1）要以关键词为核心

用好网络搜索引擎是我们的法宝。但在使用中有的人想找什么，就输入什么去搜索，就如同与搜索引擎对话一样，记住搜索引擎不是114查号台的服务员，它不可能像人一样能听懂我们说的话，它只会死板的把含有相关词语的网页找出来，根本不管网页上的内容是什么。因此，只有按照一定的规律搜索才会得到我们所想要的东西，要用关键词来进行搜索，才能事半功倍。

搜索引擎都是以关键词搜索为最主要的方式来进行的。我们进行搜索时使用的就是关键词，而将需要搜索的内容，提炼成最有代表性的几个关键词，使所有关键词出现在同一网页中，又不要有太明显的语义联系，才更容易找到我们想要的内容。搜索时用两个或更多的关键词，可大大减少与其相匹配的网页，即加快了搜索速度，还使搜索结果更接近我们要找的内容。如要搜索热电偶温度计的说明书，则可能出现很多网页，但如果只是搜索 K 型热电偶时，则关键词用“K 型热电偶说明书”，则出现的网页就主要集中在 K 型热电偶及说明书的内容了。

网络中有很多词的使用率很高，他们会出现在成千上万的网页中，使我们根本找不到自己需要的内容，因此，搜索时不要用太常见或通用的词来做关键词，如搜索“数字显示仪”，很多网站中都会有跟“数字显示仪”相关的内容，搜索出来的网页会很杂乱，使你仍然没有头绪，但如果我们使用“数字显示仪宇电”指定所要找的厂家，就会找到你需要的内容了。

在使用多个关键词搜索时，不同词语之间用一个空格隔开，可得到更精确的搜索结果。如：想搜索虹润仪表的通信协议资料及软件，如果只搜索虹润仪表，很难找到想要的资料及软件。但是搜索“虹润仪表通信协议下载”，搜索结果中的第一条可能就是你想要的内容。

(2) 有针对性地进行搜索

有些专业较强的内容网上虽有，却会成为漏网之鱼。产生这样的问题就是由于我们在搜索时，没有针对性地进行搜索造成的。查找某种仪表产品，最好就是找到该产品厂商的网站主页，进入后直奔主题，收效就明显了。如想找重庆川仪总厂的产品样本，输入“重庆川仪总厂产品样本”后，在出现的网页中不一定会有产品样本。但找到该公司的主页，点击进入，在其页面上就有“资料下载”、“技术文章”等栏目，就可根据需要选择阅读或下载。

有的技术资料经过搜索没有找到时，可以试到相关的技术论坛、网盘上进行站内搜索，也许就会有收获。对于论文的搜索，可同时输入关键词和需查询论文所在的主题类目名称，效果会更好。

对于遇到已有搜索结果的网页，但是却打不开该网页，这时可试着直接打开“网页快照”。可能就会有收获。

(3) 要有搜索的耐心和信心

经过搜索但没有找到自己想要的结果的时候，不要放弃继续搜索。冷静地想一想，回顾你的搜索过程，是不是自己的关键词有问题，如有没有错别字、多音字等，有时也许只要修改一个小差错，一个看上去毫无希望的搜索，很有可能在改变搜索策略后就有你所想要的东西了。

有时通过一次搜索是不能很准确的得到你所想要的信息，但是在的众多返回网页中，总会有一些相关内容的，这时可用相关内容为基础，再组合新的关键词继续搜索。通过这样的递进搜索，可能会找到你想要的信息，搜索时要有耐心和信心。如果返回结果的前两页页面没有你想要的信息，最好增加关键词重新搜索，不要向下继续翻页了，否则会劳而无功。

由于网络上的信息很杂乱，有的人在网上找信息的时候，经常在搜索过程中忘了当初的出发点是什么，东点点西看看，结果在信息的海洋中迷失了方向。总之，在搜索的时候不要偏离主题太远，否则是在浪费时间。

（4）重视用其他方法获得信息或资料

记住，网络不是你寻找资料的唯一途径，你身边的同事、师傅、朋友、其他人，有可能就是一定程度上的“图书馆”、“资料库”，特别不要忘了专业技术书籍的作用，必要时跑一趟书店或图书馆也许有用的资料就到手了。别忘了，在网络时代传统方法还是大有用武之地的。严格讲从网络上得到的信息和资料大多是些零星、零乱、不系统的，为了系统地学习仪表及过程控制技术，为了专业技术资料的完整性，适当购买一定的专业技术书籍，这个投资千万不要省，其效益在今后是一定会显露出来的。

22. 怎样进行科技写作

22.1 仪表工有必要进行科技写作吗

今天的社会是信息社会，大量的、多种多样的信息在社会生活中以各种方式传递，如书籍、期刊、报纸、学术会议、广播、电视、互联网、展览会等。从事仪表自控的人，应当是信息灵通人士，需要广泛收集、整理、评价学习由各种渠道来的信息，以丰富自己的业务知识。另一方面，作为社会的一员，应该有责任为社会提供信息。提供信息的方式有多种，其中科技论文是直接、广泛地向社会提供信息的一种方式。

还应看到，科技写作的过程也是仪表工所学知识系统深化的过程。有写作经历的人都有体会，写作之前往往自认为懂的东西，在写作过程中才发现自己并未真正弄懂，于是回头再进行思考。写作过程还可以加深对问题的理解和记忆，数年前从事的某项工作，如果曾写过论文，脑子里的记忆就牢一些，即使忘了，翻翻论文也就能很快回忆起来。论文如能发表，就会在较大范围内得到传播，往往会有同行对内容感兴趣而与你联系，互通信息、交流体会，这使你的认识又深化了一步。

科技写作一般可分为个人记录和交流性写作两类。它的具体内容如下：

（1）个人记录

如：工作记录、实验室记录、维修记录、技术资料记录、读书笔记、听课笔记、讲课笔记、参观考察笔记、资料索引卡片、绘制电路图、机械图、数据表格制作，随记等。

（2）交流性写作

如：学术论文、技术论文、小册子、书籍、技术报告、技术规范、技术规程、工作总结、技术文章、科普文章、来往函件等。

从上述可以看出，科技写作实际上是个大众化问题，科技写作是谁也避免不了的，仪表工也不例外。再者，我们都已经自觉或不自觉地参与过科技写作了，因此科技写作并不神秘，只要实事求是和认真的对待，每个仪表工都是可以做到的。因此仪表工在熟练掌握各项生产技能的同时，也应该注意培养科技写作的能力，使自己的工作能力更全面。即使已写作了，仍存在进一步提高写作技巧的问题。

怎样做工作记录

（1）做工作记录的好处

在网络论坛上有人说干了多年的电工、自控工作，但是在评职称要写总结或技术论文时，却一点头绪也没有，无从下手。这些人干了这么多年，肯定做了不少的工作，但可能没有重视和做工作记录或维修记录，否则就不会这么被动了。

仪表维修工作涉及面广，要求知识广泛，接受新的事物快，常面临挑战，这也是我们仪表工的工作乐趣。由于仪表维修工作丰富多彩，可供记录的内容很多，是很有条件做工作记录的，做好个人记录是一定会大有收获的。记录和写作是相关联的，当你需要写工作总结或技术论文时，你可能首先会想到你的工作记录，然后到里面去查取资料。笔者在国内多家自控仪表刊物上发表的文章，这其中就有日常记录、维修记录、调试记录的功劳，尤其是文章中资料及数据的真实性是离不开记录的。

（2）怎样做个人记录

个人记录是很随意的，并没有什么特定的格式和要求，只要有笔和纸就行了。用电脑来记录则保存、修改、补充更方便，但随意性、灵活性又差些。

看书时可以把自己认为有用的内容摘抄下来，做成读书卡片。还可以把书中有用的部分复印下来。最好做一套资料索引，阅读后可以把认为有用的文章记入资料索引，当需要用到相关资料时，就可以很方便地找到原书及原文。

自己能独立工作，就应该写工作记录了，如把某型仪表的故障现象、检查处理经过、最终结果及体会都记录下来，搞不清楚的地方也记下来，待请教或查找资料后再补充完善。把测试数据也记录下来，这样的记录对今后的维修工作是很有用的。在现场进行调试或维修时，尽量抽空记上几句，这样既不影响工作，又可及时记下内容，休息时趁记忆还清晰时，尽快整理成正式记录，否则时间一长，难以回忆，甚至还可能会把两、三件事混在一起了。

厂家不附图纸的仪表要修理，只能按印刷电路板来绘出电路原理图，因此，绘制电路图也是个人记录的重要内容之一。影像记录直观、形象，记录效果应该是最好的；影像记录现在方便多了，手机拿出来就可进行。

（3）怎样养成做工作记录的习惯

俗话说：好记性不如烂笔头。在工作中解决某个问题后，能很随意地在纸上写上几句、画上几笔，过了若干年，翻出来仍然可以知道当时是怎么一回事，这不是很方便吗？如果养成做工作记录的习惯。坚持几年下来，你就会发觉自己的文笔越来越流畅了，文采也进步了，你就会知道记录对工作还是很有帮助的。

个人记录所有的仪表工都会做，难的是长期坚持下来，因此养成坚持记录的习惯才是最重要的。报纸上说有个人，每天坚持写日记，数十年如一日，写了几十本日记成为一个奇迹。可见坚持的难度，否则怎么会叫奇迹呢？我们不用去创造什么奇迹，但只要通过个人记录，对我们的仪表维修工作有帮助也就满足了。

记录时间长了，对于在维修工作中遇到相同、相似的问题时，可能跟原有的记录也差不多，这时可采取只记特殊、疑难的故障维修记录及调试记录就行了。

用电脑在网上收集资料很方便，但要看到“复制”与“粘贴”并不是真正意义上的记录，只能算是资料收藏，和自己亲手做一下个人记录，这体会和收获是大不相同的。

22.3 技术论文写作的方法和步骤

（1）技术论文写作的特点

① 正确性。技术论文要求信息的来源必须客观真实，图表及数据要准确可靠，不能带有主观任意性，论文的结论要能经受实践的考验。

② 创新性。技术论文内容要有新的创义，即有没有新的观点及创造的有无，而不是指创造的大小，只要有新义，再小的东西也可能是大有用处的。同时，既要尊重和继承已有的专业知识、科技成果，又不能大量重复前人已有的成果，和在仪表专业已成为常识的知识。

③ 精简性。技术论文在表述必须准确、全面的前提下，应该采用最精练的文字表述，根据内容宜文则述，宜表则列，宜图则示，力求精简，不重复表述。如用文字能表述清楚时，则尽量少用图表。

④ 统一性。技术论文的文本格式是固定不变的，对书写格式、正文、标题、摘要、关键词、文章层次、参考文献等都要求有统一的格式，对专业术语、计量单位的符号及公式、图表等，要求有严格的整体一致性，不允许灵活变通。

（2）技术论文写作的步骤

① 首先要进行选题，选题也就决定了写作的内容和范围。选题最好紧密结合自己的工作业务范围，如选择自己最熟悉的东西，写作效果才会好。选题范围一定要确定，范围可大可小，应根据实际情况来定。以写数字显示仪表的内容为例，技术论文的选题既可写“国产数字显示仪表的现状和未来”、“数字显示仪在化工行业中的应用”、“欧系数字显示仪的使用与选择”这样一些很大的题目；也可以写“数字仪表在工业锅炉上的应用”、“明电舍变频器在恒压供水中的应用”这样一些涉及面较小的题目；还可写“富士变频器控制端子应用中的有关问题”等涉及面很窄的题目。总之不在于选题的大小，关键是你所写作的内容，要有较多的材料和数据，

并要有深入的分析和研究，有自己独特的见解，才能写出好的技术论文来。

② 资料的收集和整理。选题确定之后，就可进行相关资料的收集和整理了，要全面掌握与选题有关的资料。资料的来源大致有项目实施的相关文件、记录，个人工作、维修笔记，与之有关的期刊和书籍，网上的相关内容等等；再就是深入生产现场了解情况。收集资料时尽量做到量多面广、详细具体，对收集来的资料还要进行整理和取舍，找出最有用的内容来。

③ 怎样进行写作。首先要拟定出论文的标题和写作提纲。论文的标题很重要，读者往往根据标题决定是否阅读这篇论文，所以标题应确切，要能充分体现论文的内容和强调的问题。标题要简明、醒目，标题不宜太长，最好控制在 15 字以内。起草标题要多推敲，如果一时定不下来，可拟几个标题作比较，最后到定稿时再选择。写作提纲是对论文的计划和安排，通常应包括章节的标题和段落的主要内容。章节可根据内容安排，做到一个章节围绕一个主题论述；章节划分不应太多，否则会显得零乱，但太少又失去了划分章节的意义。在章节下面可分段叙述。提纲可使你对已收集到的资料如何利用做出安排，写作过程中可能还会对提纲进行局部修改，这是很正常的事。但有时也有例外，即不拟提纲就写作，如只论述一个问题或写较短的文章，或者个人的写作习惯等。但最好养成先写提纲后写作的习惯。科技论文写作要遵循规定的文章层次结构，可以参考期刊和图书的相关要求。

④ 技术论文写作应注意的问题。按提纲进行写作，开始写的称为初稿。万事开头难，初次写作的人常会在写作过程中碰到困难而中断写作，这是要克服的，如果写得不顺利时，可以采取先写自己认为最好写的内容，即不按提纲的顺序来写，先完成其余各章节、段的写作，以后再反过来写跳过的部分，初稿力争在较短的时间内把它写完，以保持写作思路的连贯性，初稿写作的时间不要拖得过长，否则会中断写作思路。

写完初稿可以说是胜利即将在望，对初学者来说已迈出了关键的一步，余下的工作就是在初稿的基础上再加工完善了。这时可以把初稿暂时放几天，过几天再来进行修改、完善，这样做比较容易发现错误和找出不足。初稿要经反复多次的核对、推敲、删改，才能最后定稿。

写作中要力求用准标点符号，计量单位一定要采用中华人民共和国法定计量单位，并注意计量单位字母的大小写。在用文字无法叙述清楚的时候，可用插图或表格来说明，这样可使读者一目了然。但是用文字能叙述清楚的，就不必再采用图表的形式了。

⑤ 技术论文写作要规范化。辛辛苦苦写出来的技术论文，不认真按科技文稿规范写作，可能就会白辛苦。如果写作不规范，内容杂乱无章、没有重点和条理性、不分主次、只是一堆“材料”的堆砌，这样的稿件是很难被采用的。因此按照科技文稿规范化写作，对作者是大有好处的。

因此应做到：不用错别字和不规范的简化字，不用国家已废止的非法定计量单位；论文标题要紧扣主题，有要求时还要附上英文标题；要有文摘和关键词；插图或表格要放在正文的相应位置，并注明图号、表号；列出的参考文献应当是正规出版物。

⑥ 关于投稿问题。写作技术论文的目的是给人看的，写完的论文该往哪儿投，还是有讲究的。有的放矢的投稿被采用的可能性就大。通常可投稿的地方有期刊、报纸、网站、专业会议、论文征集等。最好结合相关的征稿细则，看看自己所写论文的内容是否在征稿范围内，必要时可找本拟要投往的期刊看一看它的刊载内容。不要一稿多投，但对于甲期刊已明确不采用的稿件是可以向乙期刊投的，而被乙期刊采用的例子也是有的，投稿后一定要保留底稿。

四、感悟篇

23. 仪表工从业体会和感悟

23.1 对仪表工的七点建议

（1）要爱岗敬业

爱岗敬业的前提是要对本职工作热爱，否则，从何来的爱岗敬业？如果喜欢你现在的工作，你就会认为当仪表工是一种幸福。只有对本职工作热爱了，才会有学习和做事的动力，这是实践证明了的。每个仪表工的从业过程是不同的，如有的学的就是本专业，有的是自己要求从其他工种转来的，有的可能是学的其他专业但现在干了仪表专业等。但不管怎么样，你现在从事的就是为生产自动化服务的工作，在这个岗位上要热爱本职工作和做好本职工作，这是最基本的要求。

（2）注重继续学习且方法要得当

仪表涉及的范围广，所以需要掌握的知识是很多的，除仪表及控制技术外，对电气电子、机械、工艺、设备等都要懂点。同时自控设备更新周期越来越短，原来学习掌握的知识常跟不上技术的发展步伐，迫使仪表工的学习压力增大，仪表工都有体会。又要工作又要学习，可说是够苦够累的，所以掌握必要的学习方法是很重要的。面对新的知识，怎样学习效果好呢？当然就是急用先学，结合本人所接触的仪表及控制系统来进行学习，这样可做到有的放矢，有针对性的学习，由于有实物可动手、可实践、学习起来收效就快。书是要看的，由于本专业的书太多，要都读过来是不现实的，再者也没必要，很多书，尤其是讲原理的书可以说是大同小异，只要认认真真地读上几本适合自己的书，就够受用一段时间了。古人说："万变不离其宗"这话对于基础理论学习也是适用的。但不管怎样学习，要注意的就是要从基础理论上学懂。

(3) 怎样学习收效才大

继续学习最具体的问题是资料缺乏，尤其是才用的新系统和新型仪表的资料。书籍大多又慢半拍，而专业杂志的实用性又差。由于一个人的精力和时间是有限的，所以对于不是你专攻的专业，是不值得花太多的精力和时间的。当然有条件、有能力、有时间、有机会就尽量多学习和掌握一些知识，对提高个人的技术水平是大有益处的。

上网找资料，上论坛去问技术问题是一种很好的学习方法，其优越性是书及杂志难以比拟的。充分利用好网络的搜索功能是很重要的，搜索方法得当就可以事半功倍。首先要把我们需要找的资料用简短的词汇（即关键词）归纳出来，如要找书，除书名外，空格再注明电子书、下载，再进行搜索，否则搜索效果不佳，既浪费时间还难找到想要的资料。

多问一个为什么，多思考也是很重要的。只懂得学习不懂得思考是不行的。有些问题可能只要翻翻书，多思考就完全可以自己解决。多一次思考就多了一次进步，这是实践证明了的。

有人说学习要精，有一定的道理，但也要灵活掌握。如现在很多仪表和板卡用户是根本没有条件和能力进行修理的。所以只要能大致知道测量和控制原理就行了，在此基础上能做到正确地使用、熟练地参数设定、看懂和掌握现用的组态，并能作些修改，以方便在使用维修中碰到问题时，便于查找原因判断故障。要再深入进去你也没有办法，因许多仪表说明书是越来越简单，仪表、板卡根本就不提供电路图和说明，要深入的学习可能已没有条件。

要向老仪表工学习，这也是一个很重要的学习环节。由于他们从业时间长，有很多实践经验，认真向师傅学习是会有收获的。但也要看到由于仪表工的发展历史，他们的学历可能没有你高，对于一些理论及新知识还不如你，这不能成为不向他们学习的理由，只有通过相互的学习和交流才能促进工作的开展，同时他们也才会愿意把一些绝招传授出来。

(4) 争取多实践多动手

过程控制是一个实践性很强的工作，如仪表和控制系统出了故障，怎样尽快地找到原因，排除故障是很重要的，尤其是关键部位出了问题，直接影响到生产时，操作工、调度、领导都等在那儿，看你处理问题，你能做到手脚不慌乱、镇定自如吗？如果你对各检测点了如指掌，对各控制回路很清楚，你就会有目的的去查找问题所在，而不是无目的去猜问题了，处理问题时你就会思路清晰、得心应手，很快能排除故障。而要对各检测点了如指掌，对各控制回路很清楚，那就是靠你平时的实践了，因为图纸与实物不是一回事，这就需要你用图纸对照实物来熟悉了，多看几次就加深了印象，久而久之也就熟悉了。要从基本功练起，如从用电烙铁做起，任何再简单的东西，只有经过自己动手后才会有体会的。

有的人可能会说：我也想多动手多实践，但我没有机会呀。要看到机会是靠人争取和创造的，如到设备上、仪表盘内看电路、画接线图、顺着导压管、穿线管找检测点；对照着印版画图，再将其改画成电路原理图，类似的例子很多，就看你愿不愿去做了，怎样做了。自己买点电子元件，组装点小玩意、小仪器也是一种学习，又是一种乐趣。

（5）要学会总结经验

人们都有这样的体会，去医院看病总想找位年纪大的医生，原因很简单，年纪大从业时间长，临床经验就丰富，临床经验就是实践经验的积累。仪表工工作时间长了，接触和经历的仪表及系统问题就多，看到和听到的也就多，随着时间的推移这就是经验的积累过程。但只有经历是不够的，重要的是个积累问题，杂乱无章的东西是记不住的，只有理顺了头绪，才方便记忆，所以最好养成做工作记录的习惯，记在纸上的东西，时间再长它都是存在的，时间一长你的积累也就丰富了。回过头来看看原来记的东西，就会发现原来对有的问题的理解是不对的，要如何做才更好，也就发现了自己的进步。在工作中不可能不犯错误，如用万用表测量电路，不小心表笔碰火烧了元件。有时很简单的问题，把故障想得复杂了，结果绕个大圈子，才发觉原来如此等，善于总结经验很有必要，总结的目的是为了提高。

（6）处理好与同事和领导的关系

有个好的工作氛围是很重要的，这实际就是人与人相处的问题。人与人相处就是要互相尊重、信任、理解。由于人的成长环境不同，年龄不同，对同一事物的看法可能会有差异，这是很正常的，但要在差异中看到相同，这样才能处理好与同事的关系。首先要学会欣赏别人，看到别人的长处，同时一定要学着接纳差异。

23.2 怎样看待生产和辅助岗位的关系

（1）要会一分为二分清主次关系

生产对自控系统的依赖性越强，就越离不开仪表工，你技术上有一套，能解决生产上的许多问题，你就沾沾自喜认为了不起了，为什么不提拔我们中的人呢？为什么不调整仪表工的工资、奖金？当得知你的待遇和收入并不比操作工高时，你肯定会有想法。但这时看问题就要一分为二了，否则就会出现思想上的波动而影响情绪和工作热情。主次关系是客观存在的，仪表只是辅助岗位，这是无法改变的，没有主就谈不上次，企业产品投放市场，通过销售企业才有收益，才能生存和发展；没有企业也就没有仪表车间的存在，企业就像是个人，人们常说仪表是生产的眼睛，但没有了人，眼睛有何用？管理者从全局出发，对主次关系是很明确的，他就是对你仪表有百分之两百的重视，在分配问题上他也绝不会百分之百的向仪表倾斜，因为要平衡好各工种之间的关系，以保证生产的正常进行。换位思考，你站在领导的位置，你也只能这样做，假设你说我是仪表车间出来的，为了照顾仪表弟兄们，把仪表工的工资、奖金发的比操作工高，这样就会影响大多数操作工的利益和情绪，最严重的可能会导致企业产品质量下降、产量下滑。如果企业垮了，仪表车间还存在吗？这就是现实生活中的平衡关系，操作工比仪表工收入是会多一点，但仪表工在上班休闲时可以看看业务书，有时还可以上上网，在工厂内四处走走，而操作工则必须全神贯注坚守岗位，这叫有失必有得。如能这样想，人的心态就好多了，对不对？

(2) 不要孤立地看问题

各企业都有各自的实际情况，不能以点代面地看问题，企业从仪表人员中被提拔到总工程师、总经理位置的事例也是有的，并不能说明所有的企业都应该或可能从仪表人员中提拔管理者吧。不要孤立地看问题，不要认为只是本企业存在的问题，不要轻易地下结论，辞职走人，尤其是才参加工作的年轻人，由于社会实践经验少，有时会这山望着那山高，总认为此处不留人自有留人处，而看不到社会这个大熔炉是有太多相似之处的，从而导致择业决策的失误，这是应注意的。

23.3 仪表工苦乐杂谈

(1) 局外人不知道的苦

苦只是一种体验，根本无法量化和考核。传统上对苦的恒量几乎就是看付出体力如何，工作环境的危害程度如何等，这样来衡量并不科学。在一个企业，如果说搞仪表的人苦，操作工是不认可的。现在很多手动调节都已用 DCS 控制了，但工艺操作工仍认为搞仪表不苦。实际上苦不苦只有仪表工自己最清楚。

对于脑力劳动也是常不被人认可的苦，如设计、编程、组态等，只有懂行的领导、管理者、做事的本人明白其中的苦。读书学习都离不开吃苦，否则怎么会有下苦功这句话呢？随着新技术的发展，各工种、各行业的相互渗透，自控设备及装置更新周期越来越短，原来学习掌握的知识常跟不上技术的发展步伐，迫使仪表工的学习压力增大。对多数仪表工而言还是在努力学习，在吃苦中求生存和发展，可能各人的情况不同，学习的动力会略有差别，但关键仍取决于个人的内因，面对工作中的困难和挫折，要能挺住，要有坚强的意志来战胜困难，如果有这样的精神，定会成为一个合格的仪表工。

（2）难做到的知足常乐

苦与乐是相伴而行的，有苦，肯定会有乐。不论是苦，还是乐，最重要的可能还是心态要平和，不攀比、不争高低、不发牢骚、虚心热情地待人处事，不要有过高的期望值，用平常心去面对工作中的苦与乐。

一个人通过学习，掌握了技术，并能在工作中发挥作用了，是否就会加工资、升职呢？不一定。有的人自信心和好胜心强是好事，但更需要克制自己。也要看到社会还不可能做到完全公平合理、尽善尽美，事物总是会有区别的，这也是很正常的，其可能涉及到方方面面。此时最好能换位思考一下，也许比上不足比下有余，这样心里会好受不少。

常言说水往低处流，人往高处走。人是应该向上看，不断进取的，但也要能适应各种环境，控制自我最好的办法就是知足。知足不是要你保持现状，不求进取，而指的是心态。心态好了看事看物看人就会明智多了，心情舒畅了，精神状态好了，学啥、干啥都会有进步，对同事、对别人就会关系融洽，热情相处，工作氛围好了，还愁不出好成绩吗？

一个项目、一组组态编程、一台仪表的修理，这些工作的顺利完成，并投入使用，是很让人高兴的，这就是成功的快乐！

通过专业培训、看书、上网学到了新的知识，看懂了某段程序的作用，搞懂了某个电路的工作原理，那是很开心的，这就是收获的快乐！

通过学习实践，掌握了技术，在工作中发挥着带头作用，并能主持和管理项目，和同事们融洽相处一起工作，这就是进步的快乐！

知足常乐对个人身心健康、成长进步是大有好处的，要做到知足常乐，那不是一天、两天就可以锻炼出来的，而是要经过长时间的磨练，并应在实践中努力加强个人的学习及修养，随着时间的推移而逐步养成的。

（3）应当记住我就是我

在搞好本职工作的同时，任何时候、任何场合、任何环境，一定要提醒自己，我就是我。这样你就会正视自我，遇到困难时要坚信自己的能力，要有我是可以学会，并能掌握和干好仪表这个工作的。这样在工作极其顺利时，在别人的赞扬声中，你也不会沾沾自喜，因为你始终明白你只是一个劳动者。

记住了我就是我，你就应该制订个人的目标及努力的方向，找出自己的不足及弱项，这样你的头脑永远是清醒的。你可能就不会骄傲，不会趾高气扬，为人处事会热情，而且在全身心地投入仪表工作的同时，你也不会忘了抽时间去为自己服务。如常去看看家人，会会朋友同学；继续学习和深造；考取相关的资格证书等。因为一旦你什么都不是的时候，可能只有这些亲朋好友、知识、证书才能真正帮助你渡过难关。

23.4 根据自己的特长及条件选择发展方向

经过一段时间的工作实践，你已对现在的工作有了一定的认识和了解，这时就应该着手制订个人的职业发展规划了。可结合你所学的专业，及你的长处、你的兴趣，来制订个人发展方向及主攻的内容等，这样有的放矢的努力成效才会大，再者过程控制这行业内容多、范围广，有侧重的学习还是很有必要的；否则成了个万金油，一样懂一点，一样也不精。如现在的医院是专科越分越细，这一原则对自控也是适用的。所以在现有的基础上专攻一项，并把它学精了，对企业对个人都是有好处的。

人各有志，人的潜能、特长、爱好、性格都是有差异的，这也会左右一个人的发展方向和从事的职业。在工作中你会发现，有的人技术很好，悟性特强一学就会，喜欢看书学习，但接人待物、处人处事就稍欠缺，这样的人就不善于做管理，你叫他做管理他还不一定愿意呢。但有的人对技术不是太感兴趣，但接人待物、为人处事就有一套，并且有一定的号召力，这样的人就善于做管理。技术型的人来做管理，他本人也难适应，而且管理起来力度也不大，效果也不会太好。当然两者都兼有的人还是有的，但这只是少数。

每个人所从事的工作不同，经历也不同，但干自己喜欢的工作就是一种幸福！所以每个人应根据自己的特长和爱好及条件来选择发展方向。这样不论做什么工作，在什么岗位上都能充分地发挥个人的工作热情和工作积极性，这也许对个人、企业都是有好处的。经过一段时间的工作实践，你认为仪表工这一工作不适合你干，那就尽早争取换个工作，这也是很正常的事情。但要强调的是，不能看别人换工作如何的方便，关键还是要看自己的条件，要想到家里供养学生娃读书不容易，要考虑家里人的苦衷。不要这山望着那山高，爬山是要有装备的，你没有条件从何来的装备？没有太多理由时，建议不要轻易地跳槽。工作来之不易，一定要珍惜现在的工作！

参 考 文 献

[1] 苏建伟. 现场型过程仪表校验仪的设计及应用. 电子质量，2005，10：10.
[2] 孙开元. 李常娜. 机械制图新标准解读及画法示例. 北京：化学工业出版社，2006.
[3] 黄文鑫. 仪表工问答. 北京：化学工业出版社，2013.